高等职业教育工业机器人技术专业“十四五”新形态一体化教材

工业机器人
离线编程与仿真（ABB）

主　编　谢子明　李　浩　谢楚雄
副主编　阳　培　邓　平　高丽洁
唐　慧　周　力　杨柳湘子
夏愉乐

中南大学出版社
www.csupress.com.cn
·长沙·

图书在版编目(CIP)数据

工业机器人离线编程与仿真. ABB / 谢子明, 李浩, 谢楚雄主编. —长沙: 中南大学出版社, 2023.2

高等职业教育工业机器人技术专业"十四五"新形态一体化系列教材

ISBN 978-7-5487-5231-8

Ⅰ. ①工… Ⅱ. ①谢… ②李… ③谢… Ⅲ. ①工业机器人—程序设计—高等职业教育—教材②工业机器人—计算机仿真—高等职业教育—教材 Ⅳ. ①TP242.2

中国版本图书馆 CIP 数据核字(2022)第 238218 号

工业机器人离线编程与仿真(ABB)

GONGYE JIQIREN LIXIAN BIANCHENG YU FANGZHEN (ABB)

谢子明　李浩　谢楚雄　主编

□**出 版 人**　吴湘华
□**责任编辑**　刘锦伟
□**责任印制**　唐　曦
□**出版发行**　中南大学出版社
社址: 长沙市麓山南路　邮编: 410083
发行科电话: 0731-88876770　传真: 0731-88710482
□**印　　装**　长沙印通印刷有限公司

□**开　　本**　787 mm×1092 mm　1/16　□**印张** 14.5　□**字数** 370 千字
□**版　　次**　2023 年 2 月第 1 版　□**印次** 2023 年 2 月第 1 次印刷
□**书　　号**　ISBN 978-7-5487-5231-8
□**定　　价**　56.00 元

图书出现印装问题, 请与经销商调换

高等职业教育工业机器人技术专业
“十四五”新形态一体化教材

编委会名单

（按姓氏拼音排名）

蔡超强　陈育新　邓　平　段绍娥　高丽洁

高　维　龚任平　瞿　敏　李　浩　廖敏辉

刘东来　刘海龙　刘良斌　刘　敏　刘友成

龙　凯　谭立新　谭庆龙　谭　智　唐　慧

唐亚平　夏愉乐　谢楚雄　谢子明　熊　英

徐作栋　许孔联　阳　培　杨柳湘子　姚　钢

易　磊　曾小波　张明河　张　谦　张义武

周　力　周永洪　朱志伟

前言

党的二十大报告指出，我们要坚持以推动高质量发展为主题，建设现代化产业体系，推进新型工业化，加快建设制造强国、质量强国，推动制造业高端化、智能化、绿色化发展。智能制造是加快建设现代化产业体系的重要手段，是激发制造模式、生产组织方式及产业形态深刻变革的重要抓手，也是制造业实现高效率与高精度发展的核心所在。

作为智能制造重要的组成要素，机器人被誉为“制造业皇冠顶端的明珠”，其研发、制造、应用是衡量一个国家科技创新和高端制造业水平的重要标志。其中，工业机器人应用覆盖国民经济60个行业大类、168个行业中类。大量工业机器人“忙碌”在生产线上，这催生了对掌握工业机器人操作、编程、系统集成等技术人员的大量需求。

本教材基于ABB工业机器人离线编程软件——RobotStudio，旨在通过搬运、码垛等多个工业机器人典型应用场景的虚拟仿真，培养工业机器人技术领域人才所需的离线编程与仿真相关的专业知识与技能。本教材为新形态融媒体、项目式教材，项目结合1+X考证与专业技能考核，并融入课程思政。各项目根据实施过程又细分多个教学任务，各任务依次递进，并将工业机器人常用运动指令、逻辑控制指令等理论知识融入各项目任务中，充分体现理实一体与任务驱动特点。同时，还开设有在线开放课程，包含学习指南、PPT、微课视频、项目打包文件、题库等丰富的教学资源，学生可以随时随地自主学习，教师也可以利用这些资源灵活组织课堂教学。此外，各项目还设立了拓展任务，方便教师拓展教学和学生拓展学习。

本教材共包含五个项目：项目一主要介绍工业机器人离线编程技术、主流专用型与通用型离线编程软件；项目二主要介绍基本运动指令的应用、坐标系创建、手动与自动路径创建、仿真辅助工具的应用等；项目三主要介绍建模工具、Smart 组件、I/O 指令、逻辑控制指令的应用等；项目四主要介绍动态传送带创建、数组、偏转函数的应用等；项目五主要介绍喷涂工具的创建与应用等。

本教材由谢子明、李浩、谢楚雄担任主编，阳培、邓平、高丽洁、唐慧、周力、杨柳湘子、夏愉乐担任副主编。其中，项目一由李浩、高丽洁负责编写，项目二由谢楚雄负责编写，项目三由谢子明负责编写，项目四由阳培负责编写，项目五由邓平负责编写。谢子明、李浩、唐慧、周力、杨柳湘子、夏愉乐负责在线课程资源的开发与视频录制。

由于编者水平有限，书中难免存在纰漏，恳请读者批评指正。

编　者

2022 年 12 月

目录

项目一　工业机器人离线编程技术概述

项目二　工业机器人绘图工作站离线编程

项目三 工业机器人搬运工作站离线编程

项目四 工业机器人码垛工作站离线编程

项目五 工业机器人喷涂工作站离线编程

项目一　工业机器人离线编程技术概述

项目描述

工业机器人离线编程是指通过计算机软件构建工业机器人实际工件场景的虚拟环境，并编程模拟工业机器人生产运行过程。

本项目通过工业机器人离线编程技术特点的介绍、常见工业机器人品牌及其软件的对比、ABB 机器人离线编程软件 RobotStudio 的安装与基本操作等让学生详细了解工业机器人离线编程技术。图 1-1 所示为离线编程软件 RobotStudio 操作界面。

此外，通过本项目的学习，让学生了解和掌握前沿的工业机器人技术，了解国内外工业机器人离线编程技术发展现状，培养其爱国主义精神、敬岗爱业精神和大国工匠精神。

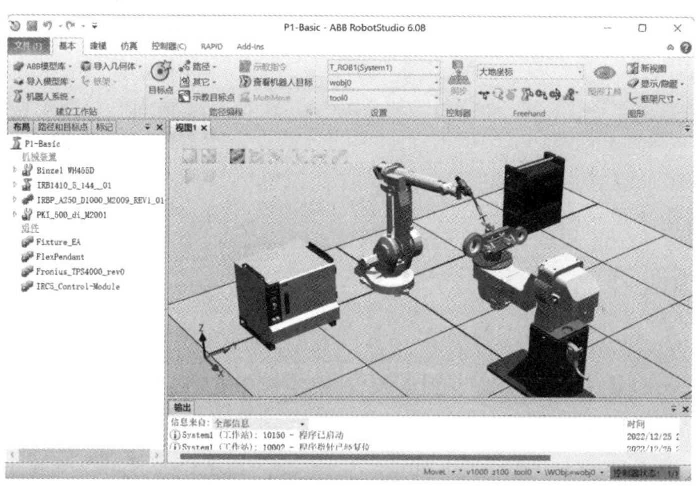

图 1-1　离线编程软件 RobotStudio 操作界面

学习目标

◆ 知识目标

1. 了解工业机器人离线编程与仿真技术的相关概念与特点。
2. 了解工业机器人离线编程与仿真技术的作用。
3. 掌握常用工业机器人品牌及其离线编程软件。

◆ 能力目标

1. 能完成 RobotStudio 软件的下载与安装。

2. 能进行项目解包和打包操作。

3. 能在 RobotStudio 软件中进行基本的平移、缩放与旋转操作。

◆ 素质目标

1. 具有良好的学习习惯、软件使用习惯、生活习惯、行为习惯和自我管理能力。

2. 具有爱国主义精神和民族自豪感。

3. 勇于奋斗、乐观向上，有较强的集体意识和团队合作精神。

知识图谱

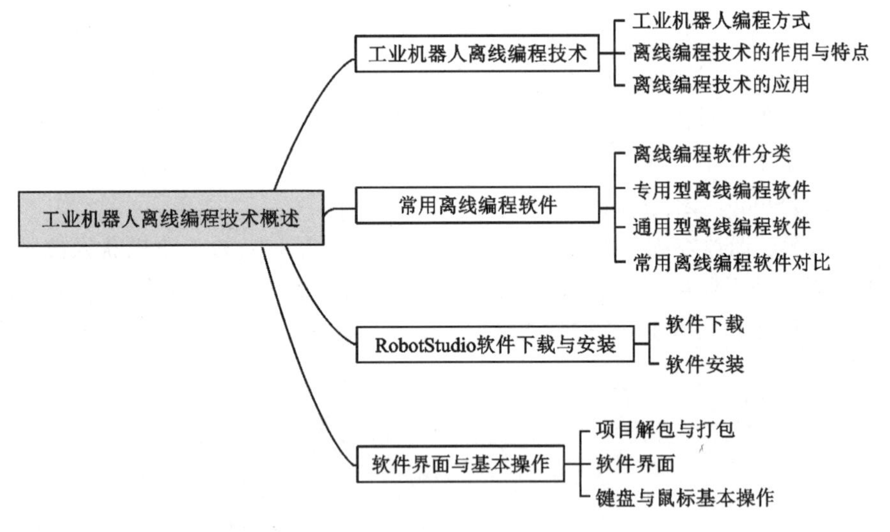

课程思政

北京华航唯实机器人科技股份有限公司

——将工业机器人离线编程软件国产化的民族企业

20 世纪 50 年代末，工业机器人最早开始投入使用。近年来，工业机器人技术发展迅速，我国工业机器人的用量也逐年提升。由于发达国家起步早，形成了先发优势，因而当前工业机器人技术主要集中在日本和欧洲，四大主流工业机器人品牌也主要包括日系和欧系，因此主流离线编程软件也主要由国外企业开发。

2013 年以来，得益于国家政策保障、宏观经济促进、社会环境推动、技术发展支撑这四个方面的利好因素，我国工业机器人技术发展步入快车道，涌现出了众多具有代表性的致力于工业机器人技术开发的民族企业，其中包括开发首款成功商用国产工业机器人离线编程软件的北京华航唯实机器人科技股份有限公司。

北京华航唯实机器人科技股份有限公司成立于2013年，是一家以工业机器人离线编程软件及系统集成技术为核心，致力于面向智能制造领域提供技术服务和人才培养服务的高新技术企业。公司主营业务为工业软件及智能制造系统集成产品的研发、设计、生产和销售。

公司主要产品为工业软件和智能制造系统集成产品。工业软件方面，公司以工业机器人离线编程技术的研发和应用为主要突破口，自主设计、研发了我国拥有自主知识产权的工业机器人离线编程软件PQArt，并较早在国内实现了商业化应用；此外，公司通过开发智能产线设计与虚拟调试软件PQFactory等新产品，在工业软件领域不断增加技术积淀和丰富产品体系。智能制造系统集成产品方面，公司以职业教育为主要切入点，提供系统集成装备及技术服务、课程资源开发、培训和就业服务等，打造了涵盖“软件、设备、培训、课程、就业”一体化的人才培养服务。

公司依托在教育行业的多年沉淀与深刻理解，向全国职业院校提供智能制造专业群建设解决方案。目前，公司是全国职业院校技能大赛合作企业，是教育部工业机器人领域职业教育合作项目实施支持单位、产学合作协同育人项目支持单位，入选北京市首批产教融合型企业建设培育试点名单。经过多年的积淀，公司在行业内建立了良好的品牌声誉，在国内工业机器人和智能制造职业教育领域占据了重要地位。

项目实施

任务1　工业机器人离线编程技术

扫码观看视频了解工业机器人离线编程技术

1.1.1　工业机器人编程方式

工业机器人是广泛应用于工业领域的多关节机械手或多自由度的机器装置，具有一定的自动化程度，可依靠自身的动力能源和控制能力实现各种工业加工制造。

工业机器人广泛应用于焊接、装配、搬运、喷漆及打磨等领域。随着任务的复杂程度不断增加，用户对产品的质量、效率的追求越来越高，工业机器人的编程方式、编程效率和质量显得越来越重要。目前，应用于工业机器人的编程方法主要有三种。

(1) 在线编程

在线编程也叫示教编程，是指操作人员通过手动的方式利用示教器操作机器人完成目标点与轨迹程序创建，如图 1–2 所示，它是目前大多数工业机器人的编程方式。示教编程可以通过示教器示教和导引式示教两种途径实现。

图 1–2　操作人员在工业机器人工作现场进行在线编程

(2) 离线编程

离线编程是指操作者在编程软件中构建整个机器人工作应用场景的三维虚拟环境，并根据工件的形状、尺寸及加工工艺等相关需求，进行目标点示教、路径创建等一系列操作，手动或自动生成机器人的运动轨迹，然后在软件中仿真与调试，最后生成机器人执行程序传输给机器人。图 1–3 所示为常用的离线编程软件，图 1–4 所示为离线编程软件中的设计效果。

(a) RobotStudio

(b) Roboguide

(c) PQart

(d) Robotmaster

图 1–3　常用离线编程软件

(3) 自主编程

随着技术的发展，各种跟踪测量传感技术日益成熟，自主编程技术就是基于激光传感器、视觉传感器或多传感器信息融合，使机器人能够全方位感知真实焊接环境、识别焊接工作台信息，从而确定工艺参数，并由计算

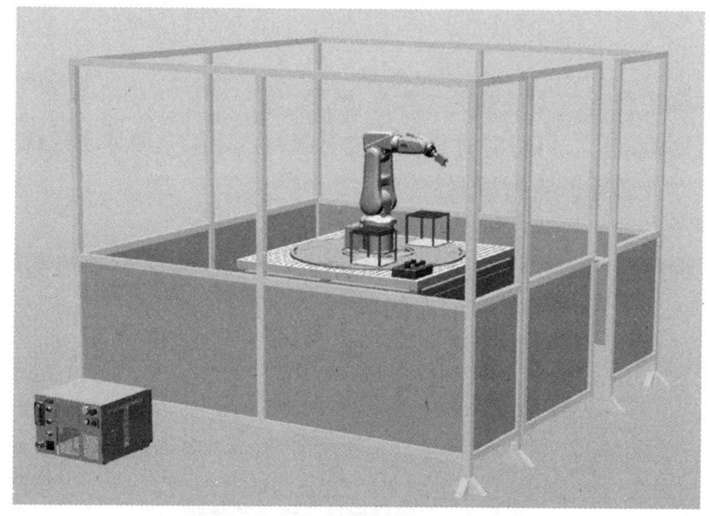

图 1-4　离线编程设计效果

机控制焊接机器人自主规划焊接路径的自主示教技术。自主编程是实现机器人智能化的基础，它无需繁重的示教，提高了机器人的自主性和适应性，是机器人发展的趋势。

1.1.2　工业机器人离线编程技术的作用与特点

在线编程与离线编程各有优、缺点。

(1) 在线编程

在线编程的特点：需要实际机器人系统和工作环境；编程时机器人停止工作；在实际系统上试验程序；编程的质量取决于编程者的经验；难以实现复杂的机器人运行轨迹。

在线编程的优点：编程门槛低、简单方便、不需要环境模型；对实际的机器人进行示教时，可以修正机械结构带来的误差。

在线编程在实际应用中主要存在以下问题：

1) 在线编程过程烦琐、效率低。

2) 精度完全由示教者目测决定，而且对于复杂的路径在线编程难以取得令人满意的效果。

3) 示教器种类太多，学习量太大。

4) 示教过程容易发生事故，轻则撞坏设备，重则撞伤人。

5) 对实际的机器人进行示教时要占用机器人。

(2) 离线编程

离线编程的特点：需要机器人系统和工作环境的图形模型；编程时不影响机器人工作；通过仿真试验程序；可用 CAD 进行最佳轨迹规划；可实现复杂运行轨迹的编程。

与在线编程相比，离线编程又有什么优势呢？

1)减少机器人的停机时间，当对下一个任务进行编程时，机器人仍可在生产线上进行工作。

2)使编程者远离了危险的工作环境。

3)适用范围广，可对各种机器人进行编程，并能方便地实现优化编程。

4)可对复杂任务进行编程。

5)便于修改机器人程序。

离线编程克服了在线编程的很多缺点，充分利用了计算机的功能，减少了编写机器人程序所需要的时间成本，同时也降低了在线编程的不便。目前离线编程广泛应用于打磨、去毛刺、焊接、激光切割、数控加工等机器人新兴应用领域。

在线编程与离线编程主要特点对比如表 1-1 所示。

表 1-1　在线编程与离线编程比较

对比项	在线编程	离线编程
工作效率	复杂轨迹需要示教的目标点位多，在线编程过程烦琐、效率低	能够根据虚拟场景中工件形状，自动生成复杂加工轨迹，效率高
编程质量	精度由示教者目测决定，编程质量取决于编程者经验，通常对于复杂的路径在线编程难以取得令人满意的效果	可用 CAD 方法进行最佳轨迹规划，可以进行轨迹仿真、路径优化、后置代码的生成
调试要求	对实际的机器人进行示教时要占用机器人； 调试必须在机器人系统上进行，容易发生碰撞	通过仿真调试程序，不占用机器人工作时间； 仿真调试时可以进行碰撞检测
工作环境	示教过程容易发生事故，轻则撞坏设备，重则撞伤操作人员	操作人员在电脑上操作，远离危险环境
学习任务量	工业机器人品牌众多，示教器种类繁杂，学习任务量太大	部分离线编程软件可以控制多数主流机器人
学习成本	需要实际的机器人系统和工作环境，成本昂贵	需要机器人系统和工作环境的三维模型，在电脑上即可完成，成本低廉

1.1.3　工业机器人离线编程技术的应用

(1)机器人加工

在过去，自动打磨、铣削工作一般由数控机床(CNC)完成，机器人对加工的作用一般仅限于机床上、下料。现在，新的趋势是机器人也开始被应用于机器加工中。相对于数控机床来说，机器人具有工作空间范围大、成本低等优势。随着工业机器人精准度的提高以及更高级编程功能的开发，用户可以把数控程序代码(G-code)直接转化为机器人编程指令，迅速把数控机床的任务转变成机器人加工程序。

(2)机器人取放

“取—放”可能是最普遍的工业机器人应用了。顾名思义，它的工作过程为使用机器人将物体从一个工作台移动到另一个工作台。这样的工作通过离线编程完成再容易不过了。

(3)机器人喷涂

喷涂是一个用机器代替人力的典范，它减少了人工操作的误差以及安全隐患，并且很容易使用离线编程来完成。使用 RoboDK 软件，几分钟内就可以很好地规划出喷枪路径，高级用户还可以通过编程仿真出涂料的用量。

(4)机器人点焊

离线编程早已应用于辅助机器人点焊过程。但是，在过去，这需要专业的工程师花上数小时不断进行仿真与调试。在使用了现代的软件工具后，生成机器人点焊程序变得很容易，并且能减小误差。

(5)机器人 3D 打印

可以说，3D 打印是 21 世纪一个具有标志性的发明。虽然它的技术也有一定的历史了，但是在过去 10 年中 3D 打印应用呈现爆发式增长。一个很值得关注的发展方向是将工业机器人变成一台 3D 打印机，而离线编程能使它很容易实现。

(6)传送带应用

传送带在很多行业中都被用来转移、传输物体，通常是在两个自动化过程中间。但是，传送带不易与工业机器人进行同步集成。如果离线编程软件(如 RoboDK)支持这个功能，将减少很多用在系统集成上的时间。

(7)自动检测

使用视觉识别系统实现特征探测或质检已经成为一个常见的机器人应用。人工检测是一个很枯燥的工作，对于在系统中集成视觉传感器来说，离线编程无法完全取代在线编程的功能，因为需要根据实际输入对相机进行“训练”与调试，但是离线编程有助于加速这个过程。

(8)机器人绘图

使用工业机器人来画画，这让人听起来像是在“大材小用”。但是，它可是很有用的应用。例如，可以使用机器人在蛋糕的表面画出奶油图案；用激光在金属板上切割出不同的形状，或者在产品表面刻出商标图案等。离线编程软件可以将普通的 SVG 图像(矢量图)转化为机器人路径。

(9)机器人外轴应用

机器人外轴应用更像是一门“技术”。使用外轴可以延伸机器人的工作空间，或增加机器人的自由度。额外的“维度”给很多机器人任务带来便利，例如线性轨道增加了机器人的活动空间、外轴旋转台减少了机器人工具的位移以及增减速运动。唯一的问题是，外轴需要与机器人同步使用，离线编程软件则可以简化这样的同步集成工作。

任务2 常用离线编程软件

工业机器人离线编程软件可以分为两大类：专用型、通用型(图1-5)。

- 离线编程软件
  - 专用型
    - ABB——RobotStudio
    - FANUC——ROBOGUIDE
    - KUKA——KUKA. Sim
    - YASKAWA——MotoSim EG-VRC
  - 通用型
    - PQArt
    - Robotmaster
    - DELMIA
    - RobotWorks
    - RobotMove
    - Robcad

图1-5 工业机器人离线编程软件分类

1.2.1 主流工业机器人品牌及其专用离线编程软件

扫码观看视频
了解工业机器人主流
专用型离线编程软件

专用型离线编程软件一般由机器人本体厂家自行或委托第三方软件公司开发维护。其特点是只支持本品牌的机器人仿真、编程和后置输出。主流工业机器人品牌及其专用离线编程软件如表1-2所示。

表1-2 主流工业机器人品牌及其专用离线编程软件

工业机器人品牌	专用离线编程软件	所属国家
ABB	RobotStudio	瑞典
FANUC	ROBOGUIDE	日本
KUKA	KUKA. Sim	德国
YASKAWA	MotoSim EG-VRC	日本

(1) ABB

ABB集团是全球500强企业，集团总部位于瑞士苏黎世。ABB由两个100多年的国际性企业——瑞典的阿西亚公司(ASEA)和瑞士的布朗勃法瑞公司(BBC Brown Boveri)在1988年合并而成，这两个公司分别成立于1883年和1891年。ABB是电力和自动化技术领域的领导厂商。ABB的技术可以帮助电力、公共事业和工业客户提高业绩，同时降低对环境的不良影响。

ABB 集团业务遍布全球 100 多个国家，拥有 13 万名员工，2010 年销售额高达 320 亿美元。

目前，ABB 机器人产品和解决方案已广泛应用于汽车制造、食品饮料、计算机和消费电子等众多行业的焊接、装配、搬运、喷涂、精加工、包装和码垛等不同作业环节，帮助客户大大提高生产率。例如，安装到雷柏公司深圳厂区生产线上的 70 台 ABB 最小的机器人 IRB 120，不仅将工人从繁重枯燥的机械化工作中解放出来，实现生产效率的成倍提高，成本也降低了一半。另外，这些机器人的柔性特点还帮助雷柏公司降低了工程设计难度，将启动设备的开发时间比预期缩短了 15%。图 1-6、1-7 所示分别为 ABB 双臂协作机器人 YuMi 与六轴垂直多关节工业机器人 IRB 660。

图 1-6　ABB 双臂协作机器人 YuMi

图 1-7　ABB 机器人 IRB 660

◆ RobotStudio

RobotStudio 是 ABB 公司配套的离线编程软件，也是工业机器人本体厂商中出类拔萃的一款离线编程软件。其优点包括：CAD 导入方便、自动生成路径、路径优化、可达性分析、虚拟示教器、碰撞检测、在线作业、二次开发等。

本教材内容主要基于 RobotStudio 软件(图 1-8)。

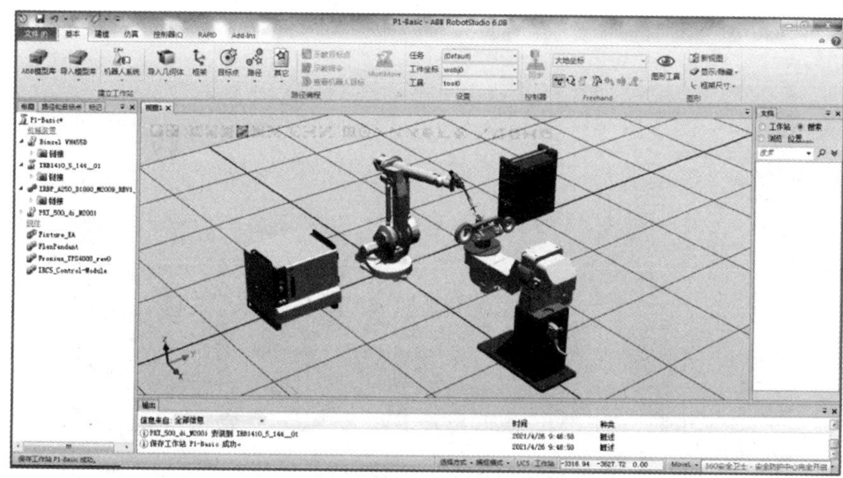

图 1-8　RobotStudio 软件工作界面

KUKA

(2)KUKA

KUKA(库卡)及其德国母公司是世界工业机器人和自动控制系统领域的顶尖制造商，KUKA 产品广泛应用于汽车、冶金、食品和塑料成形等行业。KUKA 机器人公司在全球拥有 20 多个子公司，其中大部分是销售和服务中心。KUKA 在全球的运营点有美国、墨西哥、巴西、日本、韩国、中国、印度和欧洲各国。2022 年 11 月 15 日，美的集团披露全面收购 KUKA 股权并私有化。

KUKA 工业机器人的用户包括通用汽车、克莱斯勒、福特汽车、保时捷、宝马、奥迪、奔驰(Mercedes-Benz)、大众(Volkswagen)、哈雷-戴维森(Harley-Davidson)、波音(Boeing)、西门子 (Siemens)、宜家(IKEA)、沃尔玛(Wal-Mart)、雀巢(Nestlé)、百威啤酒(Budweiser)以及可口可乐(Coca-Cola)等。

KUKA 的机器人产品最通用的应用范围包括工厂焊接、操作、码垛、包装、加工或其他自动化作业，同时还适用于医院，比如脑外科及放射造影。图 1-9、1-10 所示分别为 KUKA 机器人控制柜 KR C5 与码垛机器人 KR 700 PA。

图 1-9 KUKA 机器人控制器 KR C5

图 1-10 码垛机器人 KR 700 PA

◆ KUKA. Sim

KUKA. Sim 是一款专用于 KUKA 机器人的模拟和离线编程软件，其界面如图 1-11 所示。该软件使用三维图形创建虚拟机器人工作环境，模拟机器人整个生产过程。

图 1-11 KUKA. Sim 软件界面

(3) FANUC

FANUC

FANUC(发那科)是日本一家专门研究数控系统的公司，成立于 1956 年，是世界上最大的专业数控系统生产厂家，占据了全球 70%的市场份额。

FANUC 机器人产品多达 240 种，负重从 0.5 kg 到 1.35 t，广泛应用在装配、搬运、焊接、铸造、喷涂、码垛等不同生产环节，满足客户的不同需求。2008 年 6 月，FANUC 成为世界第一个装机量突破 20 万台机器人的厂家；2011 年，FANUC 全球机器人装机量已超 25 万台，市场份额稳居第一。图 1-12、1-13 所示分别为 FANUC 并联机器人 M-2iA/3SL 与大型垂直多关节机器人 M-410iC。

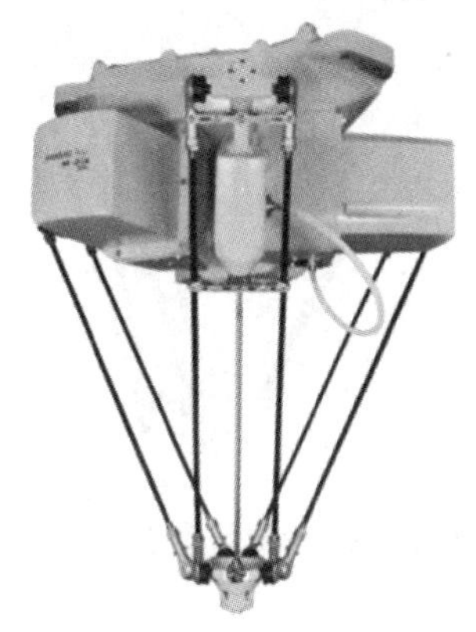

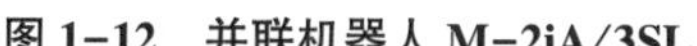
图 1-12 并联机器人 M-2iA/3SL

图 1-13 大型机器人 M-410iC

◆ ROBOGUIDE

ROBOGUIDE 是一款 FANUC 自带的支持机器人系统布局设计和动作模拟仿真的软件，使用 ROBOGUIDE 可以高效地设计机器人系统，减少系统搭建时间。ROBOGUIDE 提供了便捷的功能支持，在不使用真实机器人的情况下可以很容易地设计机器人系统，其界面如图 1-14 所示。

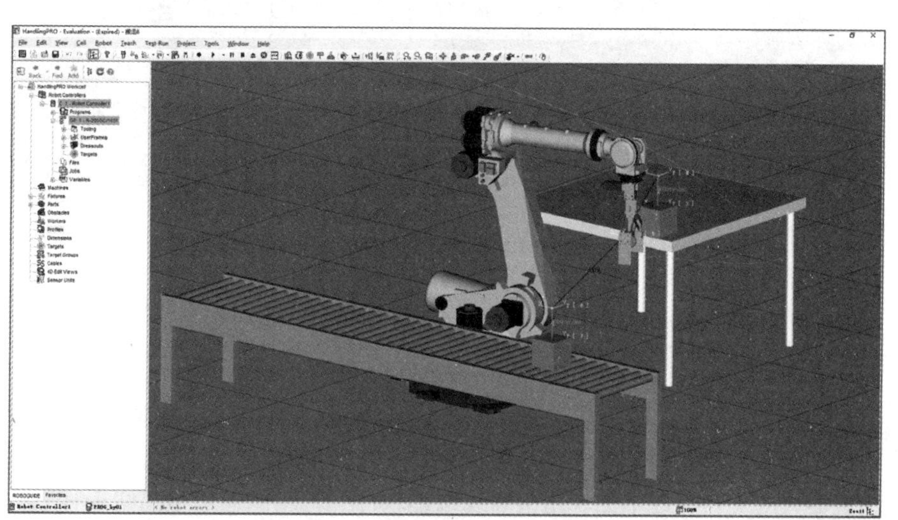
图 1-14 ROBOGUIDE 软件界面

YASKAWA

(4)YASKAWA(安川)

安川集团于1915年在日本成立，专注于电机产品研发设计生产，是世界一流的传动产品制造商。1977年，安川电机运用擅长的运动控制技术开发生产出了日本第一台全电动的工业用机器人——Motoman 1号。此后相继开发了焊接、装配、喷漆、搬运等各种各样的自动化用工业机器人。图1-15、1-16分别为YASKAWA六轴垂直多关节机器人MOTOMAN-GP110与并联机器人MPP3S。

图1-15 六轴垂直多关节机器人MOTOMAN-GP110

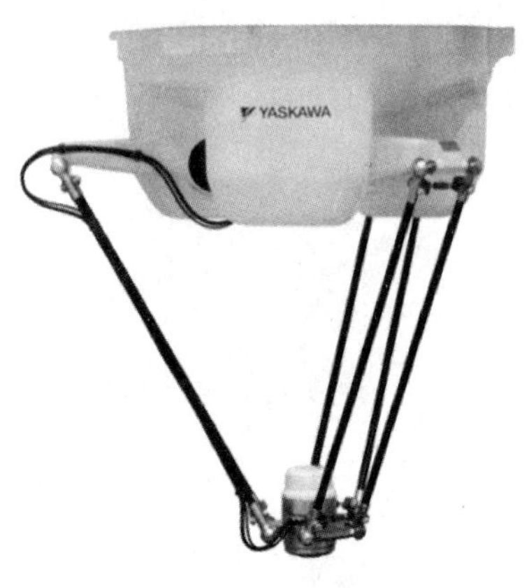

图1-16 并联机器人MPP3S

◆ MotoSim EG-VRC

MotoSim EG-VRC是对Motoman机器人进行离线编程和实时3D模拟的工具，其工作界面与仿真效果如图1-17所示。其作为一款强大的离线编程软件，能够在三维环境中实现Motoman机器人绝大部分功能。

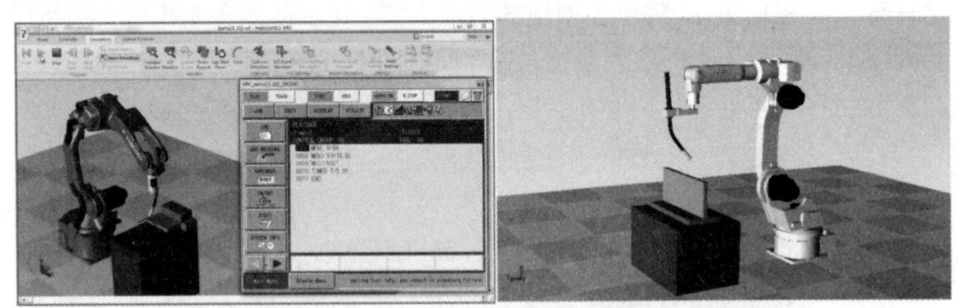

图1-17 MotoSim EG-VRC软件工作界面与仿真效果

1.2.2 通用型离线编程软件

扫码观看视频
了解常用的通用型
离线编程软件

通用型离线编程软件一般都由第三方软件公司负责开发和维护，不单独依赖某一品牌机器人。其优点是可以支持多品牌机器人，缺点是对某一品牌的机器人的支持力度不如专用型离线编程软件。常用的通用型离线编程软件有PQArt、Robotmaster、DELMIA、RobotWorks、RoboMove、Robcad等。

(1) PQArt(原 RobotArt)

北京华航唯实机器人科技股份有限公司推出的 PQArt(原 RobotArt)是我国拥有自主知识产权的工业机器人离线编程软件，其界面如图 1-18 所示。PQArt 是目前国内顶尖的离线编程软件之一。

PQArt 始于 2013 年，经过多年的研发与应用，PQArt 掌握了多项核心技术，包括 3D 平台、几何拓扑、特征驱动、自适应求解算法、开放后置、碰撞检测、代码仿真等。它的功能覆盖了机器人集成应用完整的生命周期，包括方案设计、设备选型、集成调试及产品改型，累计已有 4 万多人使用 PQArt 进行学习或工作。

PQArt 根据几何数模的拓扑信息生成工业机器人运动轨迹，之后轨迹仿真、路径优化、后置代码一气呵成，同时集碰撞检测、场景渲染、动画输出于一体，可快速生成效果逼真的模拟动画，广泛应用于打磨、去毛刺、焊接、激光切割、数控加工等领域。

PQArt 教育版针对教学实际情况，增加了模拟示教器、自由装配等功能，帮助初学者在虚拟环境中快速认识工业机器人，快速学会工业机器人示教器基本操作，大大缩短学习周期，降低学习成本。

在人才培养领域，有大量在校学生以 PQArt 虚拟仿真与离线编程为入口开始自己的机器人学习与从业生涯。同时，PQArt 也为教育部中职、高职机器人相关赛项提供技术支持，选手们在 PQArt 软件中一展自己的才华。

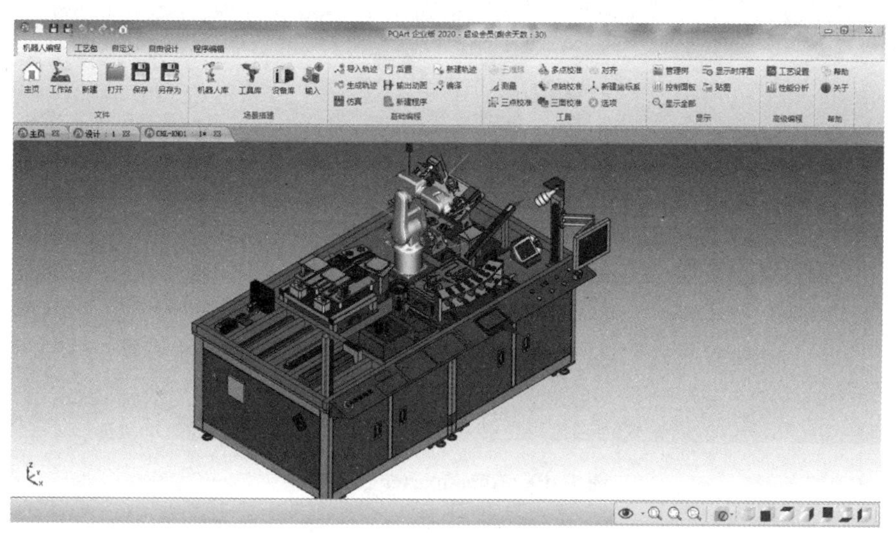

图 1-18　PQArt 软件界面

(2) Robotmaster

Robotmaster 来自加拿大，由上海傲卡自动化公司代理，是目前全球离线编程软件中顶尖的软件，支持市场上绝大多数机器人品牌(如 KUKA、ABB、FANUC、YASKAWA、史陶比尔、珂玛、三菱、DENSO、松下……)，

Robotmaster 在 MasterCAM 中无缝集成了机器人编程、仿真和代码生成功能，提高了机器人编程速度，其仿真效果如图 1-19 所示。该软件具有以下三大主要特点。

最纯粹：为机器人应用量身定做的路径和工艺算法，使 Robotmaster 可以轻松地应用于各类机器人场景，如简单的搬运、复杂的打磨，都有专门的解决方案。Robotmaster 也拥有最专业的机器人运动学算法。举世闻名的路径优化曲线便是 Robotmaster 的创举，被广泛认可后，成为了机器人行业编程软件的标配。

最开放：包括机器人应用领域和机器人品牌支持。在应用上，从搬运、涂胶，到焊接、打磨，再到雕刻、3D 打印，凡是可以应用机器人的领域，Robotmaster 都可以提供支持。而经过多年耕耘，Robotmaster 已经支持超过 50 个机器人品牌。

最易用：Robotmaster 不仅可以作为项目调试的编程工具，也可以作为销售方案的演示工具。Robotmaster 在设计之初就尽量“减少用户鼠标点击”，因此成就了如今最简洁、最易用的机器人软件。对于销售方案，用户只需简单几次点击，便可快速得到仿真演示。对于编程调试，也只需要简单的点击设置，便可实现复杂轨迹的快速生成与编辑。

图 1-19　Robotmaster 仿真效果

(3) DELMIA

DELMIA 是达索旗下的 CAM 软件，DELMIA 有 6 大模块，其中 Robotics 面向机器人仿真，是一个可伸缩的专业工业机器人解决方案，利用强大的 PPR 集成中枢快速进行机器人工作单元建立、仿真与验证，是一个完整的、可伸缩的、柔性的解决方案，其工作界面如图 1-20 所示。

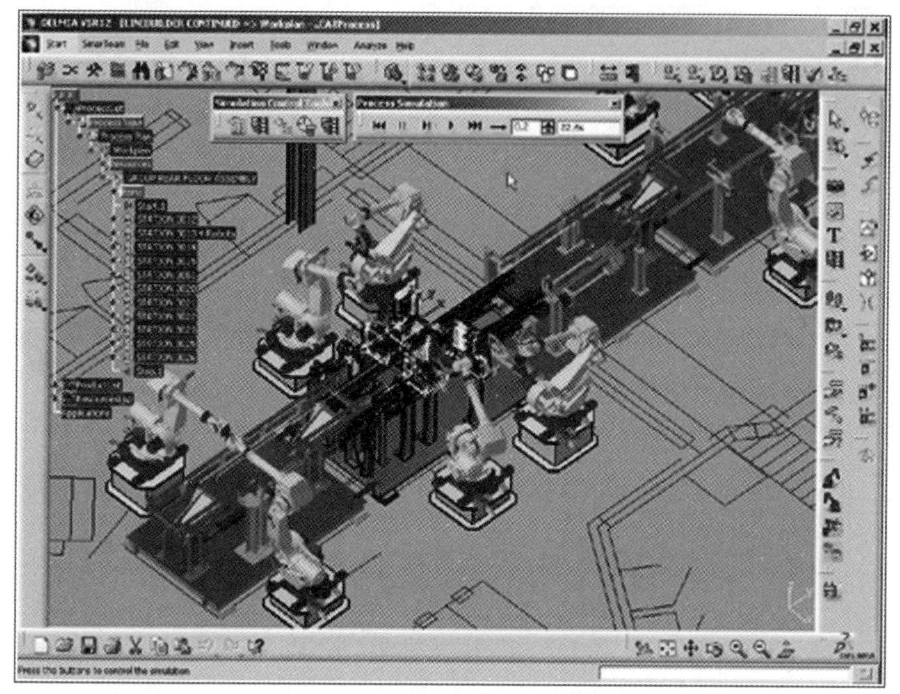

图 1-20 DELMIA 软件工作界面

(4) RobotWorks

RobotWorks 是来自以色列的工业机器人离线编程仿真软件，其界面与仿真效果如图 1-21 所示。该软件是基于 SolidWorks 做的二次开发，拥有全面的数据接口、强大的编程能力、仿真模拟、工业机器人数据库等功能，支持多种品牌机器人。使用时，需要先购买 SolidWorks。

(5) RoboMove

RoboMove 来自意大利，同样支持市面上大多数品牌的机器人，机器人加工轨迹由外部 CAM 导入。与其他软件不同的是，RoboMove 走的是私人定制路线，根据实际项目进行定制。该软件操作自由，功能完善，支持多台机器人仿真。

(6) Robcad

Robcad 是西门子旗下的软件，软件较庞大，重点在生产线仿真。软件支持离线点焊、支持多台机器人仿真、支持非机器人运动机构仿真、精确的节拍仿真，Robcad 主要应用于产品生命周期中的概念设计和结构设计两个前期阶段。现已被西门子收购，软件不再更新。

该软件与 CAD 系统有较好的兼容，是同类仿真软件中比较容易入门的适合初级学习者的软件，但价格也是同类软件中最贵的。

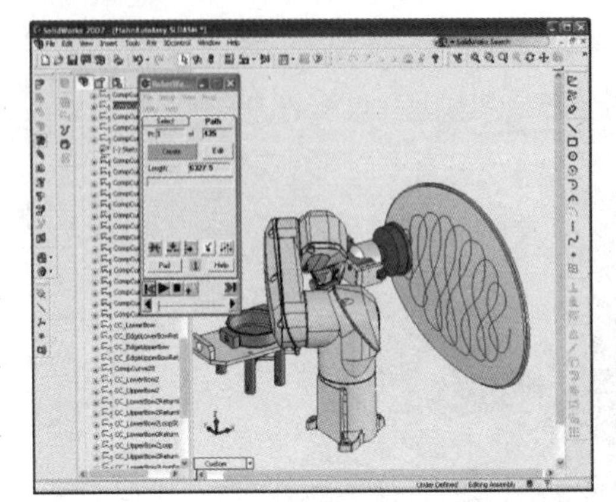

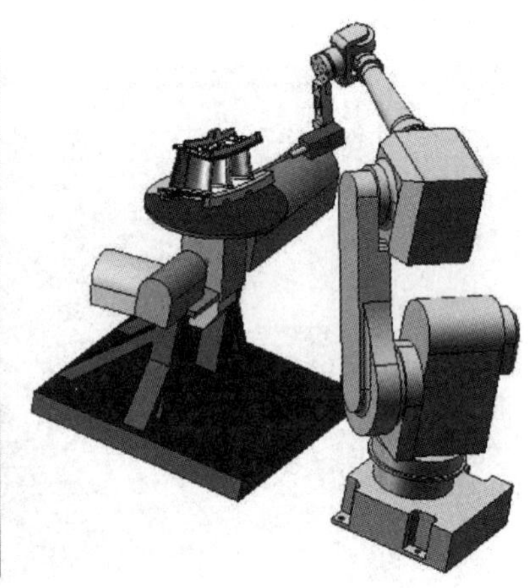

图 1-21 RobotWorks 软件界面与仿真效果

1.2.3 常用离线编程软件对比

各常用专用型与通用型离线编程软件及其特点如表 1-3 所示。

表 1-3 常用离线编程软件对比

离线编程软件	机器人品牌	特点
RobotStudio	ABB(瑞士)	厂家专用。支持 CAD 导入、自动路径、碰撞检测、在线功能等，是出色的教学和培训工具
ROBOGUIDE	FANUC(日本)	厂家专用
KUKA. Sim	KUKA(德国)	厂家专用
MotoSim EG-VRC	安川(日本)	厂家专用
PQArt (原 RobotArt)	华航唯实(中国)	国内首款商用离线编程软件，支持多种格式的三维 CAD 模型，支持多种品牌工业机器人离线编程操作，如 ABB、KUKA、FANUC、YASKAWA、Staubli、KEBA 系列、新时达、广数等
Robotmaster	加拿大	几乎支持市场上绝大多数工业机器人品牌(KUKA、ABB、FANUC、YASKAWA、史陶比尔、珂玛、三菱、DENSO、松下……)，RobotMaster 在 Mastercam 中无缝集成了工业机器人编程、仿真和代码生成功能，提高了工业机器人编程速度；暂时不支持多机器人同时仿真
DELMIA	达索(法国)	专家型软件，操作难度大，价格昂贵
RobotWorks	以色列	基于 SolidWorks 平台开发，需要先购买 SolidWorks
RobotMove	意大利	支持市面上大多数品牌的机器人，可私人定制；需要操作者对机器人有较为深厚的理解
Robcad	西门子(德国)	主要用于生产线仿真，价格昂贵，不再更新

任务 3　RobotStudio 软件下载与安装

扫码观看软件下载与安装操作视频

1.3.1　软件下载

RobotStudio 软件的下载途径有多种，这里介绍三种方式。

(1)百度网盘下载

本教材中的项目全部基于 RobotStudio 6.08 版本，因此，本团队通过百度网盘分享了 RobotStudio 6.08 的安装包供需要的学习者下载使用，其链接和提取码如下，该链接永久有效，也可扫描右边二维码获取。

扫码下载 RobotStudio 6.08

链接：https：//pan. baidu. com/s/1LdzRBqK-eyOij2sgVDmctg

提取码：annh

(2)官网下载

ABB 官网也提供 RobotStudio 软件下载，官网下载软件通常最可靠，其地址为：https：//new. abb. com/products/robotics/zh/robotstudio。访问该地址会进入如图 1-22 所示的下载页面，通过该页面可以下载到最新版本的 RobotStudio，同时还提供相关功能包、手册等资源的下载。

图 1-22　RobotStudio 官网下载页面

(3)搜索引擎

此外，如果需要下载其他版本的 RobotStudio，可以借助搜索引擎搜索，如图 1-23 所示是通过百度搜索 RobotStudio 6.07 显示的资源列表。

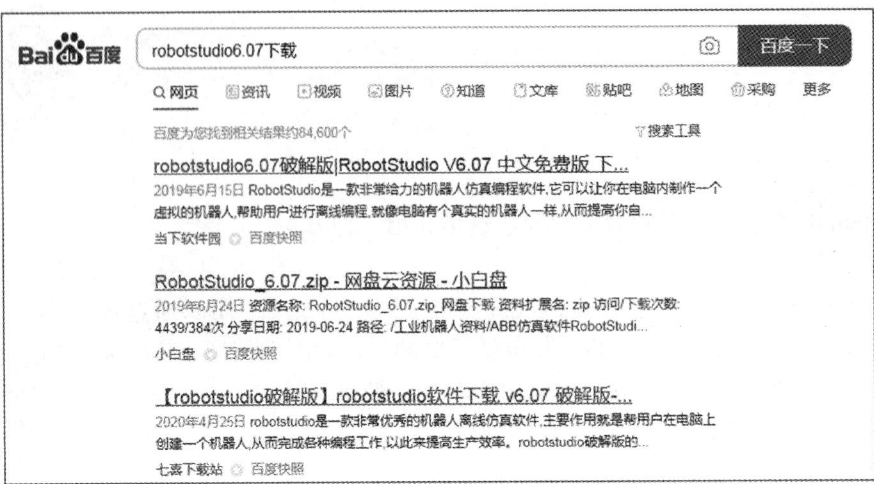

图 1-23 百度搜索 RobotStudio 6.07 显示的相关资源

1.3.2 软件安装

RobotStudio 软件的安装并不复杂，这里以 RobotStudio 6.08 为例介绍其安装过程，具体安装操作步骤如表 1-4 所示。

表 1-4 RobotStudio 软件安装操作步骤

图片示例	步骤说明
名称 / 修改日期 / 类型 / 大小 ISSetupPrerequisites 2020/5/7 23:18 文件夹 Utilities 2020/5/7 23:18 文件夹 0x040a.ini 2014/10/1 10:41 配置设置 25 KB 0x040c.ini 2014/10/1 10:41 配置设置 26 KB 0x0407.ini 2014/10/1 10:40 配置设置 26 KB 0x0409.ini 2014/10/1 10:41 配置设置 22 KB 0x0410.ini 2014/10/1 10:41 配置设置 25 KB 0x0411.ini 2014/10/1 10:41 配置设置 15 KB 0x0804.ini 2014/10/1 10:44 配置设置 11 KB 1031.mst 2018/10/31 10:26 MST 文件 120 KB 1033.mst 2018/10/31 10:26 MST 文件 28 KB 1034.mst 2018/10/31 10:26 MST 文件 116 KB 1036.mst 2018/10/31 10:27 MST 文件 116 KB 1040.mst 2018/10/31 10:27 MST 文件 116 KB 1041.mst 2018/10/31 10:27 MST 文件 112 KB 2052.mst 2018/10/31 10:27 MST 文件 84 KB ABB RobotStudio 6.08.msi 2018/10/31 10:16 Windows Install... 10,153 KB Data1.cab 2018/10/31 10:28 360压缩 CAB 文件 2,097,156... Data11.cab 2018/10/31 10:28 360压缩 CAB 文件 45,491 KB Release Notes RobotStudio 6.08.pdf 2018/10/31 10:16 Adobe Acrobat ... 1,412 KB Release Notes RW 6.08.pdf 2018/10/30 15:46 Adobe Acrobat ... 129 KB RobotStudio EULA.rtf 2018/2/14 18:59 RTF 文件 120 KB setup.exe 2018/10/31 10:30 应用程序 1,674 KB Setup.ini 2018/10/31 9:56 配置设置 7 KB	步骤 1 运行安装文件 说明：在软件安装包中找到“setup. exe”文件，双击打开

续表1-4

图片示例	步骤说明
	步骤 2　选择安装语言 说明：选择“中文(简体)”，然后单击“确定”
	步骤 3　进入安装向导 说明：直接单击“下一步”
	步骤 4　接受许可证协议 说明：勾选“我接受该许可证协议中的条款”，然后单击“下一步”

续表1-4

图片示例	步骤说明
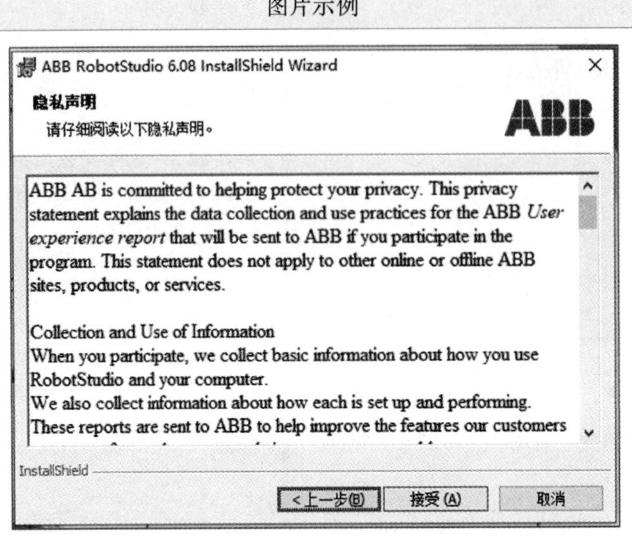	步骤 5　接受隐私声明 说明：直接单击“接受”
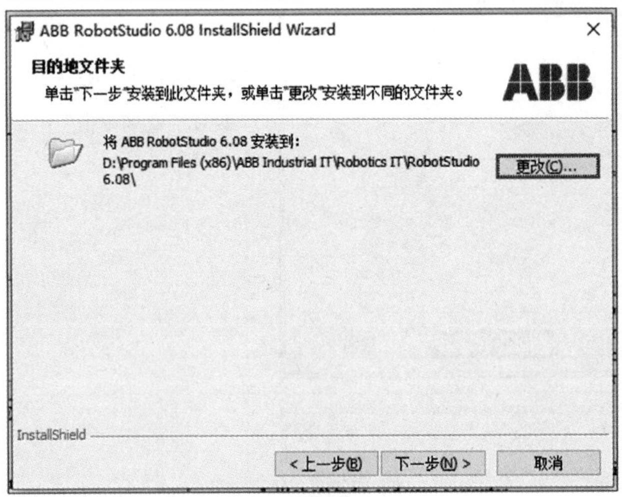	步骤 6　设置安装目录 说明：软件默认会安装在 C 盘，点击“更改”可以修改安装目录，由于软件较大，建议安装在 C 盘之外的目录
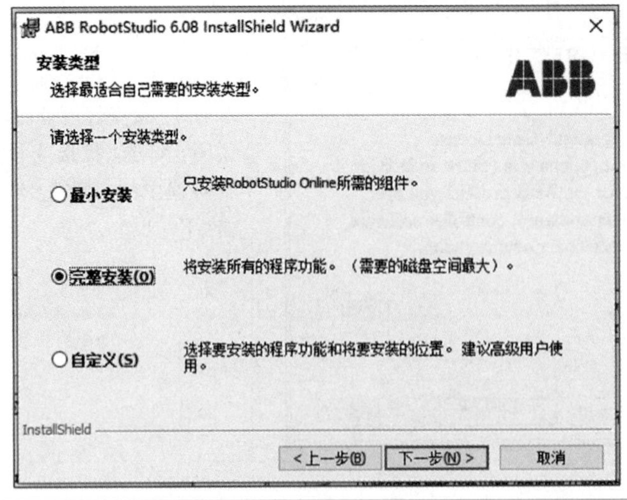	步骤 7　选择安装类型 说明：安装类型有三种，最小安装、完整安装、自定义，通常选择完整安装，如果想节省安装空间或需要自行选择所安装的组件，可以选择最小安装或自定义安装

续表1-4

图片示例	步骤说明
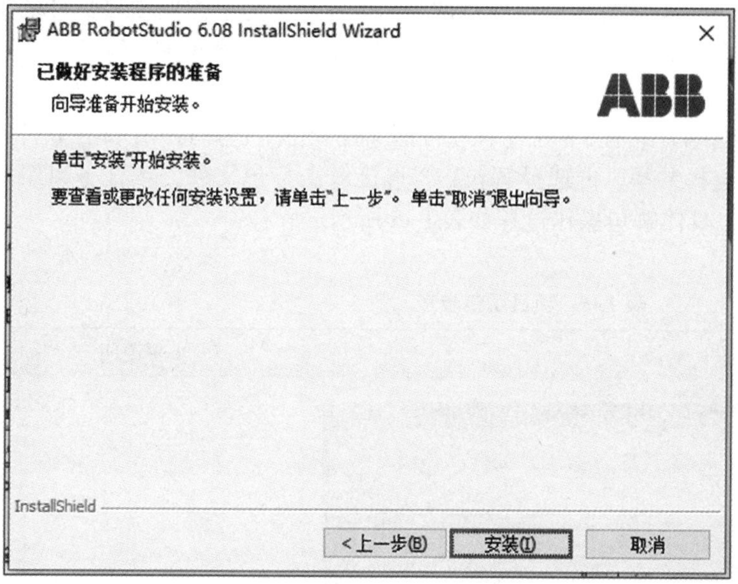 ABB RobotStudio 6.08 InstallShield Wizard 已做好安装程序的准备 向导准备开始安装。 ABB 单击"安装"开始安装。 要查看或更改任何安装设置，请单击"上一步"。单击"取消"退出向导。 InstallShield <上一步(B)　安装(I)　取消	步骤 8　开始安装 说明：单击"安装"即开始正式安装
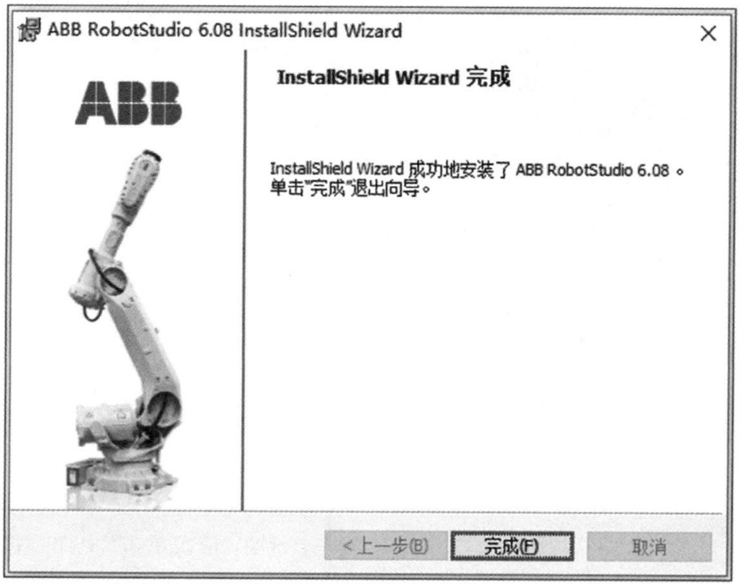 ABB RobotStudio 6.08 InstallShield Wizard ABB InstallShield Wizard 完成 InstallShield Wizard 成功地安装了 ABB RobotStudio 6.08 。 单击"完成"退出向导。 <上一步(B)　完成(F)　取消	步骤 9　安装完成 说明：当出现如左图所示界面时说明软件已经成功安装，单击"完成"即可

任务 4　软件界面与基本操作

扫码查看软件界面与基本操作视频

本任务通过打开一个现有的工作站并进行简单操作，了解软件的操作界面与相关设置，并掌握 RobotStudio 软件的视图缩放、平移、旋转等基本操作。

1.4.1 项目解包与打包

扫码下载
本项目文件

在 RobotStudio 软件中完成项目创建与调试后，为了方便项目文件的携带与传播，通常需要将项目文件打包，使用时直接将其解包即可。

(1)项目解包

项目解包的方式有 3 种：①在软件的文件菜单中选择打开；②在软件的文件菜单中选择共享，再选择解包；③直接双击打包文件。本任务以第一种方式为例，具体解包操作过程如表 1-5 所示。

表 1-5 项目解包步骤

图片示例	步骤说明
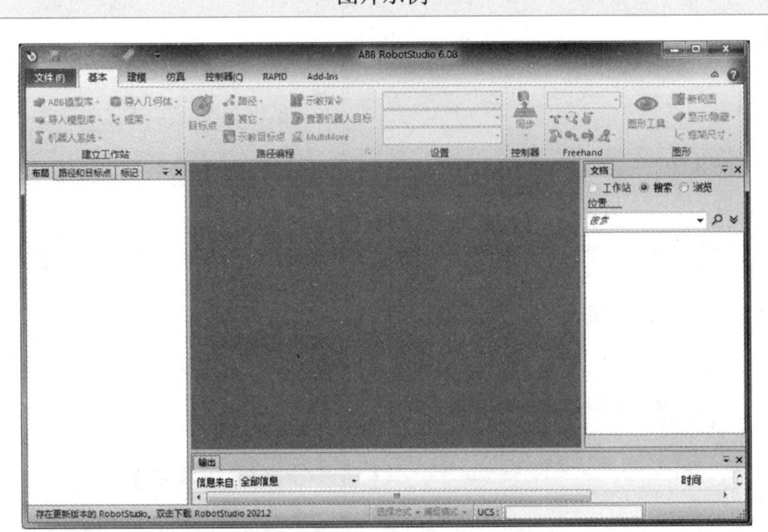	步骤 1 启动软件 说明：启动软件，进入软件初始界面
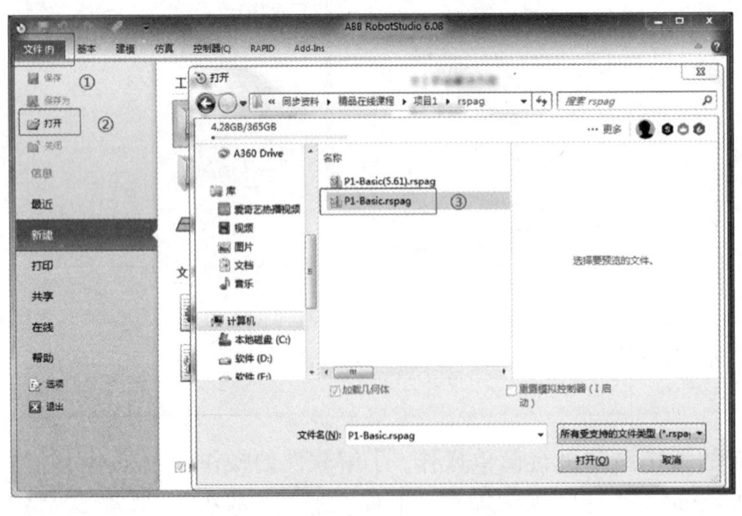	步骤 2 选择并打开打包文件 说明：依次单击“文件→打开”，在弹出的“打开”窗口中浏览找到项目打包文件“P1-Basic. rspag”，并单击“打开”

续表1-5

图片示例	步骤说明
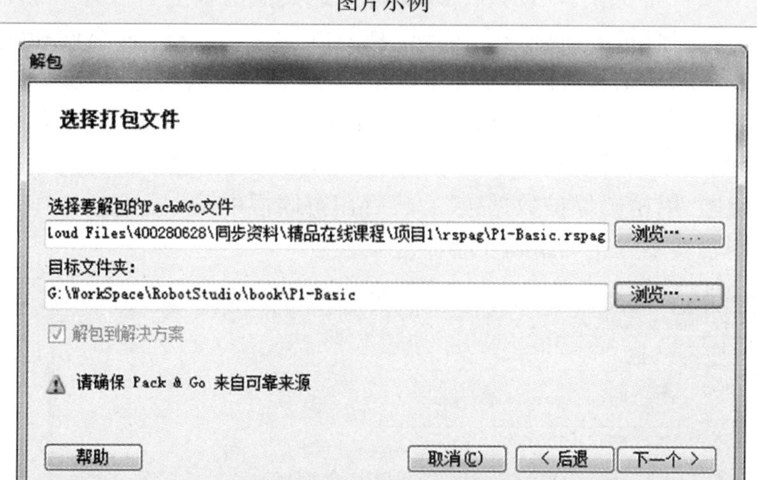	步骤3　设置目标文件夹 说明：打开项目打包文件后即进入解包向导，单击“下一个”，进入如左图所示界面时，设置好目标文件夹后，单击“下一个”
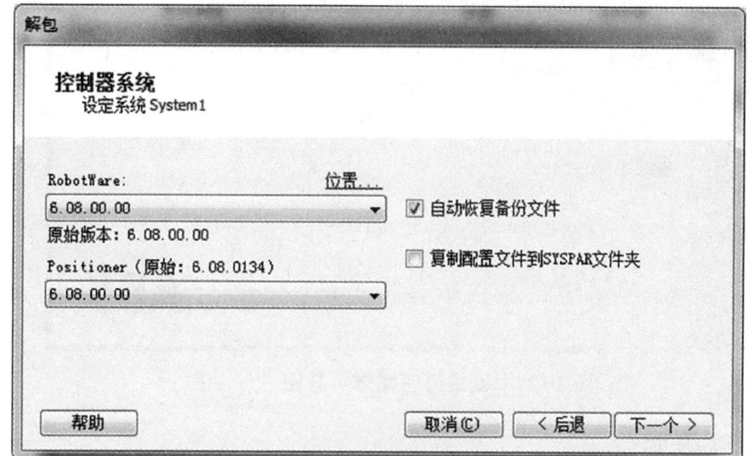	步骤4　设置控制器系统 说明：在如左图所示界面选择 RobotWare 版本(最好与原始版本相同)，然后单击“下一个”，然后单击“完成”，如果需要修改设置可以单击“后退”
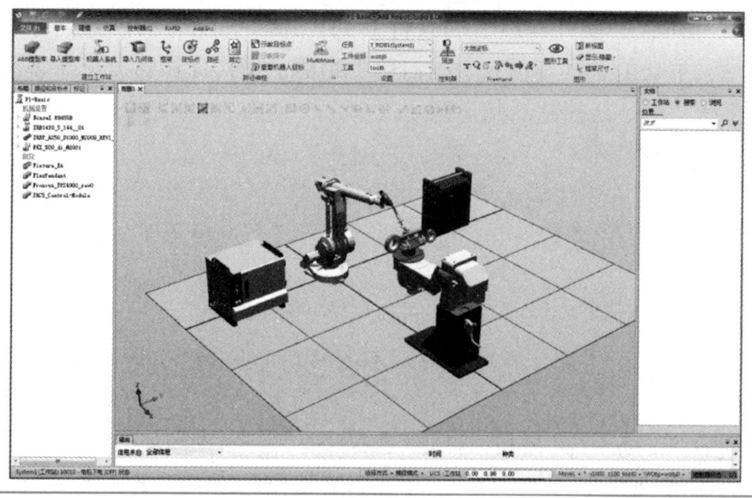	步骤5　解包完成 说明：解包完成后即可看到如左图所示的工作站

(2)项目打包

当创建的项目需要分享给别人，或要转移到其他电脑上运行时，可以将项目打包。项目打包会创建一个包含该项目的虚拟控制器、库文件和附加选项媒体库的活动工作站包。其操作如图 1-24 所示，依次选择“文件→共享→打包”，在弹出的“打包”设置框中设置打包文件的名称与路径，路径默认为当前项目所在的目录，名称默认为该项目的名称。对于重要的项目文件，可以勾选“用密码保护数据包”，然后在密码框中输入密码，这样打包文件解包时需要输入正确密码才能解包。

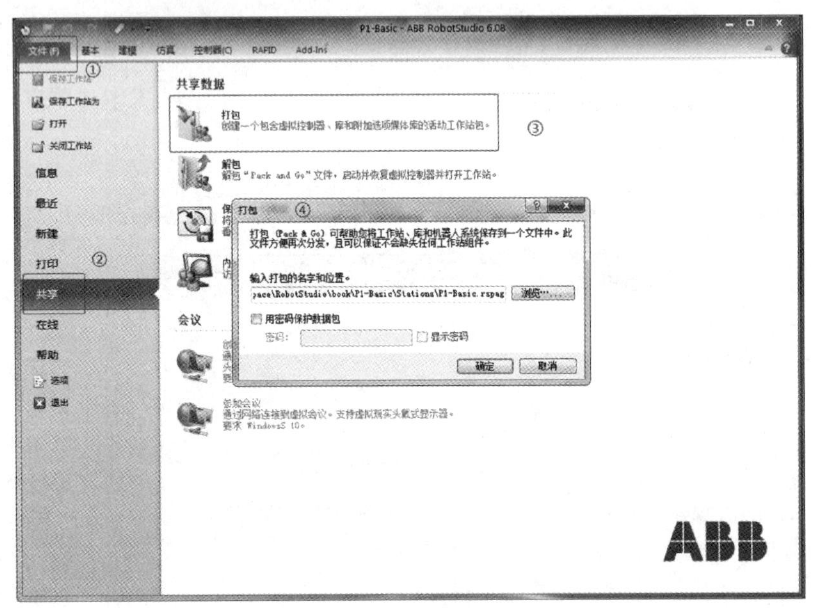

图 1-24　项目打包操作示意图

1.4.2　软件界面

如图 1-25 所示是项目解包后的软件界面。RobotStudio 软件界面主要包括 6 个区域：主功能选项卡区、功能与命令组区、操作面板区、工作视图区、输出窗口区、指令与控制器状态区。

(1)主功能选项卡区

该区包含软件的主要功能选项卡，共包含“文件”“基本”“建模”“仿真”“控制器”“RAPID”“Add-Ins”七个选项卡，每个选项卡下对应不同的功能与命令组。

(2)功能与命令组区

该区域基于不同的主功能选项卡显示不同的功能与命令组。

(3)操作面板区

该区域包含“布局”“路径和目标点”“标记”三个操作面板。在“布局”面板中可以查看和选择工作站中导入的库文件与模型文件。在“路径和目标点”面板中可以对路径程序、目标点、工件坐标等进行操作。

(4)工作视图区

该区域是软件的主要工作窗口，导入的模型文件都会在该区域显示。工作视图区可以实时查看当前工作站的布局效果，且该区域可以通过鼠标与键盘进行视图的平移、缩放与切换视角。

(5)输出窗口区

该区域主要显示软件的输出信号、事件日志与各类提示信息。

(6)指令与控制器状态区

该区域可以设置指令参数，同时可以查看控制器状态。当控制器状态为绿色时，表示当前控制器已启动，且为自动模式；当控制器状态为黄色时，表示控制器已启动且为手动模式；当控制器状态为红色时，表示控制器未启动(已停止或正在启动)。

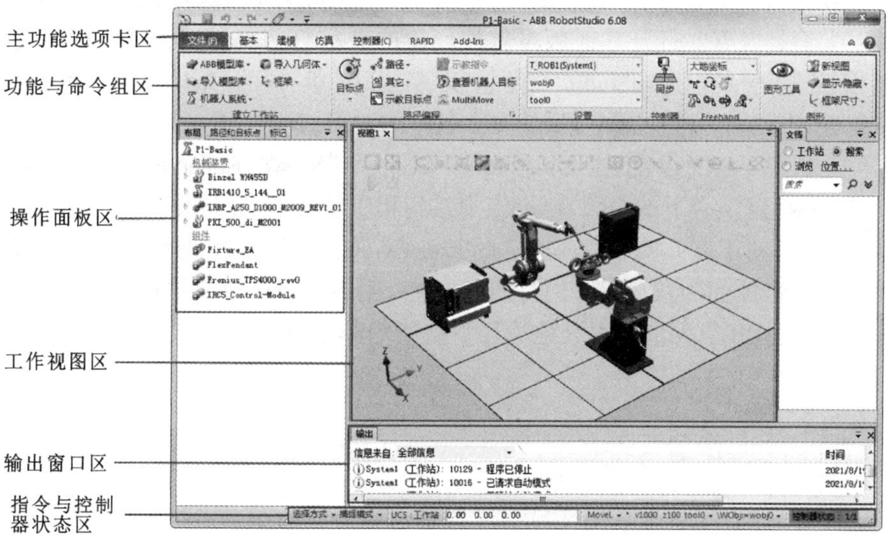

图 1-25　RobotStudio 软件界面

1.4.3　键盘与鼠标基本操作

在应用 RobotStudio 软件进行项目设计时，需要熟练掌握软件的基本操作方法，主要包括视图的平移、缩放与切换视角。

(1)视图平移

按下【Ctrl+鼠标左键】并移动鼠标。

(2)视图缩放

①滚动鼠标滚轮：向手心滚动缩小、向手心反方向流动放大；

②按下鼠标滚轮并移动鼠标：左移缩小、右移放大；

③按下【Ctrl+鼠标右键】并移动鼠标：左移缩小、右移放大。

(3)切换视角

①按下【Ctrl+Shift+鼠标左键】并移动鼠标；

②按下【鼠标左键+鼠标滚轮】并移动鼠标;

③按下【鼠标右键+鼠标滚轮】并移动鼠标。

项目总结

本项目详细介绍了工业机器人离线编程技术的概念、作用、特点与应用,介绍了常用工业机器人品牌及其离线编程软件,并通过解包项目进行了软件界面的介绍与软件基本操作练习。

任务拓展

◆ RobotWare 的安装与应用

RobotWare的安装与应用

RobotWare 是机器人系统的软件版本,RobotStudio 软件经历了多个版本的更新迭代,工业机器人系统也同样有多个版本,不同版本的软件不一定相互兼容,当需要打开其他版本软件创建的项目打包文件时,可以不用安装相应版本的 RobotStudio,直接安装相应版本的 RobotWare 即可,RobotStudio 软件中可以同时安装多个版本的 RobotWare。

RobotWare 可以通过 RobotStudio 软件安装,在 RobotStudio 软件的"Add-Ins"选项卡下的"RobotApps"中找到相应的 RobotWare 版本,点击"安装"即可自动下载并安装相应版本的 RobotWare,如图 1-26 所示。如果该版本下的安装按钮为灰色且旁边有卸载按钮,则表示已经安装该版本。此外,也可以从 ABB 官网或通过其他途径下载所需版本 RobotWare 的安装包直接安装。

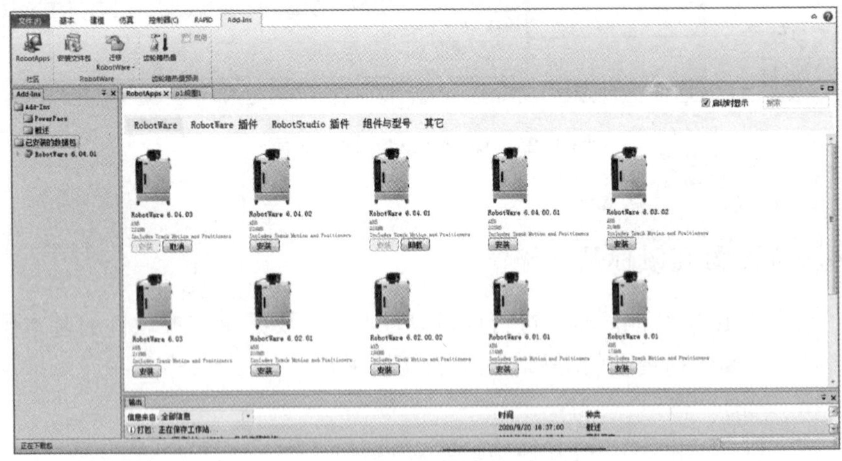

图 1-26 RobotWare 安装

思考与练习

1. 简述什么是工业机器人离线编程技术。
2. 请举例介绍常用的工业机器人离线编程软件。

项目二　工业机器人绘图工作站离线编程

项目描述

本项目通过图 2–1 所示的工业机器人绘图工作站搭建、工业机器人系统创建、坐标系的创建、基础路径的创建、自动路径的创建、系统仿真与调试、碰撞功能测试让学生进一步深入了解工业机器人离线编程技术。

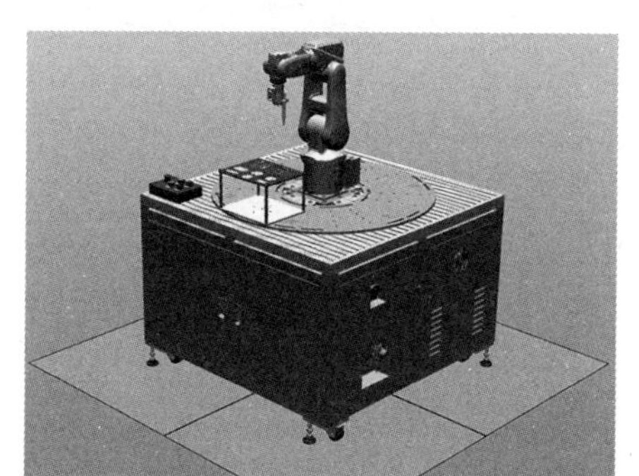

图 2–1　项目效果图

此外，通过本项目的学习，让学生掌握工业机器人系统创建、工业机器人基本运动指令的应用以及坐标系创建，掌握工业机器人离线编程的基本应用，培养其爱国主义精神、爱岗敬业以及大国工匠精神。

学习目标

◆ 知识目标

1. 掌握工业工业机器人坐标系。
2. 掌握工业机器人常见运动指令。
3. 掌握工业机器人程序创建。

◆ 能力目标

1. 能完成绘图工作站的搭建以及系统创建。
2. 能进行工业机器人手动操作以及坐标系创建。
3. 能完成工业机器人工作站简单轨迹以及自动轨迹创建和验证。
4. 能完成项目仿真调试以及碰撞功能测试。

◆ 素质目标

1. 具有良好的学习习惯、软件使用习惯、生活习惯、行为习惯和自我管理能力。
2. 具有爱国主义精神和民族自豪感。
3. 勇于奋斗、乐观向上，有较强的集体意识和团队合作精神。

知识图谱

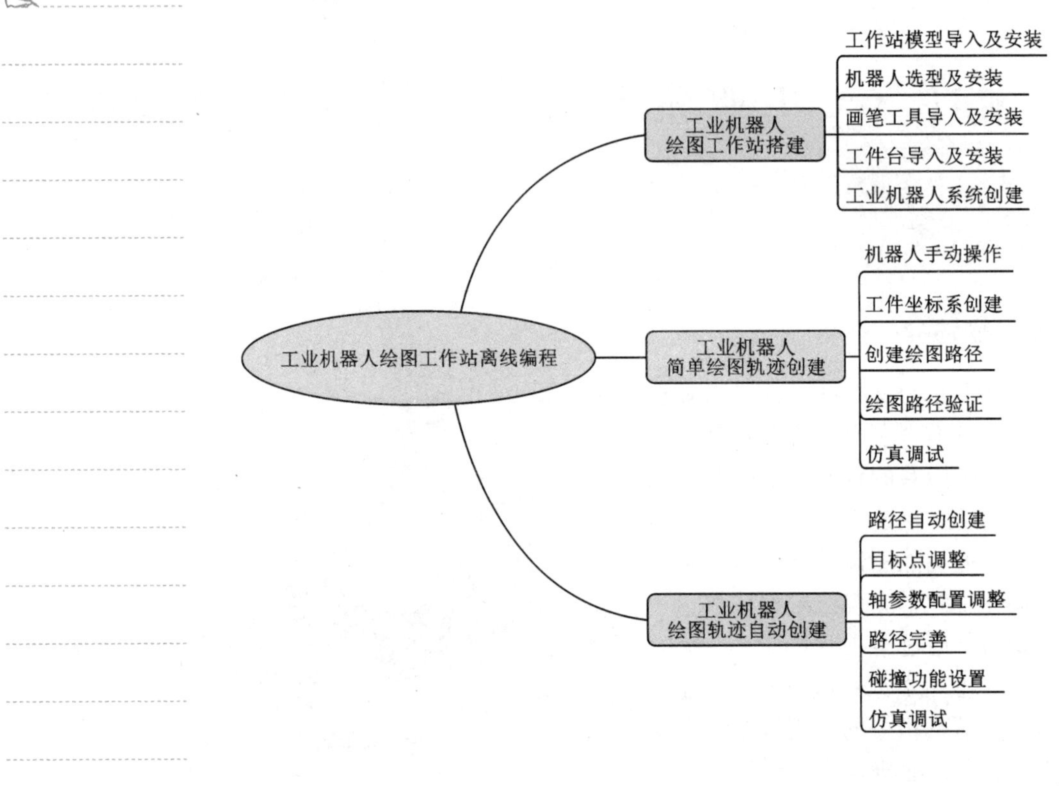

项目实施

任务1 工业机器人绘图工作站搭建

要完成仿真任务，用户首先需要完成工作站的搭建，绘图工作站的搭建需要完成以下内容：

①工作台模型导入及安装。

②机器人选型及安装。

③画笔工具导入及安装。

④工件台导入及安装。

⑤工业机器人系统创建。

2.1.1 工作台模型导入及安装

扫码下载
工作台模型

本项目涉及的机器人和工件台需要安装到“设备工作台”上，安装设备工作台的具体操作步骤如表2-1所示。

表 2-1　设备工作台安装操作步骤

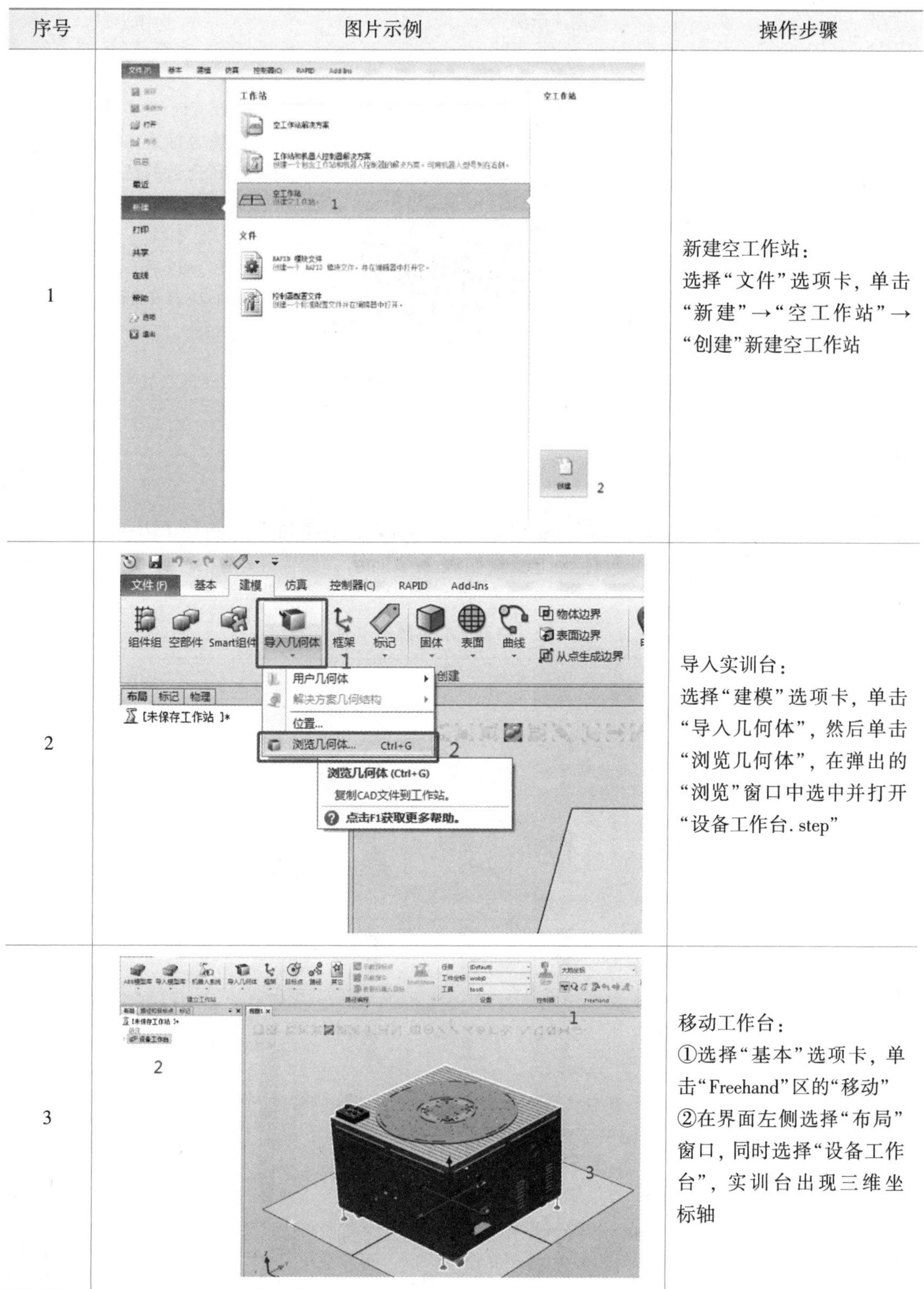

序号	图片示例	操作步骤
1		新建空工作站： 选择“文件”选项卡，单击“新建”→“空工作站”→“创建”新建空工作站
2		导入实训台： 选择“建模”选项卡，单击“导入几何体”，然后单击“浏览几何体”，在弹出的“浏览”窗口中选中并打开“设备工作台. step”
3		移动工作台： ①选择“基本”选项卡，单击“Freehand”区的“移动” ②在界面左侧选择“布局”窗口，同时选择“设备工作台”，实训台出现三维坐标轴

续表2-1

序号	图片示例	操作步骤
4	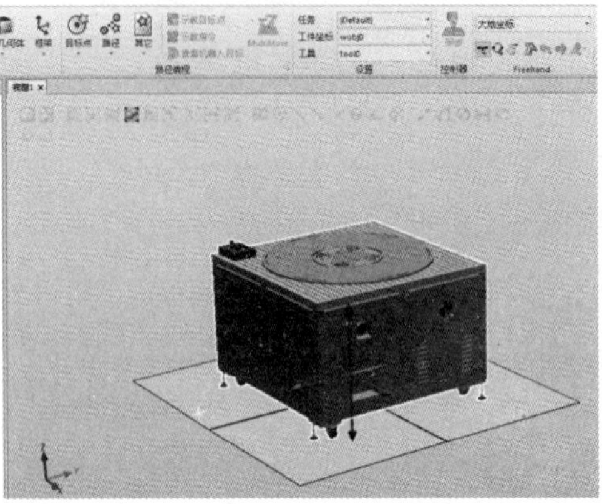	完成实训台的安装：拖拽坐标系，使实训台移动到合适的位置，至此完成实训台的安装。 说明：本项目中实训台完成放置以后，其原点在大地坐标系中的位置是(0，0，115)

2.1.2 机器人选型及安装

在不同的项目中根据项目的需求选择合适的机器人，本项目选择的是 IRB 120 机器人，在设备工作台上安装机器人的具体操作步骤如表 2-2 所示。

表 2-2 机器人安装操作步骤

序号	图片示例	操作步骤
1	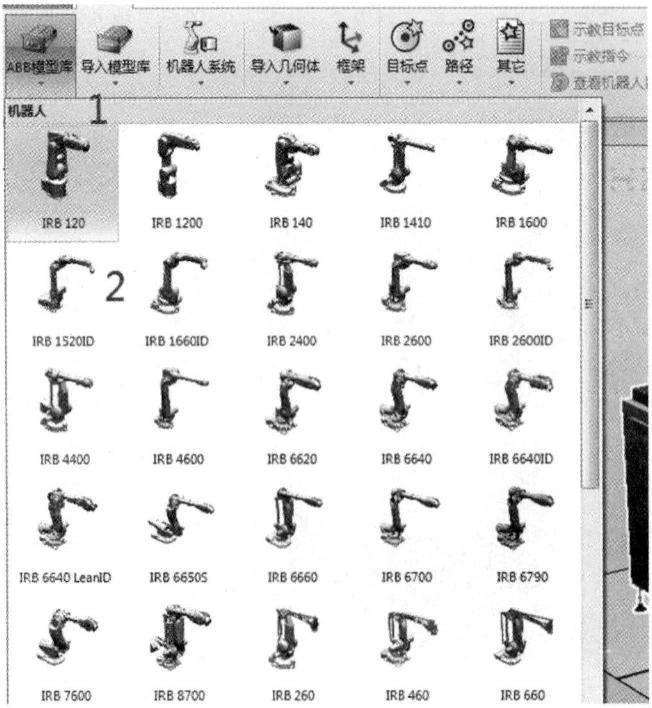	选择机器人： ①选择“基本”选项卡，单击“ABB 模型库”。 ②在打开的窗口中选择“IRB 120”

续表2-2

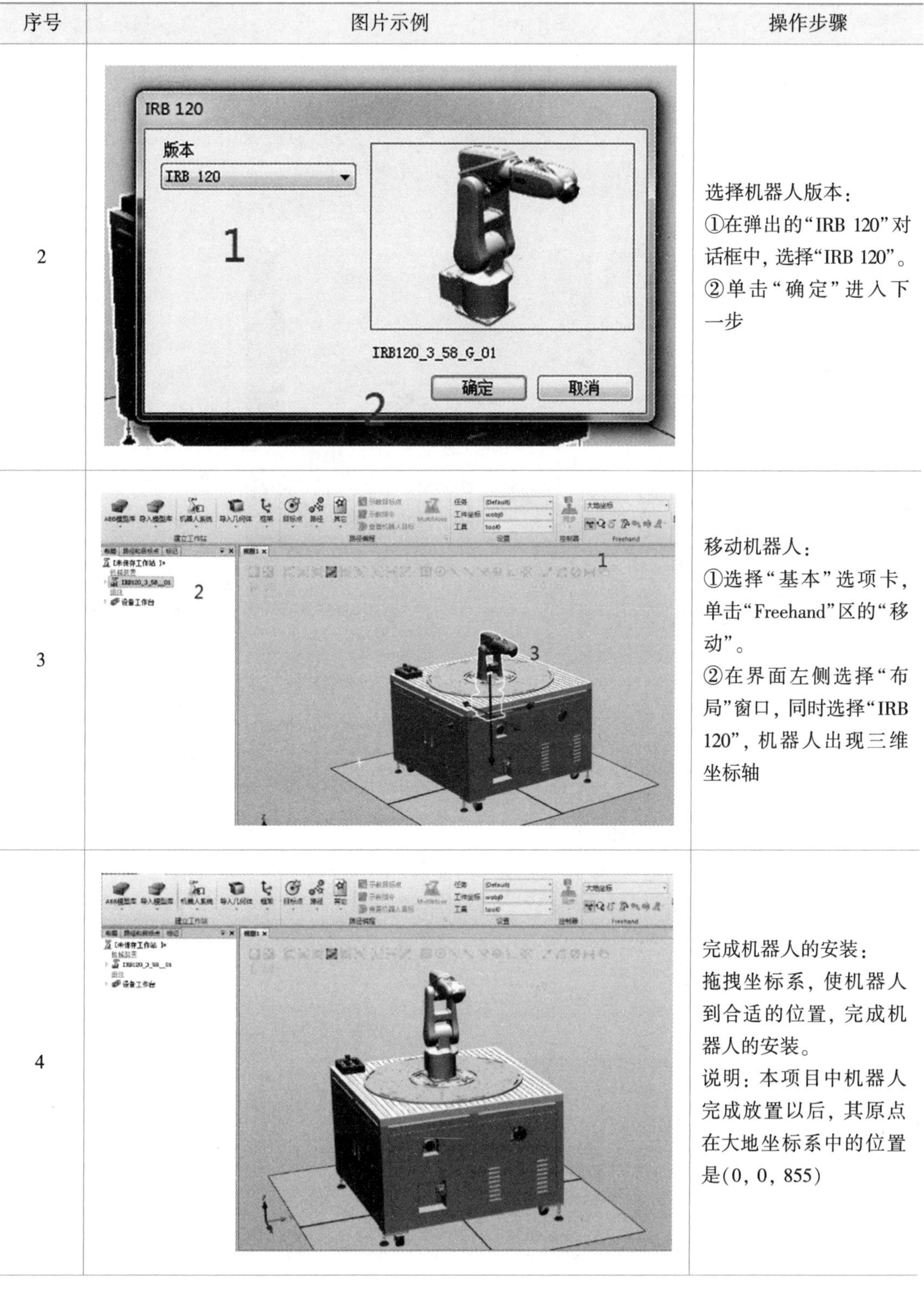

序号	图片示例	操作步骤
2		选择机器人版本： ①在弹出的“IRB 120”对话框中，选择“IRB 120”。 ②单击“确定”进入下一步
3		移动机器人： ①选择“基本”选项卡，单击“Freehand”区的“移动”。 ②在界面左侧选择“布局”窗口，同时选择“IRB 120”，机器人出现三维坐标轴
4		完成机器人的安装： 拖拽坐标系，使机器人到合适的位置，完成机器人的安装。 说明：本项目中机器人完成放置以后，其原点在大地坐标系中的位置是(0，0，855)

续表2-2

序号	图片示例	操作步骤
5	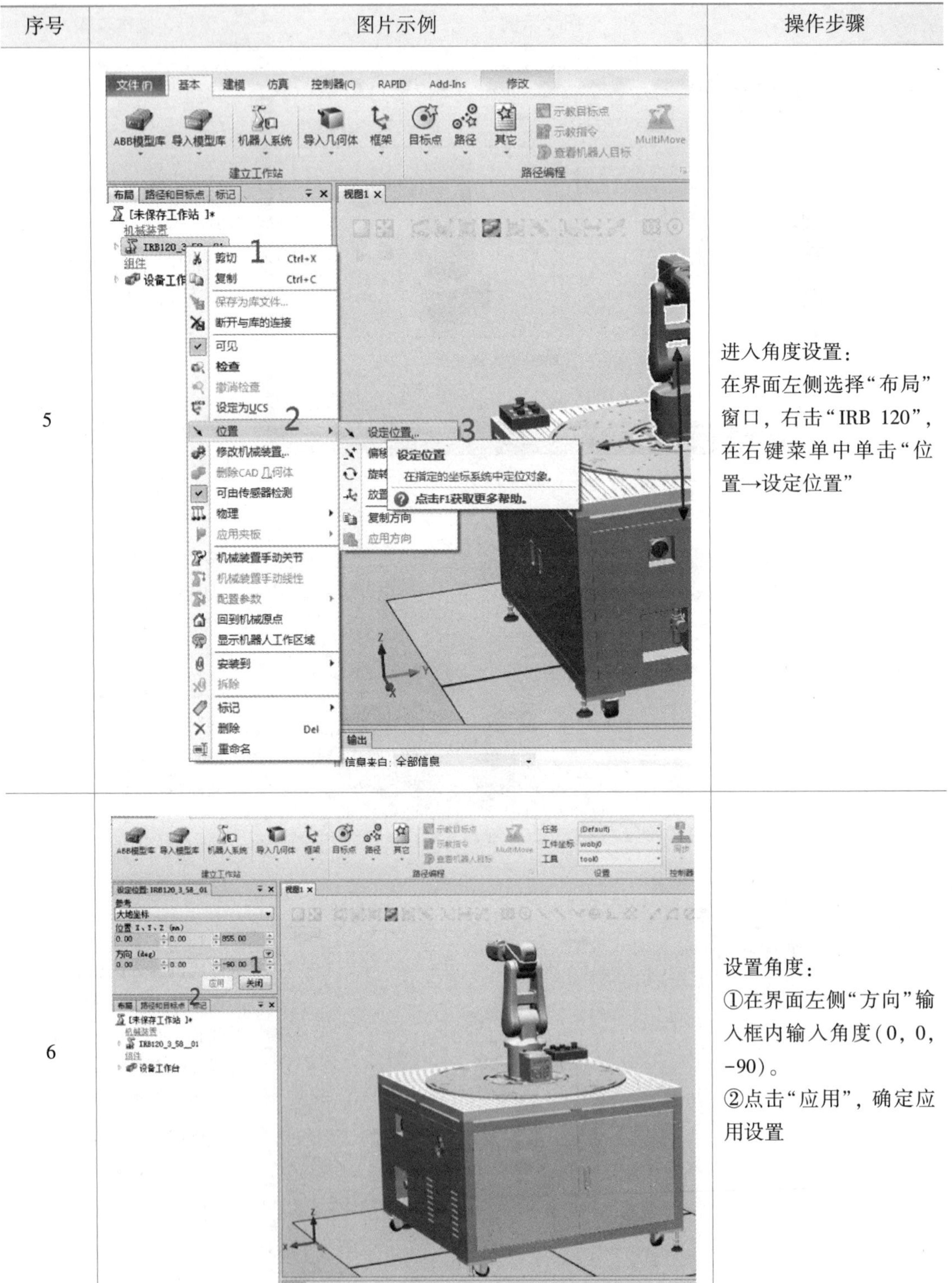	进入角度设置： 在界面左侧选择“布局”窗口，右击“IRB 120”，在右键菜单中单击“位置→设定位置”
6		设置角度： ①在界面左侧“方向”输入框内输入角度(0，0，-90)。 ②点击“应用”，确定应用设置

续表2-2

序号	图片示例	操作步骤
7	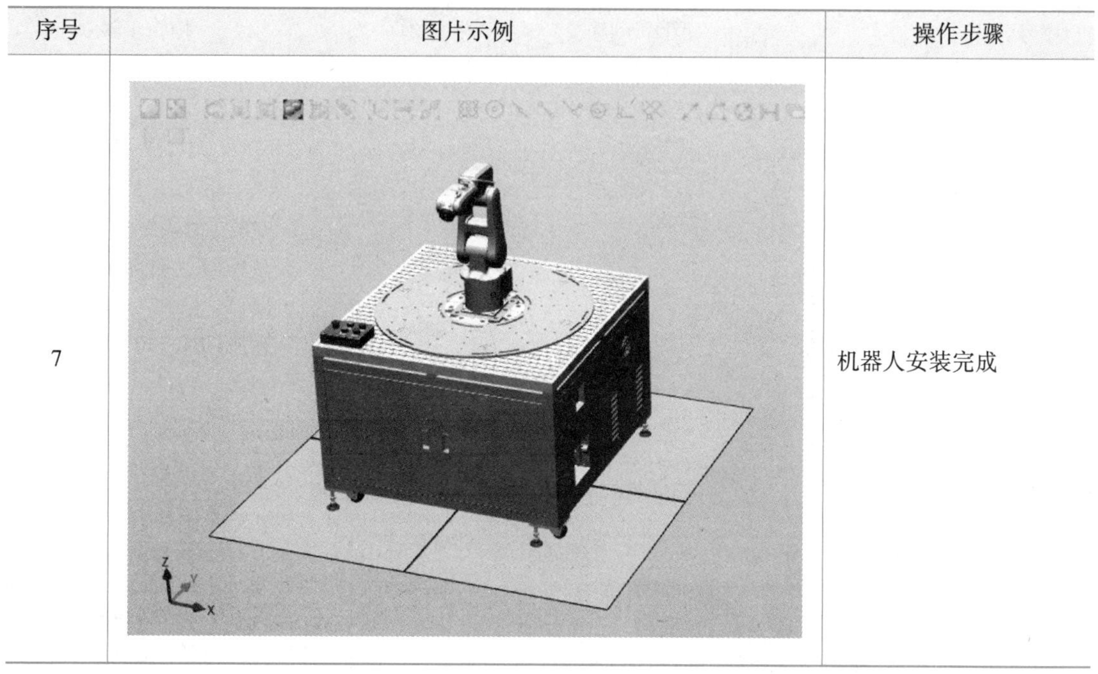	机器人安装完成

2.1.3　画笔工具导入及安装

针对不同的虚拟仿真任务，用户需要根据任务要求和作业环境选择合适的工具，本项目选择的是画笔工具。工具笔导入及安装具体操作步骤如表 2-3 所示。

扫码下载
画笔工具

表 2-3　工具笔安装操作步骤

序号	图片示例	操作步骤
1	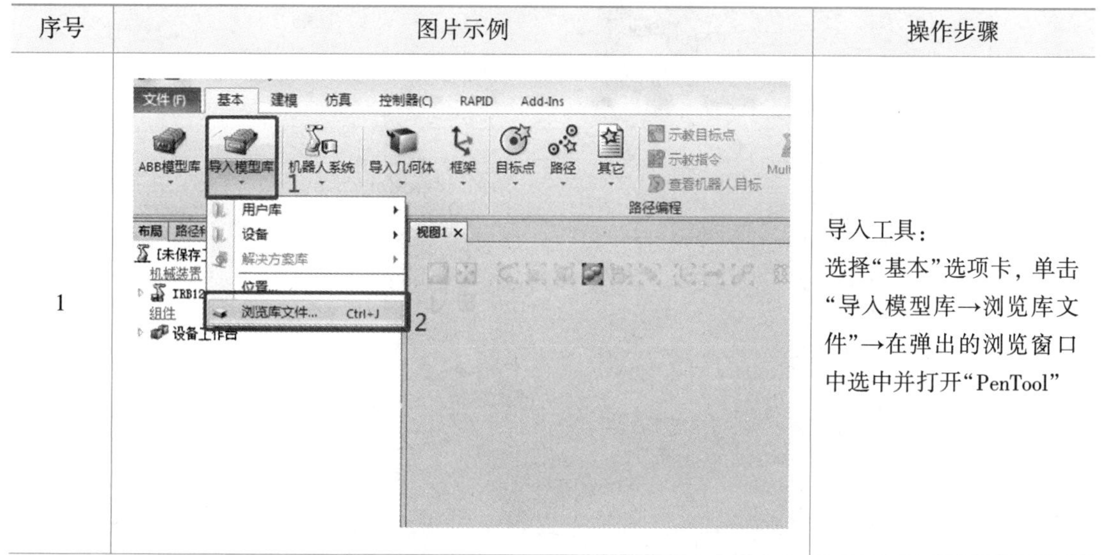	导入工具： 选择“基本”选项卡，单击“导入模型库→浏览库文件”→在弹出的浏览窗口中选中并打开“PenTool”

续表2-3

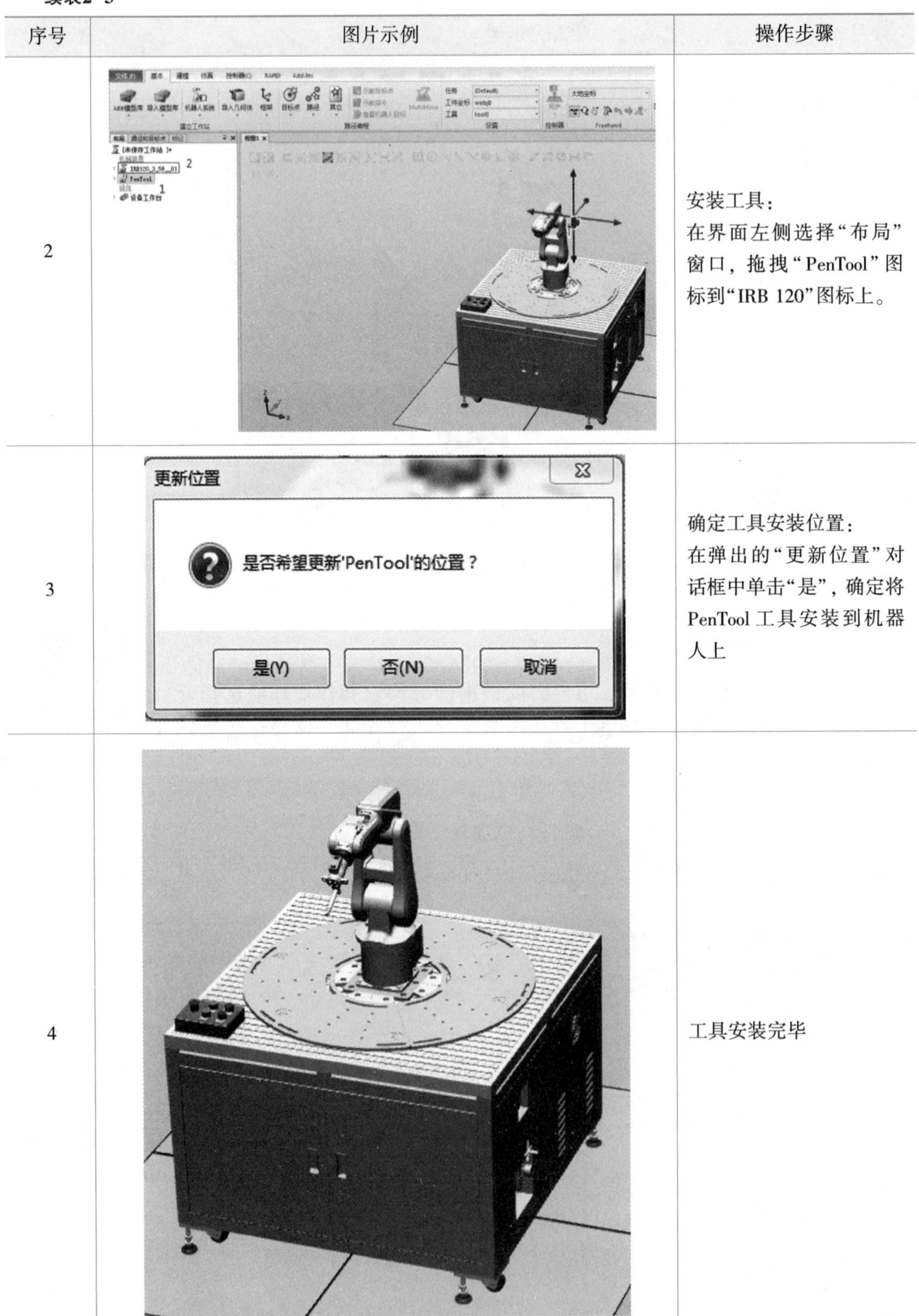

序号	图片示例	操作步骤
2		安装工具： 在界面左侧选择“布局”窗口，拖拽“PenTool”图标到“IRB 120”图标上。
3		确定工具安装位置： 在弹出的“更新位置”对话框中单击“是”，确定将PenTool工具安装到机器人上
4		工具安装完毕

2.1.4　工件台导入及安装

扫码下载
绘图工件模型

本任务选择工件台模型，该模型包括了矩形、圆形、六边形、曲线、生机字样等，用户可以操作工业机器人使用相应的工具沿着各图形边缘路径进行路径示教，安装工件台模型的步骤如表 2-4 所示。

表 2-4　工件台安装步骤

序号	图片示例	操作步骤
1	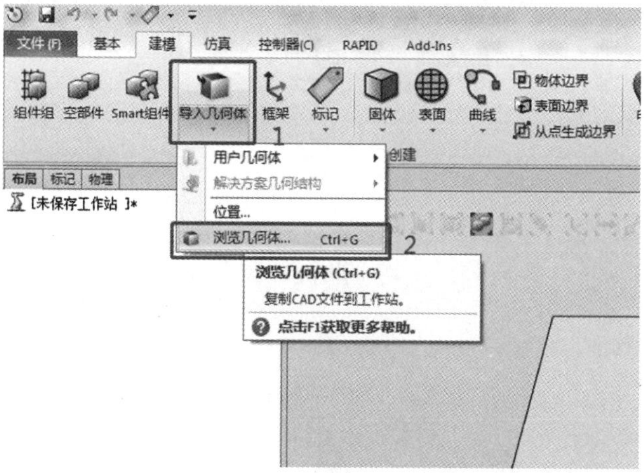	导入工件台： 选择“建模”选项卡，单击“导入几何体”，然后选择“浏览几何体”，在弹出的“浏览”窗口中选中并打开“工件台模型.step”
2	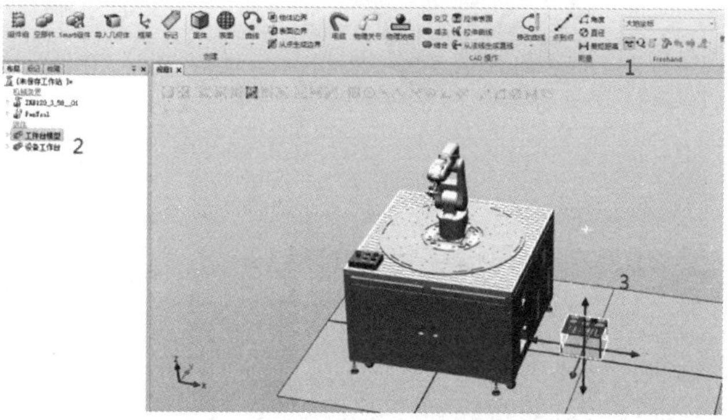	移动工件台： ①选择“基本”选项卡，单击“Freehand”区的【移动】按钮。 ②在界面左侧选择“布局”窗口，同时选择“工件台模型”，工件台出现三维坐标轴
3	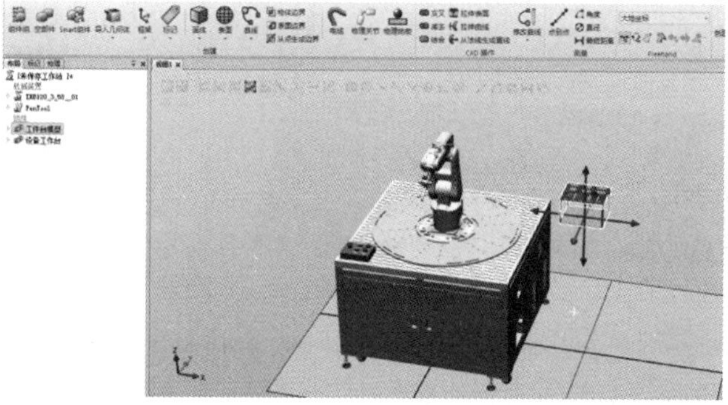	移动工件台模型： 拖拽工件台模型到合适的位置

续表2-4

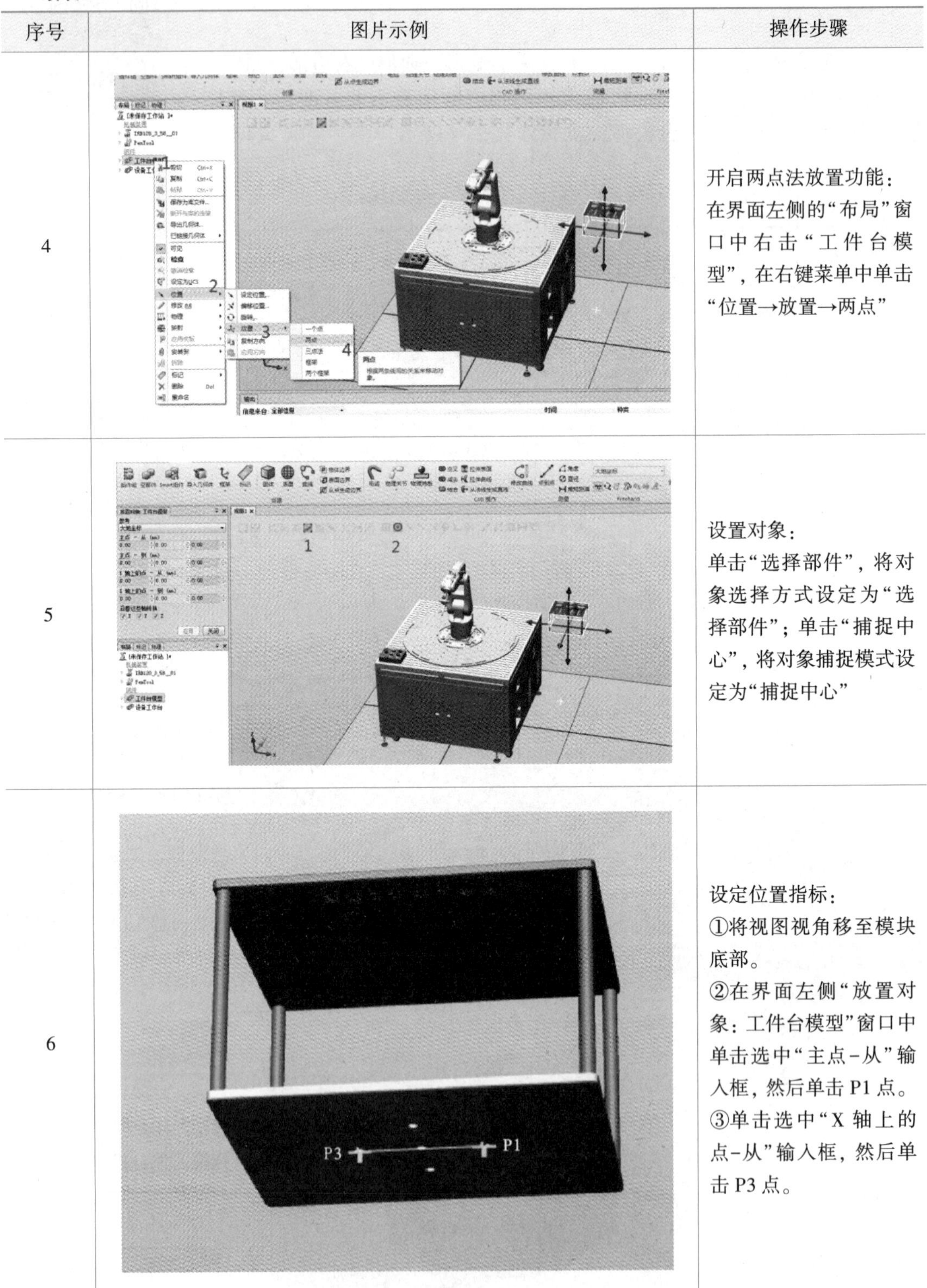

序号	图片示例	操作步骤
4		开启两点法放置功能：在界面左侧的“布局”窗口中右击“工件台模型”，在右键菜单中单击“位置→放置→两点”
5		设置对象：单击“选择部件”，将对象选择方式设定为“选择部件”；单击“捕捉中心”，将对象捕捉模式设定为“捕捉中心”
6		设定位置指标： ①将视图视角移至模块底部。 ②在界面左侧“放置对象：工件台模型”窗口中单击选中“主点-从”输入框，然后单击P1点。 ③单击选中“X轴上的点-从”输入框，然后单击P3点。

续表2-4

序号	图片示例	操作步骤
7	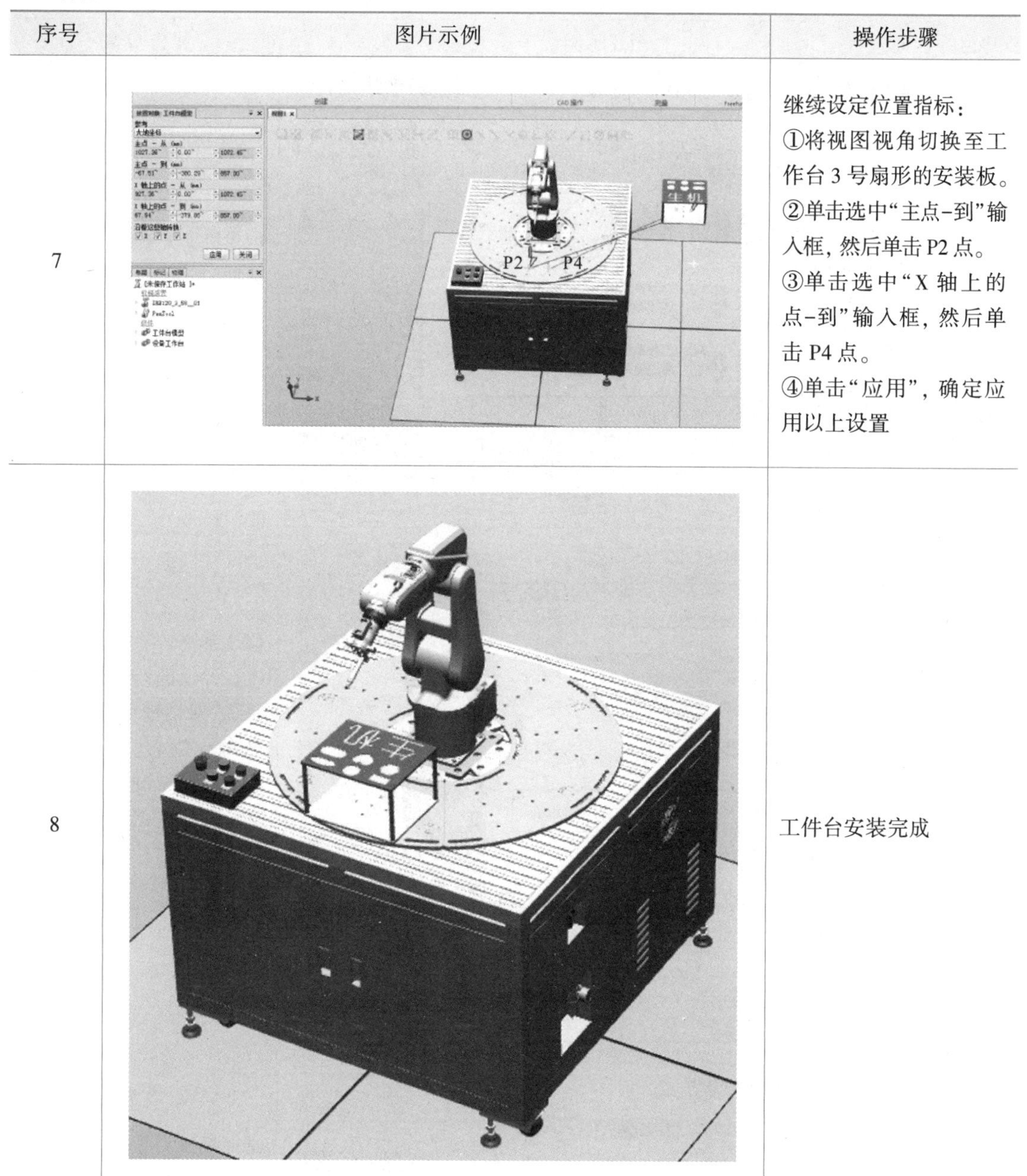	继续设定位置指标： ①将视图视角切换至工作台 3 号扇形的安装板。 ②单击选中“主点-到”输入框，然后单击 P2 点。 ③单击选中“X 轴上的点-到”输入框，然后单击 P4 点。 ④单击“应用”，确定应用以上设置
8		工件台安装完成

2.1.5　工业机器人系统创建

前文从硬件模型的角度完成了搭建，但是如果需要仿真的话需要加载机器人控制系统，建立虚拟控制器，使其具有相关的电气特性，以完成对应的仿真操作。机器人系统创建的具体操作步骤如表 2-5 所示。

表 2-5　机器人系统创建操作步骤

序号	图片示例	操作步骤
1	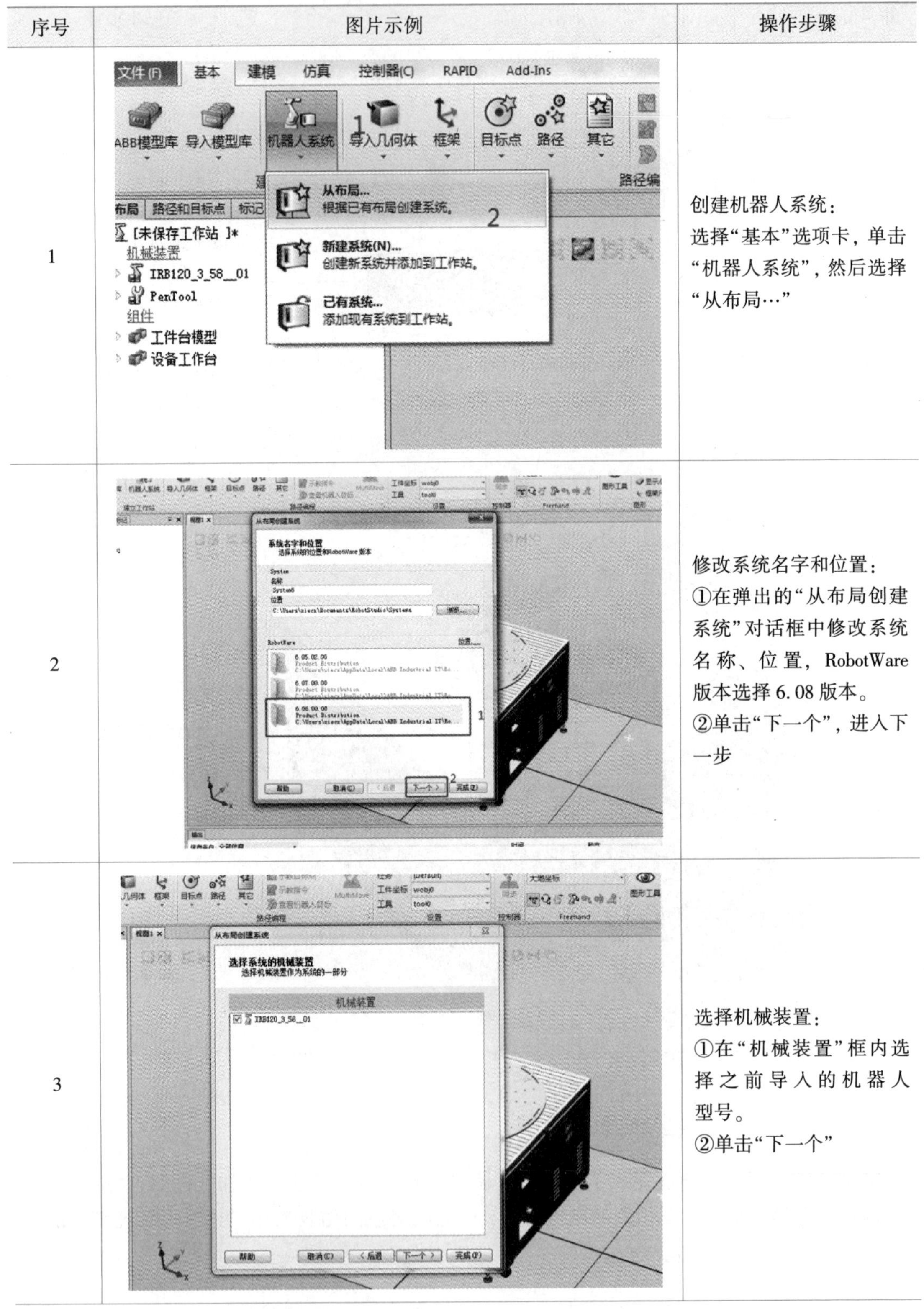	创建机器人系统： 选择“基本”选项卡，单击“机器人系统”，然后选择“从布局…”
2		修改系统名字和位置： ①在弹出的“从布局创建系统”对话框中修改系统名称、位置，RobotWare 版本选择 6.08 版本。 ②单击“下一个”，进入下一步
3		选择机械装置： ①在“机械装置”框内选择之前导入的机器人型号。 ②单击“下一个”

续表2-5

序号	图片示例	操作步骤
4	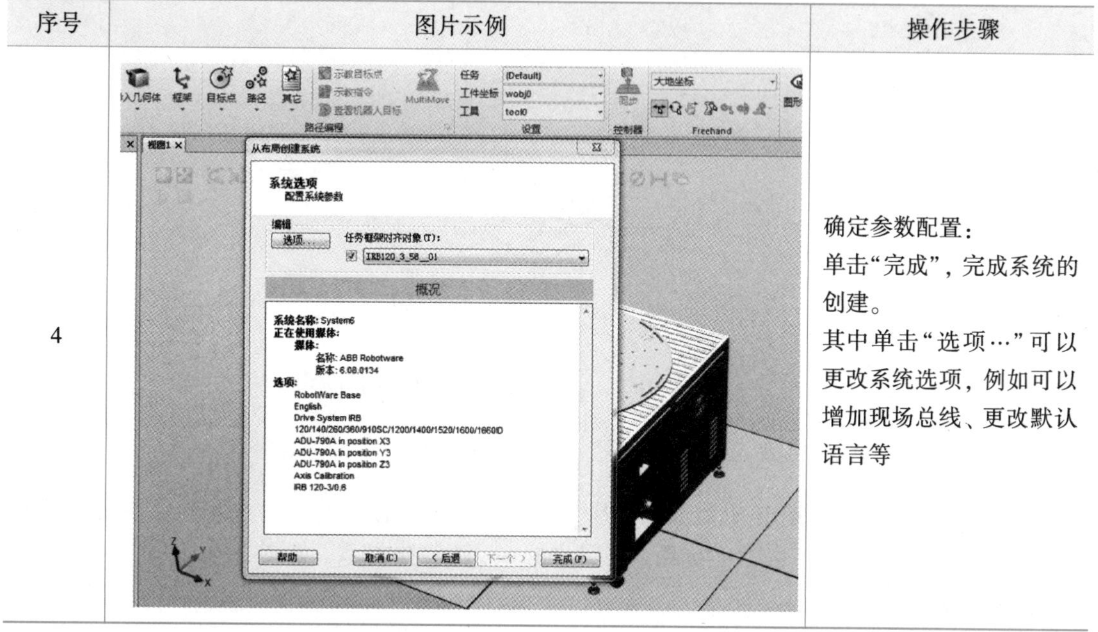	确定参数配置： 单击“完成”，完成系统的创建。 其中单击“选项…”可以更改系统选项，例如可以增加现场总线、更改默认语言等

任务 2　工业机器人简单绘图轨迹创建

要想在任务 1 创建的工作站上完成简单轨迹绘制仿真任务，用户首先要在绘图工作站完成以下内容：

①工业机器人手动操作。

②工件坐标系创建。

③创建绘图路径。

④绘图路径验证。

⑤仿真调试。

知识点讲解

1. 空间直角坐标系

空间直角坐标系是以一个固定点为原点 O，过原点作三条互相垂直且具有相同单位长度的数轴所建立的坐标系。机器人的运动方向、坐标位置通常采用三维笛卡儿直角坐标系来描述。三维笛卡儿直角坐标系的坐标轴正方向符合右手定则，如图 2-2 所示：伸出右手大拇指、食指和中指并相互垂直，当大拇指指向 X 轴正方向、食指指向 Y 轴正方向时，中指所指示方向即为 Z 轴正方向。

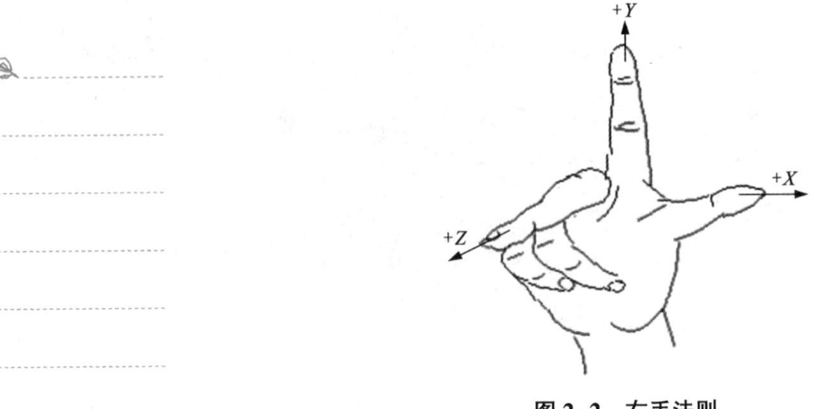

图 2-2　右手法则

2. 机器人坐标系

在 ABB 机器人中，基于笛卡儿坐标设置了若干个坐标系，主要包括基坐标系、大地坐标系、工具坐标系、工件坐标系，如图 2-3 所示。

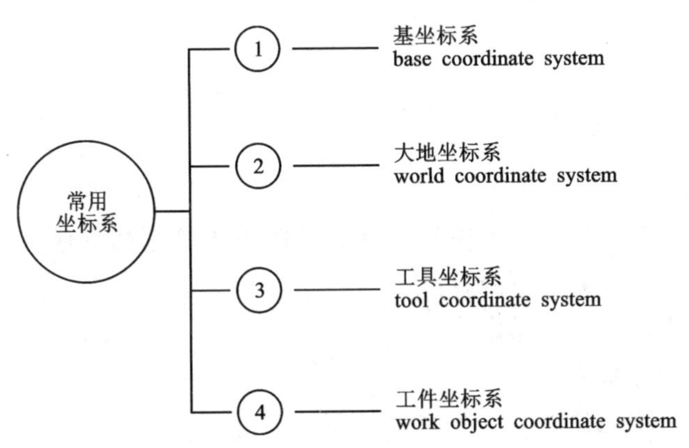

图 2-3　机器人坐标系

基坐标系(图 2-4)：由机器人底座基点与坐标方位组成，当正对机器人时，前后为基坐标系 X 轴，左右为 Y 轴，上下为 Z 轴。任何机器人都离不开基坐标系，它是机器人 TCP 在三维空间运动所必需的基本坐标系，该坐标系也是机器人其他坐标系的基础。

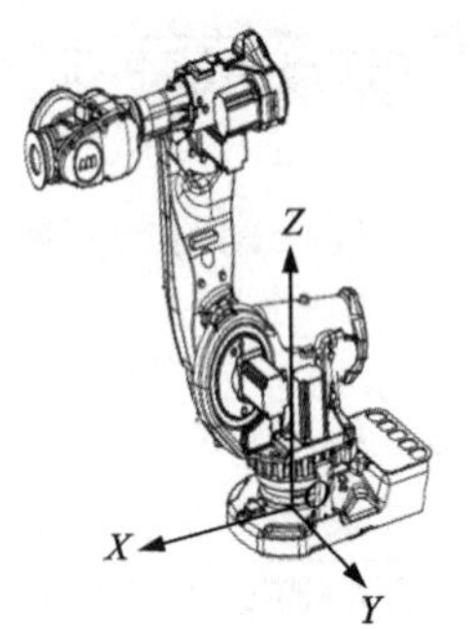

图 2-4　基坐标系

大地坐标系：也称世界坐标系，其在工作单元或工作站中的固定位置有其相应的零点，这有助于处理若干个机器人或由外轴移动的机器人。在默认情况下，大地坐标系与基坐标系是一致的。但是在以下情况下大地坐标系与基坐标系不一致，具体如图 2-5 所示。

①机器人倒装。倒装机器人的基坐标系与大地坐标系 Z 轴的方向相反，机器人可以倒过来，但是大地却不可以倒过来。

②带外部轴的机器人。大地坐标系固定位置，而基坐标系可以随着机器人整体的移动而移动。

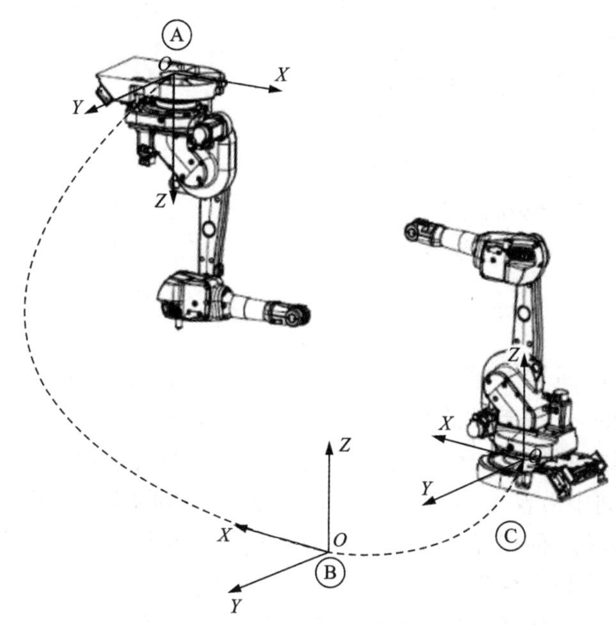

图 2-5　大地坐标系与基坐标系关系图

工具坐标系(图 2-6)：用户自定义坐标系，其由坐标系原点——工具中心点(TCP)与坐标轴构成，工业机器人运动控制实际上就是让 TCP 在规定速度下沿着一定路径运动至目标位置。在定义工具坐标系时，坐标原点和方向要根据机器人末端执行器(工具)的实际情况确定。所有的机器人在机器人工具安装点处都有一个被称为 Tool0 的预定义工具坐标系。所有新定义的工具坐标系实际是定义相对 Tool0 的偏移值。

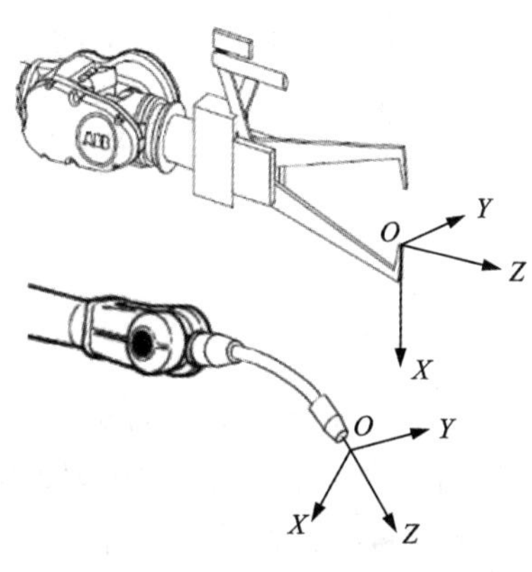

图 2-6　工具坐标系

工件坐标系(图 2-7)：工件相对于大地坐标系或其他坐标系的位置，为用户自定义坐标系。其坐标原点和坐标方向结合加工工件的实际情况确定，主要在手动操作和编程中使用。工业机器人编程就是在工件坐标系中创建目标和路径。工业机器人可以拥有若干工件坐标系，表示不同工件，或者表示同一工件在不同位置。利用工件坐标系进行编程，当工件位置更改后，重新更新该坐标系，机器人即可正常作业，不需要对机器人程序进行修改。

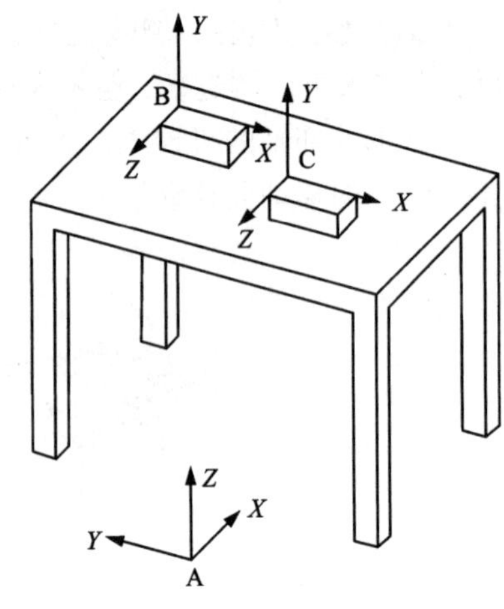

图 2-7　工件坐标系

3. 机器人运动模式

单轴运动：机器人通常由伺服电动机分别驱动机器人的每个关节轴，每次手动操纵一个关节轴的运动，就称为单轴运动。

线性运动：机器人的线性运动是指安装在机器人第六轴法兰盘上工具的 TCP 在空间中沿着 X、Y 或 Z 轴作线性运动。控制机器人在坐标系空间中进行直线运动，便于操作者定位。ABB 机器人在线性运动模式下可以参考基坐标系、大地坐标系、工具坐标系、工件坐标系。

重定位运动：机器人第六轴法兰盘上的工具 TCP 在空间绕着坐标轴旋转的运动，也可以理解为机器人绕着工具 TCP 作姿态调整的运动，TCP 位置不变，姿态发生变化。

ABB 工业机器人的运动指令主要有以下四条，如图 2-8 所示。

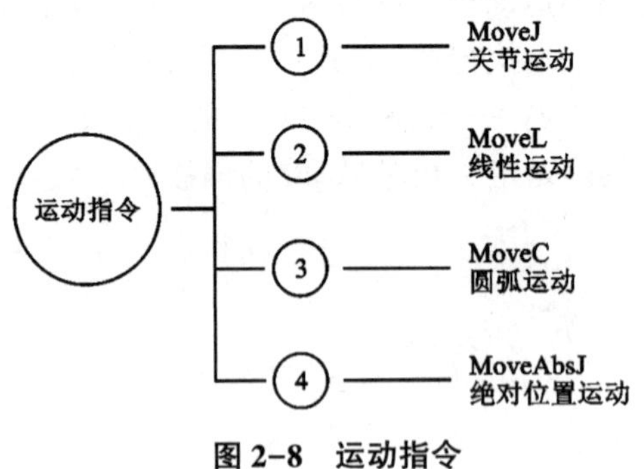

图 2-8　运动指令

关节运动指令：MoveJ

关节运动指令是在对路径精度要求不高的情况下，机器人的工具中心点 TCP 迅速从一个位置移动到另一个位置，按机器人定义的最优方式运动，两个位置之间的路径不一定是直线，如图 2-9 所示。

执行关节运动指令时运动状态不完全可控，但运动路径保持唯一，常用于机器人在空间大范围进行移动，不容易在运动过程中出现关节轴进入机械死点的情况。

图 2-9　关节运动示意图

线性运动指令：MoveL

线性运动是指机器人 TCP 从当前点以线性方式运动到目标点，当前点与目标点之间的运动路径始终保持一条直线，如图 2-10 所示。此时机器人的运动状态可控，运动路径保持唯一。一般如焊接、涂胶等应用对路径要求高的场合使用此指令。

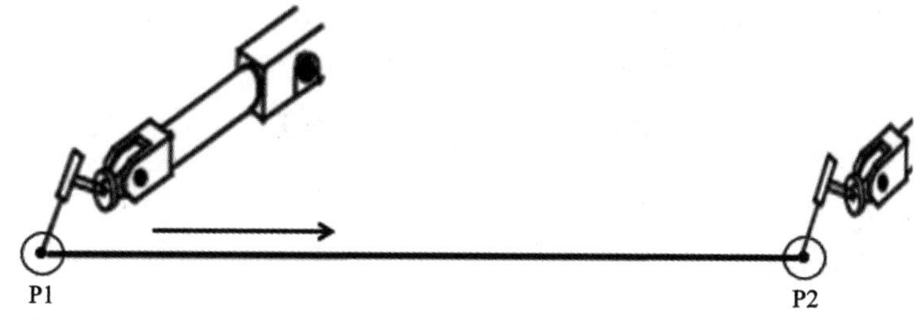

图 2-10　线性运动示意图

圆弧运动指令：MoveC

圆弧运动是在机器人可到达的空间范围内定义不共线的三个位置点，分别作为圆弧的起点、圆弧中间点（用于确定圆弧的曲率，并不一定是中点）、圆弧结束点，该三点确定一段圆弧。机器人 TCP 从当前点（圆弧起点）出发，经过圆弧中间点，最终运动到圆弧结束点位置，如图 2-11 所示。圆弧运动时，机器人的运动状态是可控的，运动路径保持唯一，常用于机器人在工作状态下移动的情况。

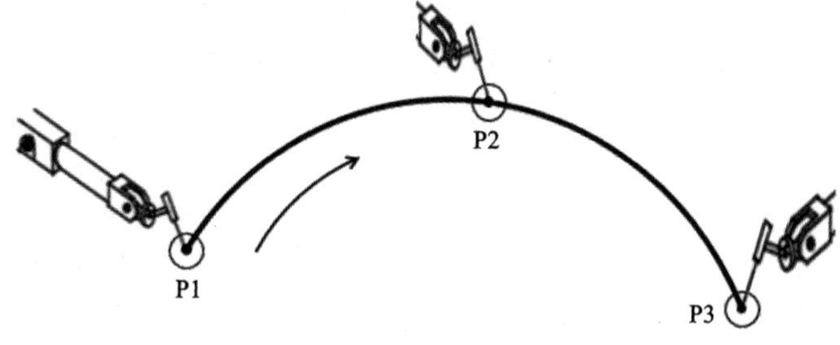

图 2-11　圆弧运动示意图

绝对位置运动：MoveAbsJ(move absolute joint)

MoveAbsJ 用于将机械臂和外轴移动至轴位置中指定的绝对位置。各轴均以恒定轴速率运动，且所有轴均同时到达目的接头位置，其形成一条非线性路径，如图 2-12 所示。在运动过程中，绝对不存在死点，运动状态完全不可控。绝对位置运动指令中使用机器人各关节轴和外轴的角度来定义目标位置数据。MoveAbsJ 常用于使机器人六个轴回到机械零点(0°)的位置，应避免在生产过程中使用该指令。

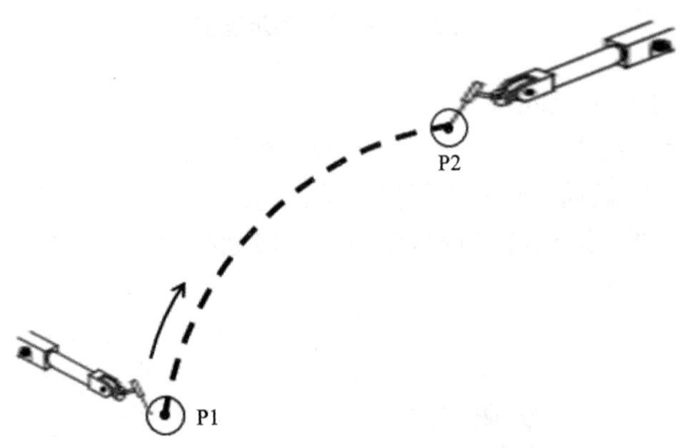

图 2-12 绝对位置运动示意图

4. 机器人运动指令

运动指令的主要参数如表 2-6 所示。

表 2-6 运动指令

MoveJ P1, v500, z50, Tool0\WObj: =wobj0;	
参数	含义
MoveJ	指令名称：关节运动指令
P1	目标点：机器人和外轴的目标点，数据类型为 robtarget
v500	速度：运动速度数据，数据类型为 speeddata
z50	转弯半径：描述所生成拐角路径的大小，数据类型为 zonedata
Tool0	工具坐标系：移动机械臂时使用的工具，数据类型为 tooldata
wobj0	工件坐标系：指令中机器人位置关联的工件坐标系，该参数可以省略，数据类型为 wobjdata

2.2.1　工业机器人手动操作

机器人单轴运动的操作模式如表 2-7 所示。

表 2-7　单轴运动的操作步骤

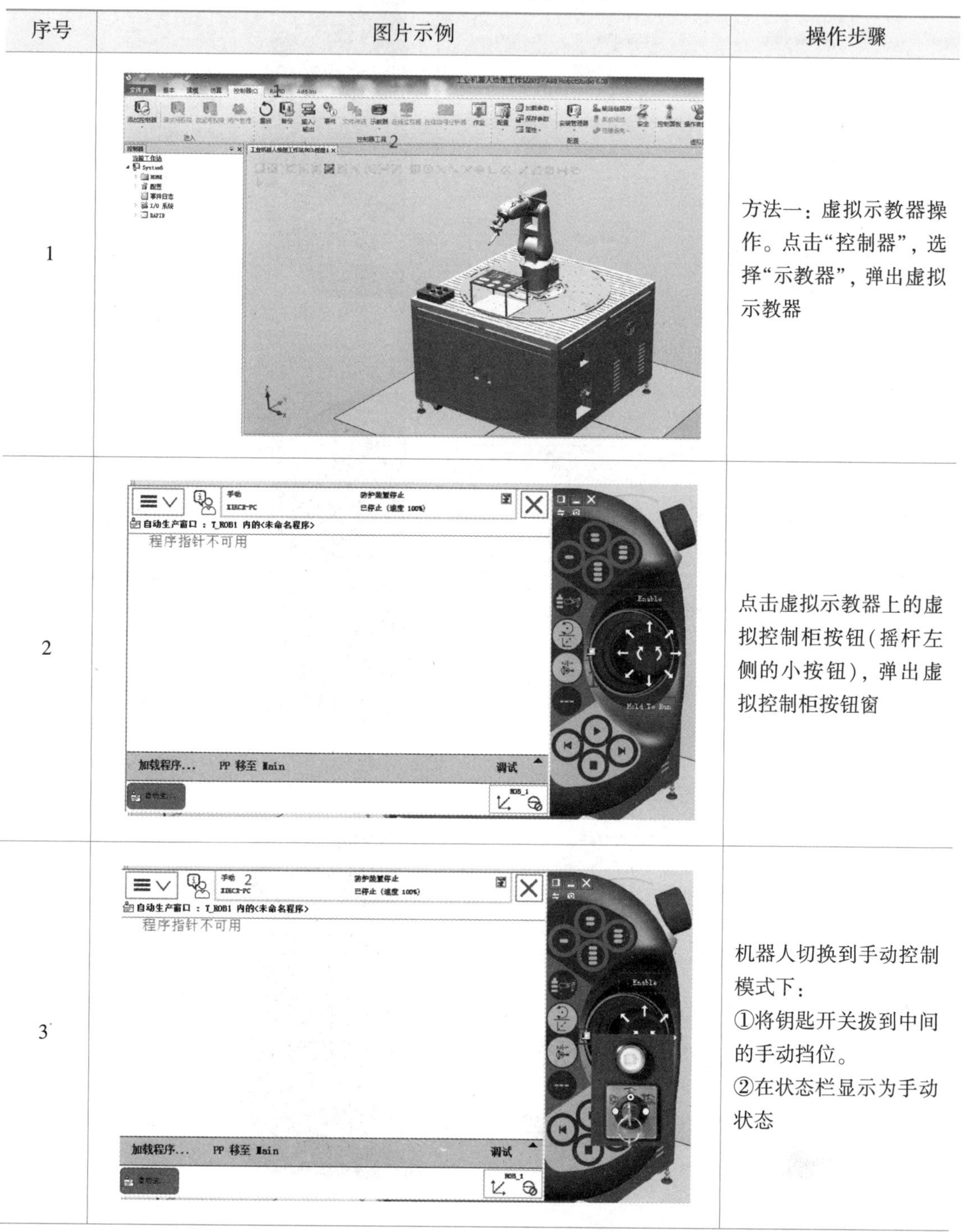

序号	图片示例	操作步骤
1		方法一：虚拟示教器操作。点击“控制器”，选择“示教器”，弹出虚拟示教器
2		点击虚拟示教器上的虚拟控制柜按钮（摇杆左侧的小按钮），弹出虚拟控制柜按钮窗
3		机器人切换到手动控制模式下： ①将钥匙开关拨到中间的手动挡位。 ②在状态栏显示为手动状态

续表2-7

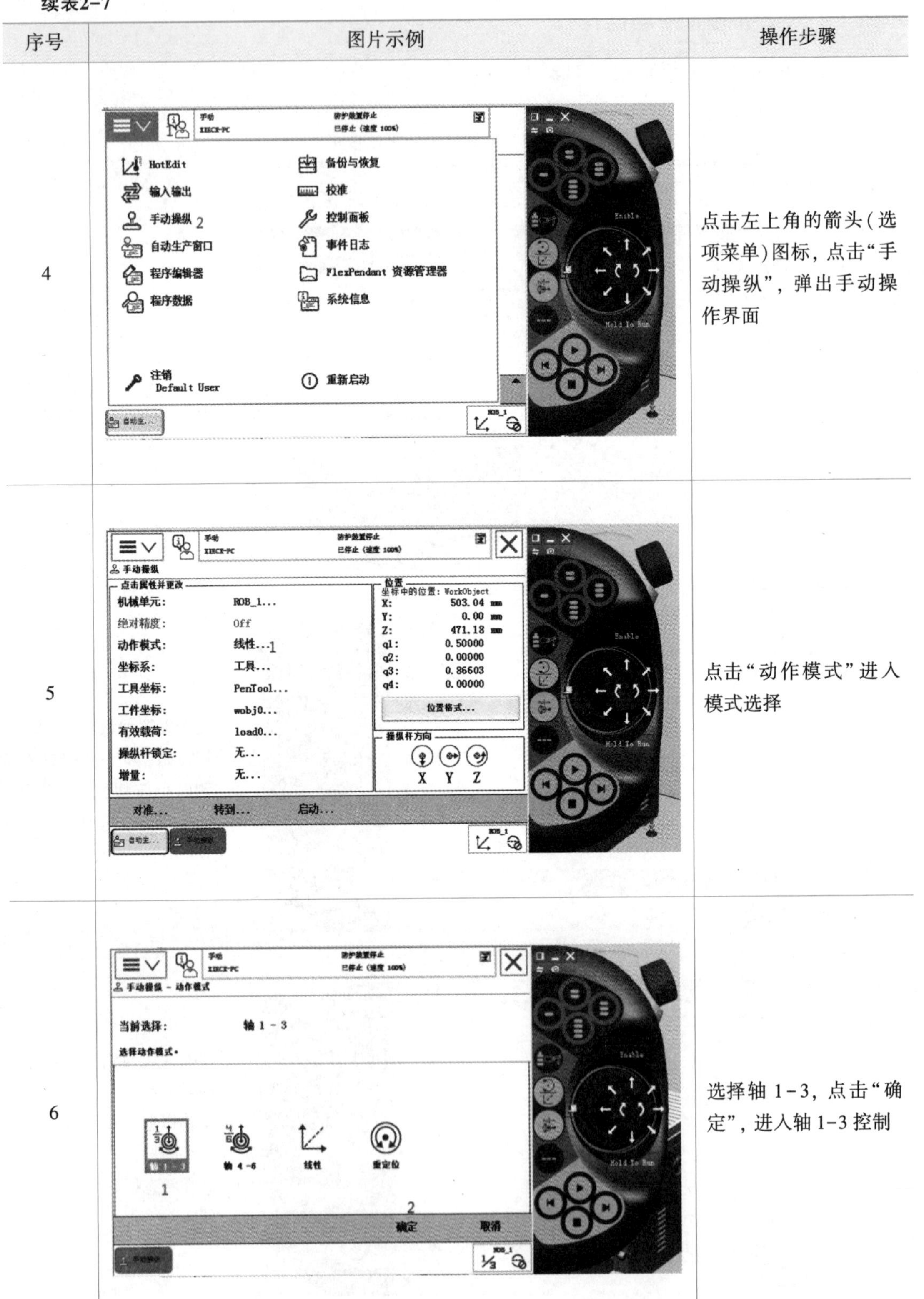

序号	图片示例	操作步骤
4		点击左上角的箭头(选项菜单)图标，点击“手动操纵”，弹出手动操作界面
5		点击“动作模式”进入模式选择
6		选择轴 1-3，点击“确定”，进入轴 1-3 控制

续表2-7

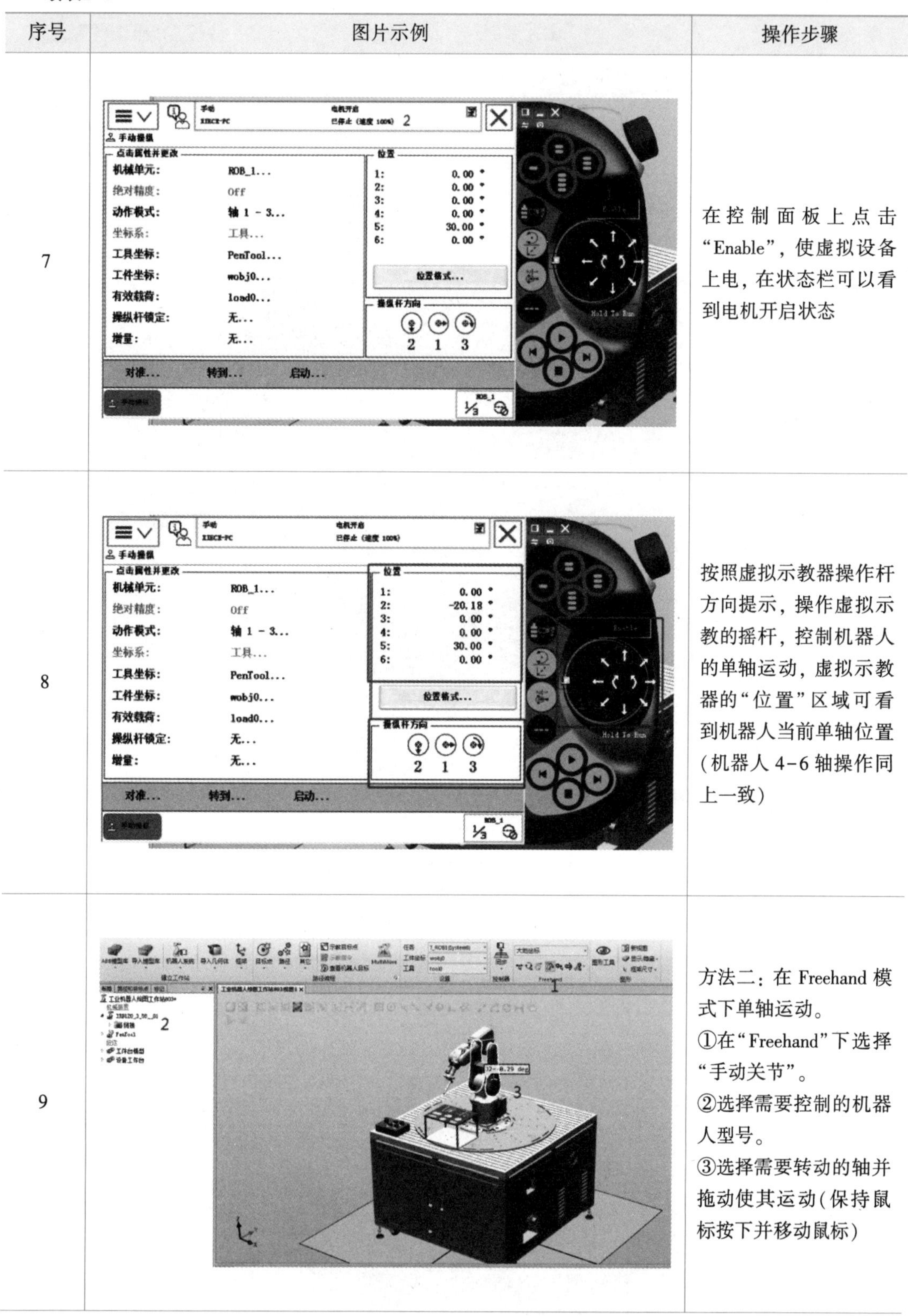

序号	图片示例	操作步骤
7		在控制面板上点击“Enable”，使虚拟设备上电，在状态栏可以看到电机开启状态
8		按照虚拟示教器操作杆方向提示，操作虚拟示教的摇杆，控制机器人的单轴运动，虚拟示教器的“位置”区域可看到机器人当前单轴位置（机器人4-6轴操作同上一致）
9		方法二：在Freehand模式下单轴运动。 ①在“Freehand”下选择“手动关节”。 ②选择需要控制的机器人型号。 ③选择需要转动的轴并拖动使其运动（保持鼠标按下并移动鼠标）

续表2-7

序号	图片示例	操作步骤
10	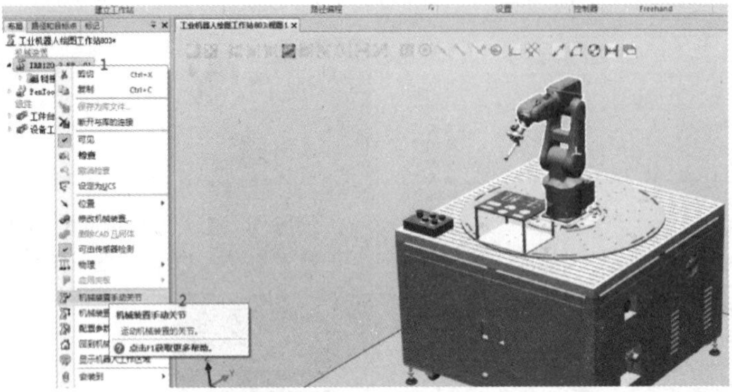	方法三：使用机械装置手动关节。 ①右键单击机器人型号，弹出子菜单。 ②选择“机械装置手动关节”，弹出控制面板
11	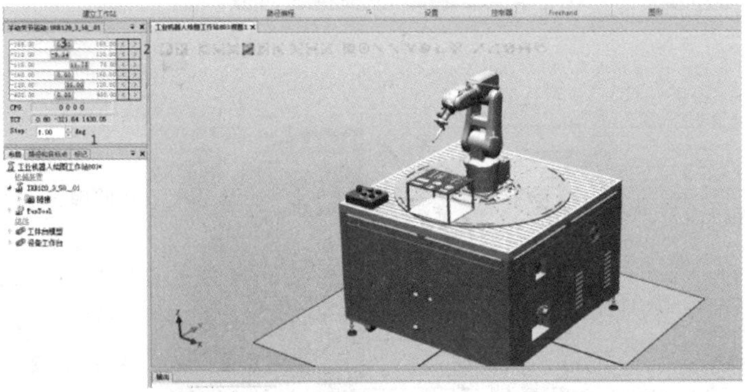	①在“Step”中设定单击移动的角度。 ②点击左右移动键控制单轴的运动。(或者直接拉动中间的进度条快速移动)

机器人线性运动的操作模式如表 2-8 所示。

表 2-8　线性运动的操作步骤

序号	图片示例	操作步骤
1	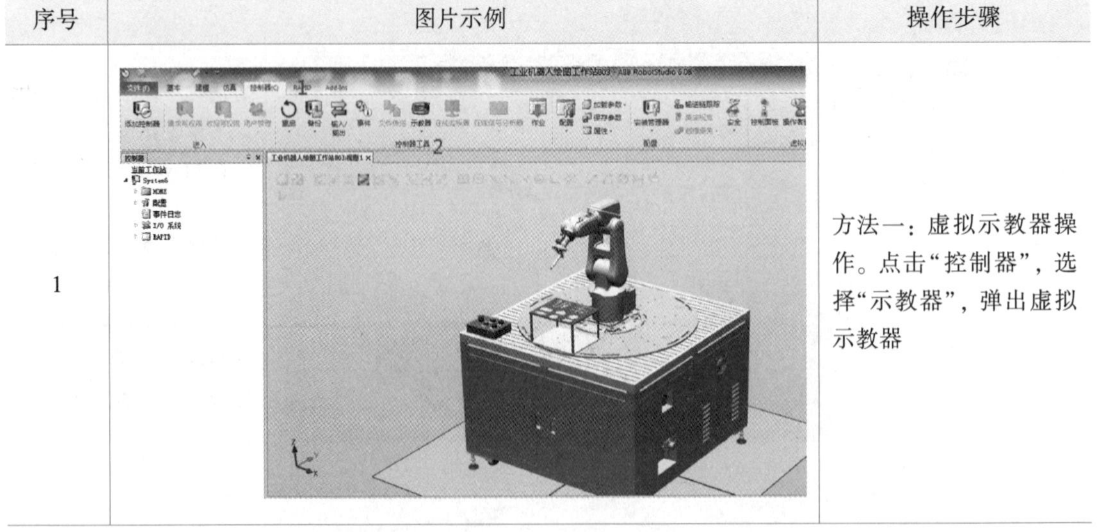	方法一：虚拟示教器操作。点击“控制器”，选择“示教器”，弹出虚拟示教器

续表2-8

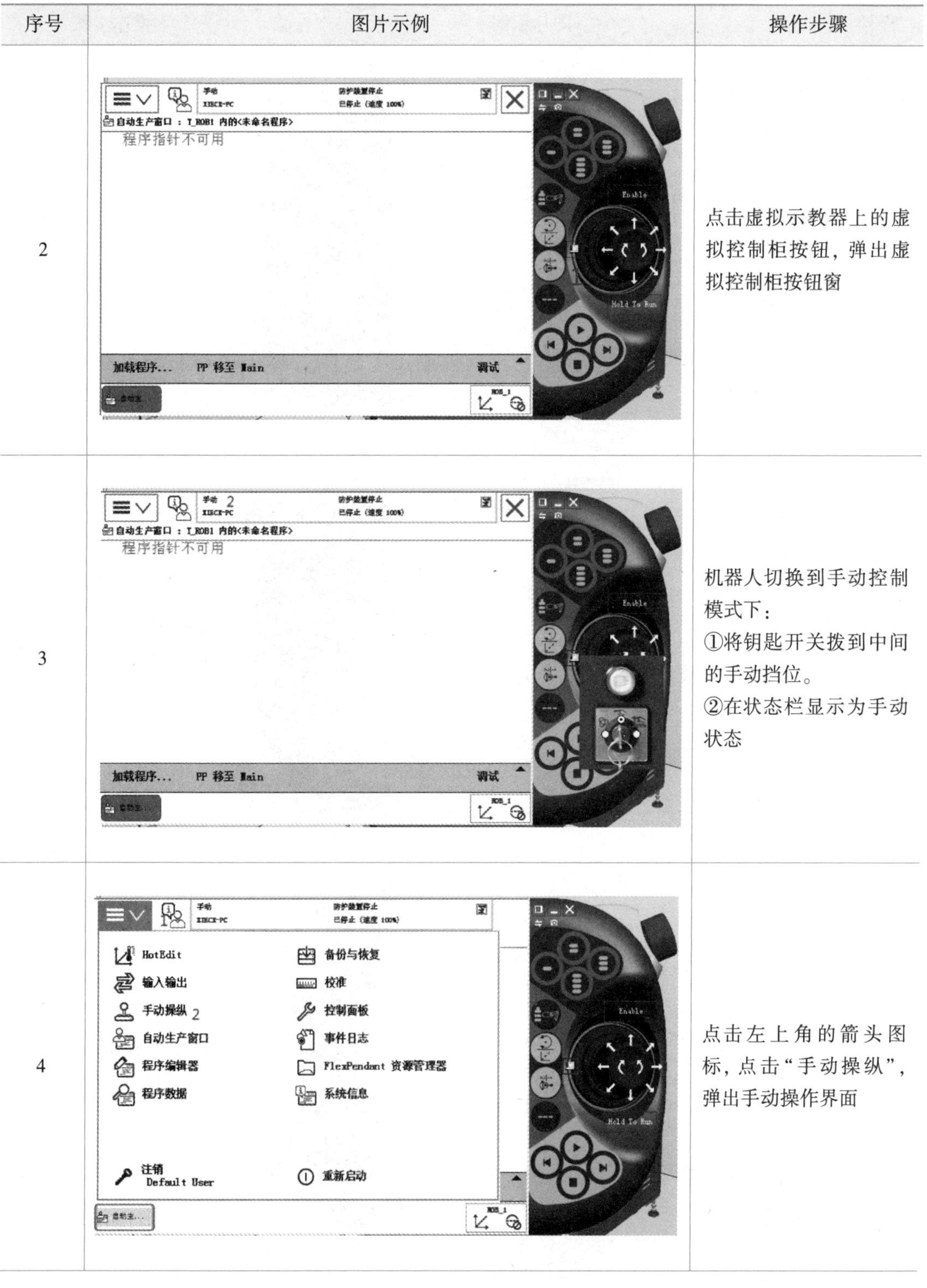

序号	图片示例	操作步骤
2		点击虚拟示教器上的虚拟控制柜按钮，弹出虚拟控制柜按钮窗
3		机器人切换到手动控制模式下： ①将钥匙开关拨到中间的手动挡位。 ②在状态栏显示为手动状态
4		点击左上角的箭头图标，点击“手动操纵”，弹出手动操作界面

续表2-8

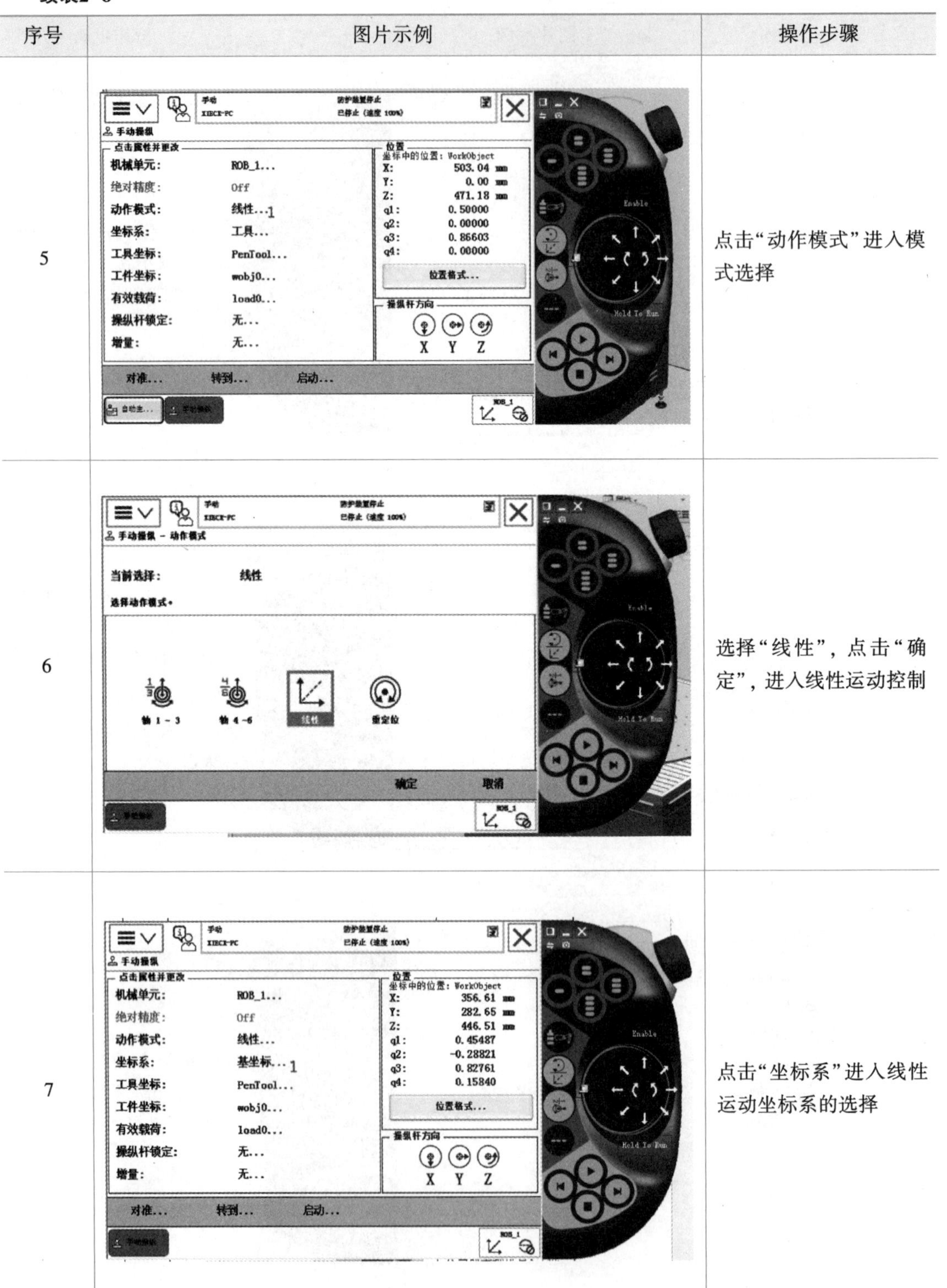

序号	图片示例	操作步骤
5		点击“动作模式”进入模式选择
6		选择“线性”，点击“确定”，进入线性运动控制
7		点击“坐标系”进入线性运动坐标系的选择

续表2-8

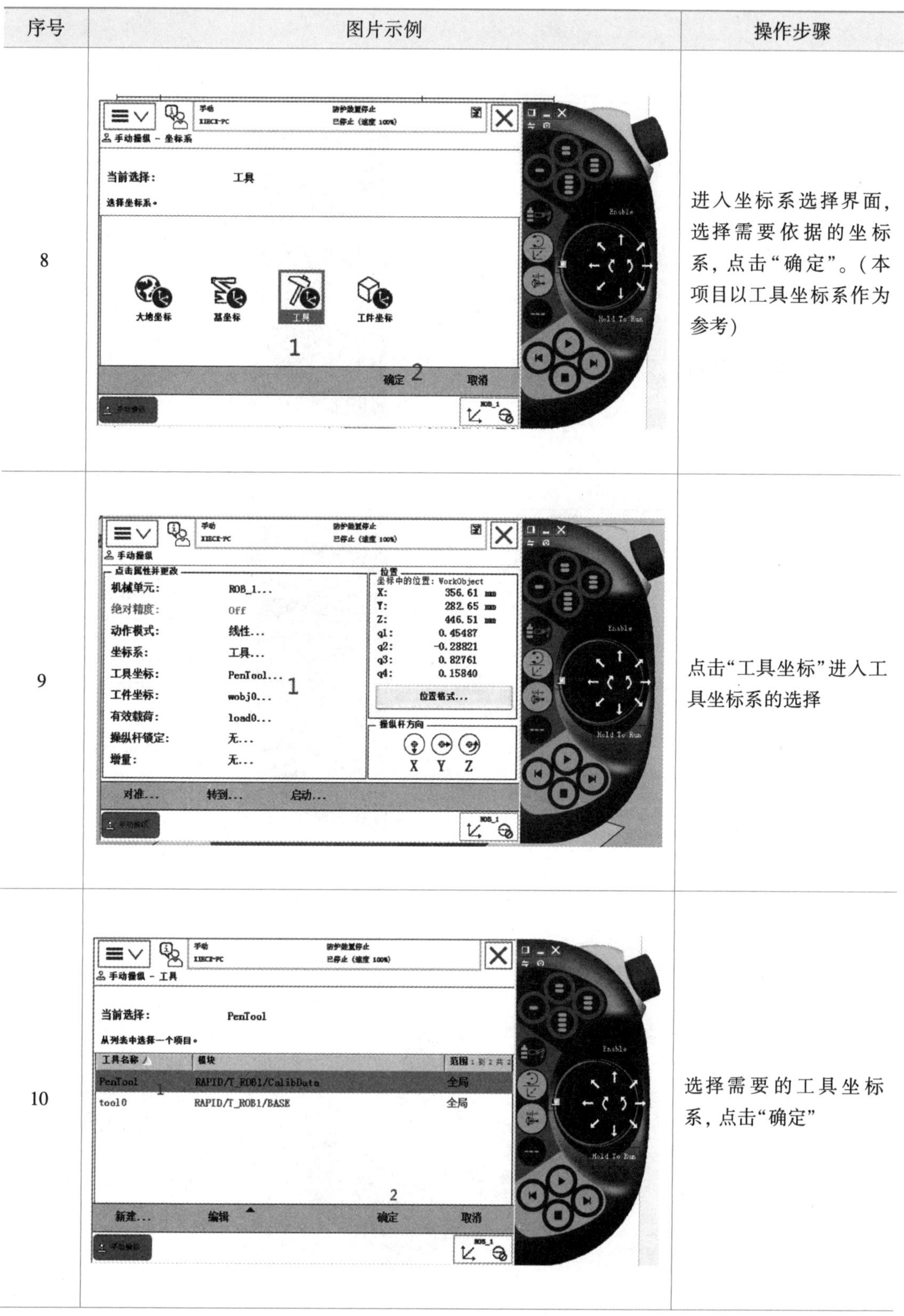

序号	图片示例	操作步骤
8		进入坐标系选择界面，选择需要依据的坐标系，点击“确定”。（本项目以工具坐标系作为参考）
9		点击“工具坐标”进入工具坐标系的选择
10		选择需要的工具坐标系，点击“确定”

续表2-8

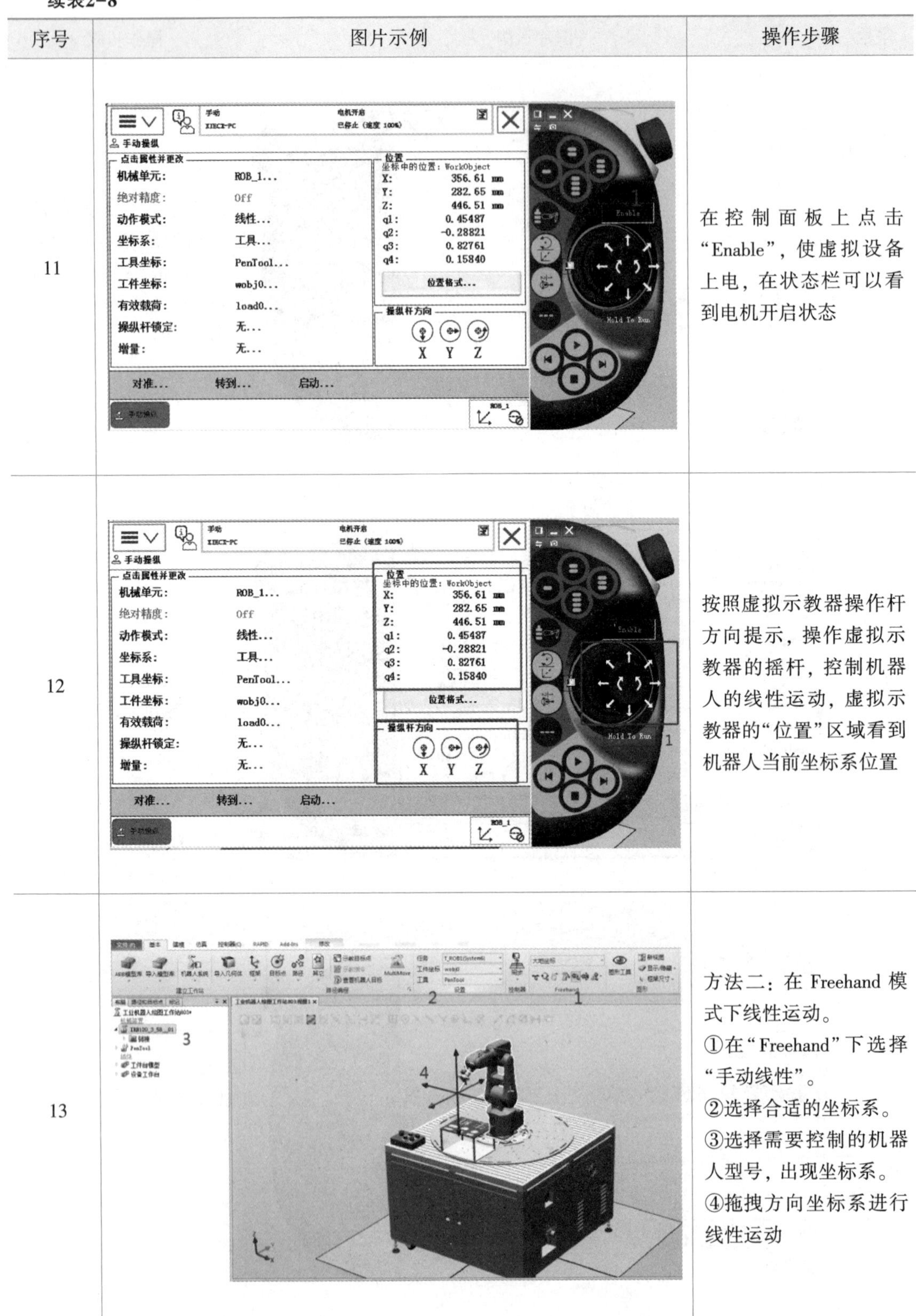

序号	图片示例	操作步骤
11		在控制面板上点击“Enable”，使虚拟设备上电，在状态栏可以看到电机开启状态
12		按照虚拟示教器操作杆方向提示，操作虚拟示教器的摇杆，控制机器人的线性运动，虚拟示教器的“位置”区域看到机器人当前坐标系位置
13		方法二：在Freehand模式下线性运动。 ①在“Freehand”下选择“手动线性”。 ②选择合适的坐标系。 ③选择需要控制的机器人型号，出现坐标系。 ④拖拽方向坐标系进行线性运动

续表2-8

序号	图片示例	操作步骤
14	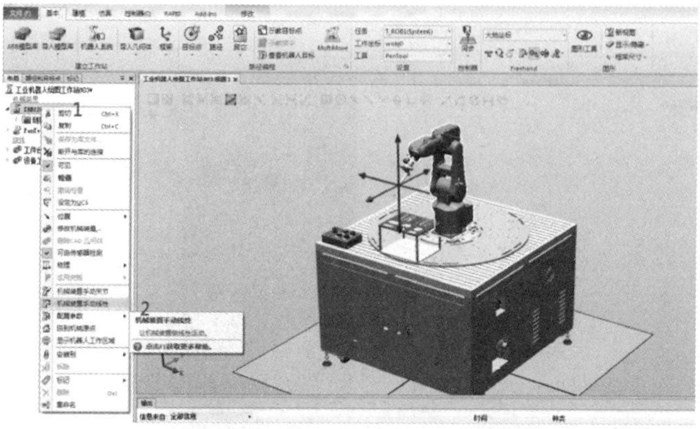	方法三：使用机械装置手动线性。 ①右键单击机器人型号，弹出子菜单。 ②选择“机械装置手动线性”，弹出手动线性运动控制面板
15	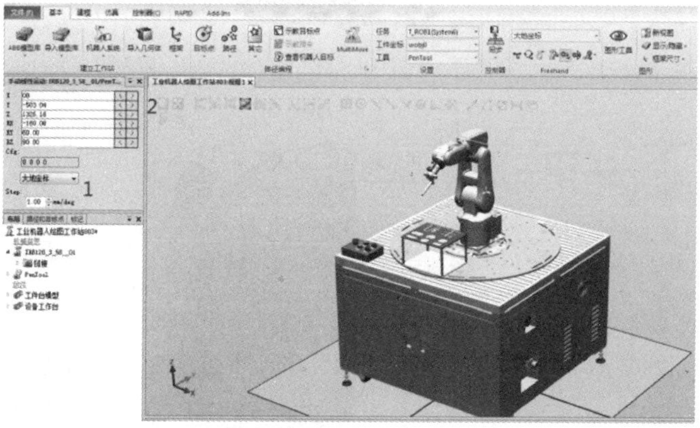	①在“Step”中设定单击移动的步长。 ②点击左、右移动键控制机器人沿对应坐标轴线性运动（或者直接拉动中间的进度条快速移动）

机器人重定位运动的操作模式如表2-9所示。

表2-9　重定位运动的操作步骤

序号	图片示例	操作步骤
1	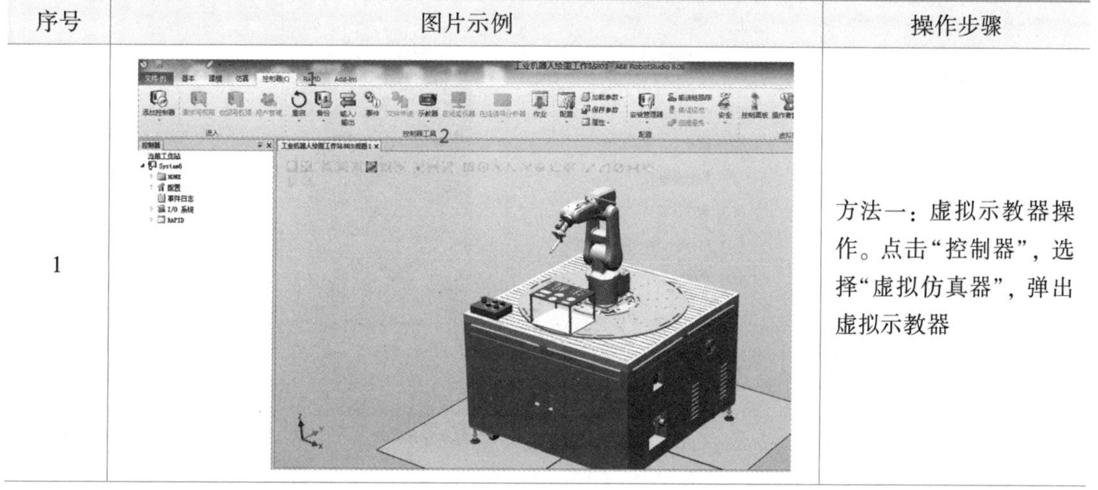	方法一：虚拟示教器操作。点击“控制器”，选择“虚拟仿真器”，弹出虚拟示教器

续表2-9

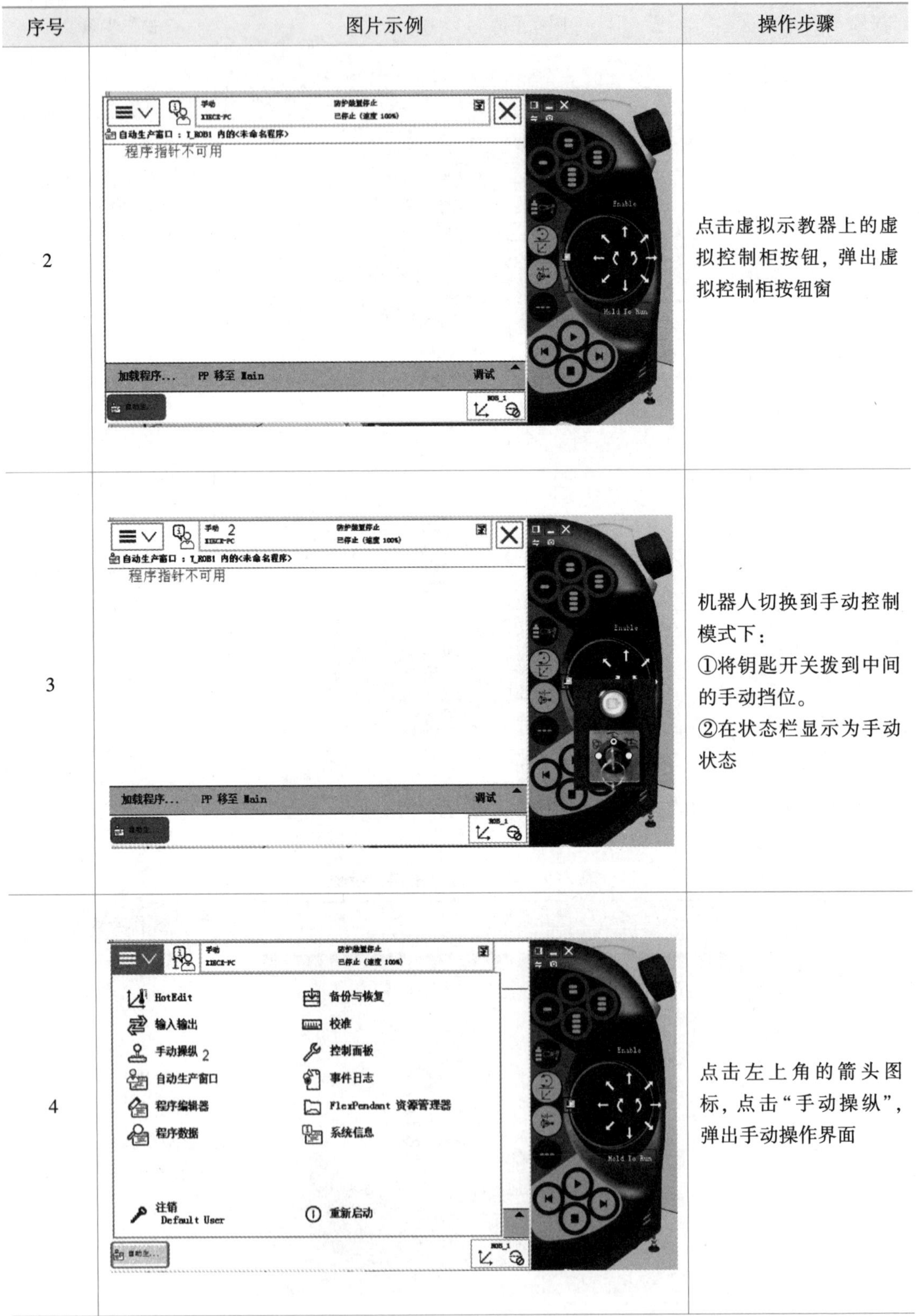

序号	图片示例	操作步骤
2		点击虚拟示教器上的虚拟控制柜按钮，弹出虚拟控制柜按钮窗
3		机器人切换到手动控制模式下： ①将钥匙开关拨到中间的手动挡位。 ②在状态栏显示为手动状态
4		点击左上角的箭头图标，点击“手动操纵”，弹出手动操作界面

续表2-9

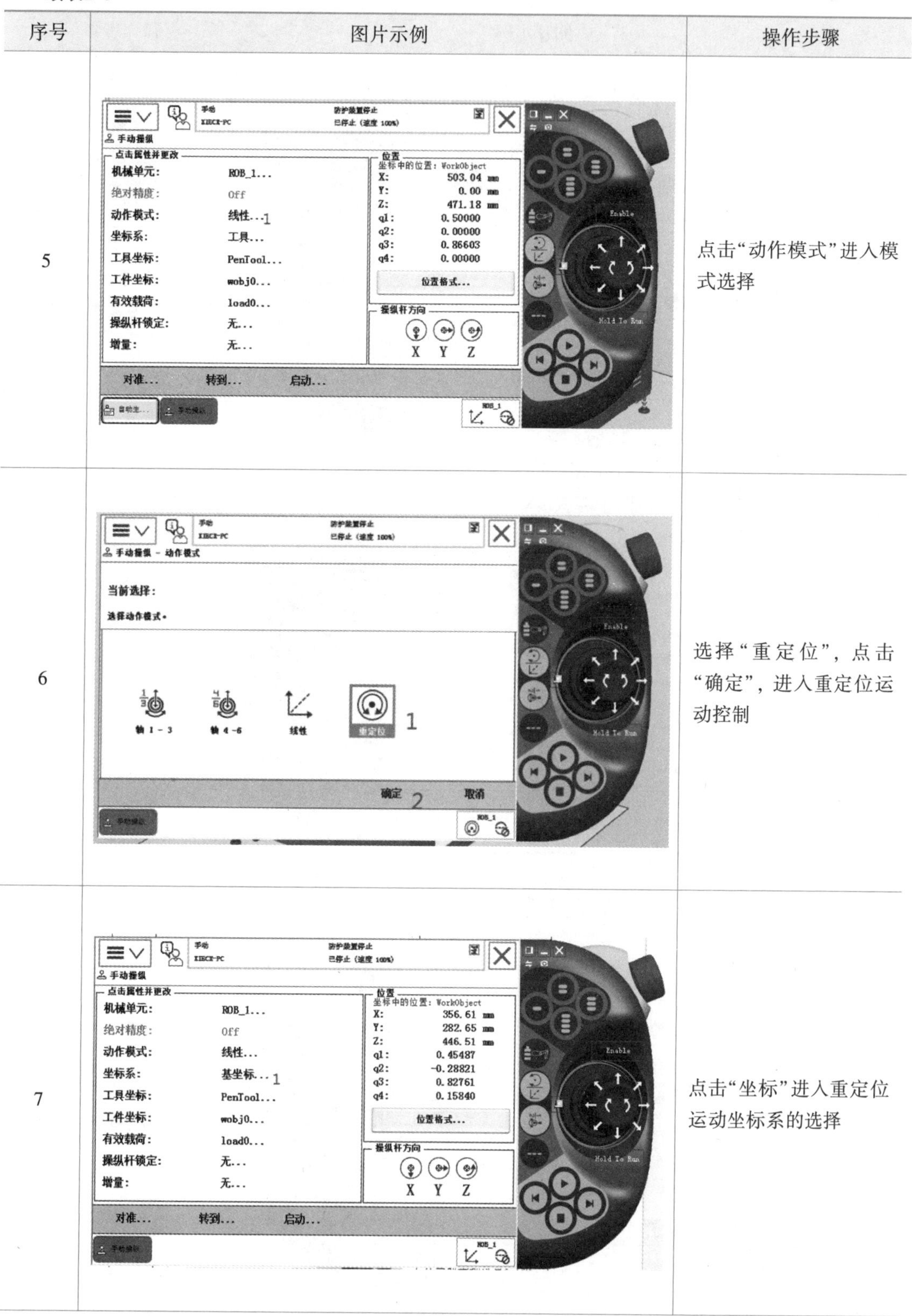

序号	图片示例	操作步骤
5		点击“动作模式”进入模式选择
6		选择“重定位”，点击“确定”，进入重定位运动控制
7		点击“坐标”进入重定位运动坐标系的选择

续表2-9

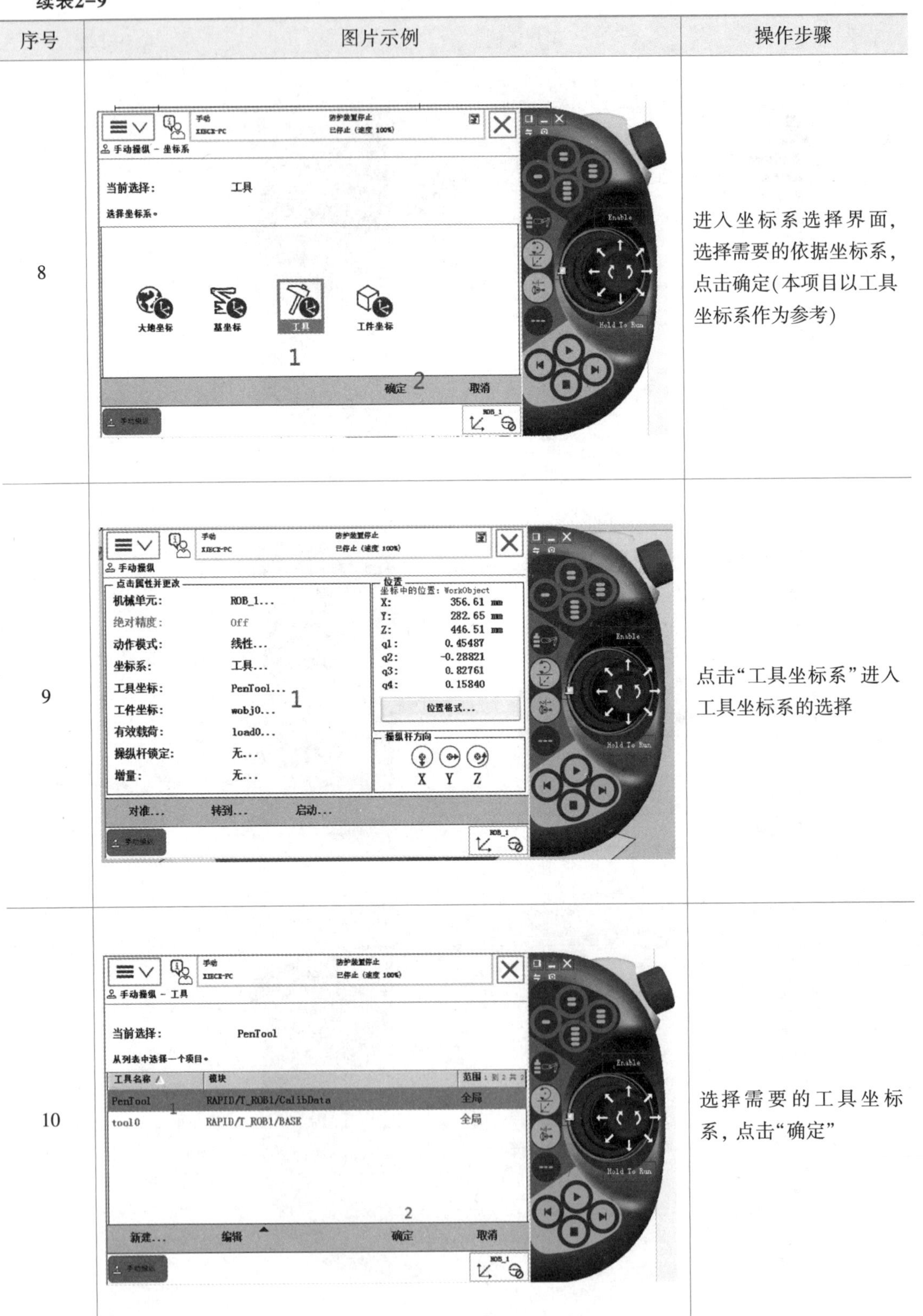

序号	图片示例	操作步骤
8		进入坐标系选择界面，选择需要的依据坐标系，点击确定(本项目以工具坐标系作为参考)
9		点击“工具坐标系”进入工具坐标系的选择
10		选择需要的工具坐标系，点击“确定”

续表2-9

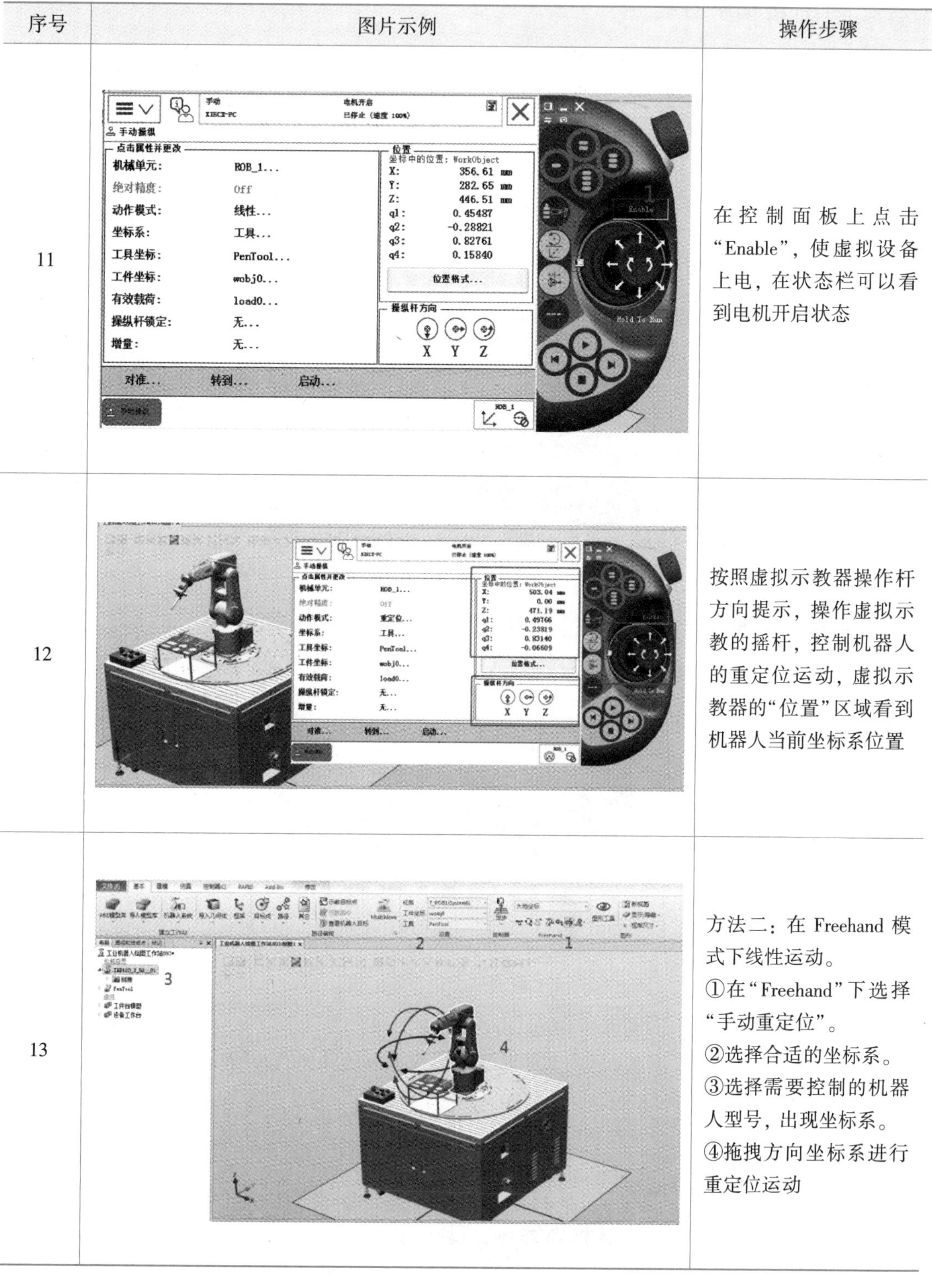

序号	图片示例	操作步骤
11		在控制面板上点击“Enable”，使虚拟设备上电，在状态栏可以看到电机开启状态
12		按照虚拟示教器操作杆方向提示，操作虚拟示教的摇杆，控制机器人的重定位运动，虚拟示教器的“位置”区域看到机器人当前坐标系位置
13		方法二：在 Freehand 模式下线性运动。 ①在“Freehand”下选择“手动重定位”。 ②选择合适的坐标系。 ③选择需要控制的机器人型号，出现坐标系。 ④拖拽方向坐标系进行重定位运动

2.2.2 工件坐标系创建

创建完机器人系统和掌握基本的手动操作后需要创建相关的坐标系，为后续任务的编程示教做准备。本项目创建的是工件坐标系。工件坐标系创建的具体操作步骤如表 2-10 所示。

表 2-10 绘图工作站工件坐标系创建操作步骤

序号	图片示例	操作步骤
1	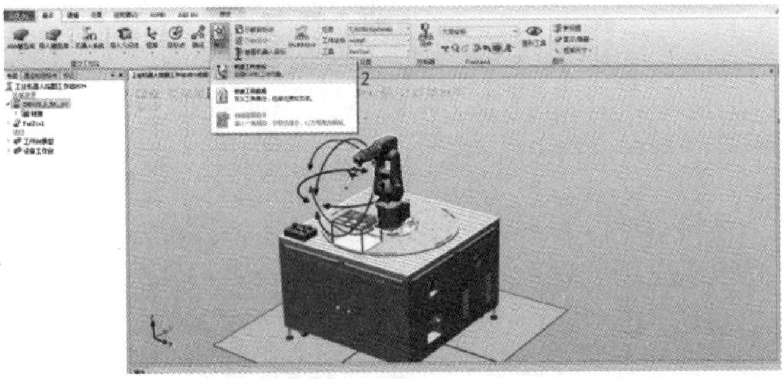	选择“基本”选项卡，单击“其他”，然后选择“创建工件坐标系”
2	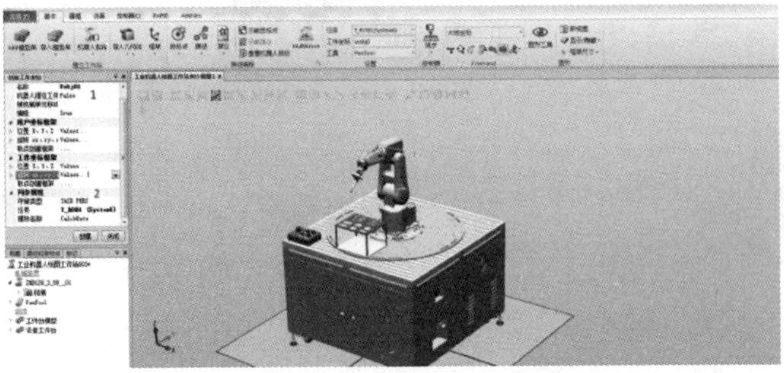	①修改坐标系名称，界面左侧选择“创建工件坐标”窗口，将坐标系名称改为“wobj01”。 ②取点创建框架，单击“取点创建框架”后面的下拉按钮
3	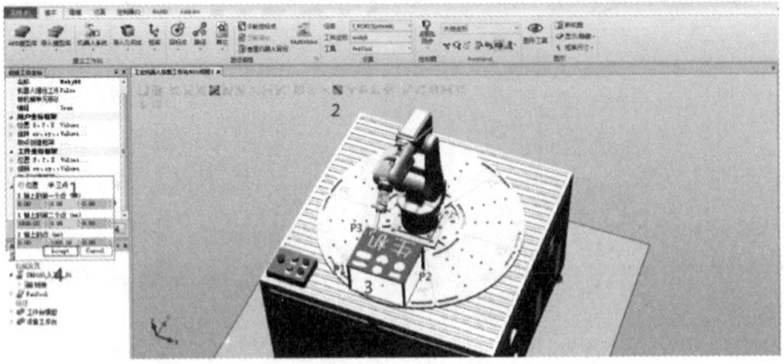	三点法创建工件坐标系： ①在创建界面中选择“三点”模式。 ②将对象选择方式设定为“选择部件”；对象捕捉模式设定为“捕捉末端”。 ③单击“X 轴上的第一个点”输入框，在工具台上捕捉 P1 点，再以此设置 *X* 轴上的第二个点(P2)和 *Y* 轴上的点(P3)。 ④完成三点设定以后，单击“Accept”，确定应用以上设置

续表2-10

序号	图片示例	操作步骤
4	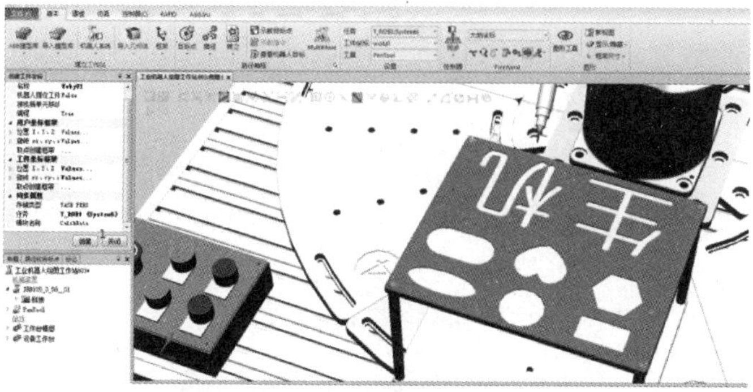	单击“创建”，确定坐标系
5		坐标系创建完成

2.2.3　创建绘图路径

在完成绘图工作站搭建、控制系统创建以及工件坐标系创建等准备工作后，可以进行简易绘图路径创建以及示教操作。绘图任务要求机器人画笔的轨迹沿着路径 P1→P2→P3→P4→P5→P2→P1 运动，如图 2-13 所示。本项目仅示教和演示画笔工具的运动轨迹，具体如表 2-11 所示。

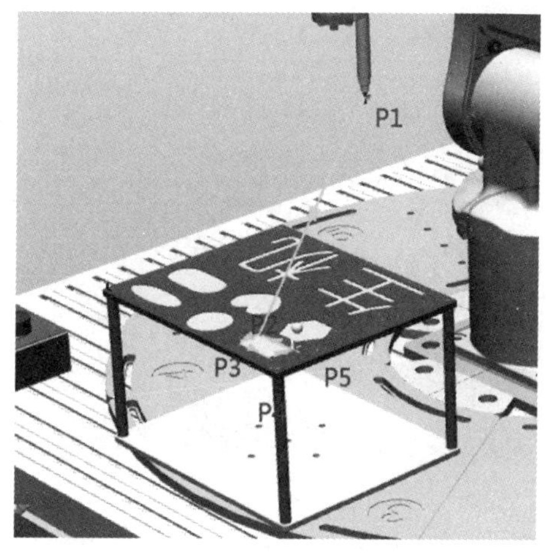

图 2-13　绘图轨迹

表 2-11　绘图路径创建的具体步骤

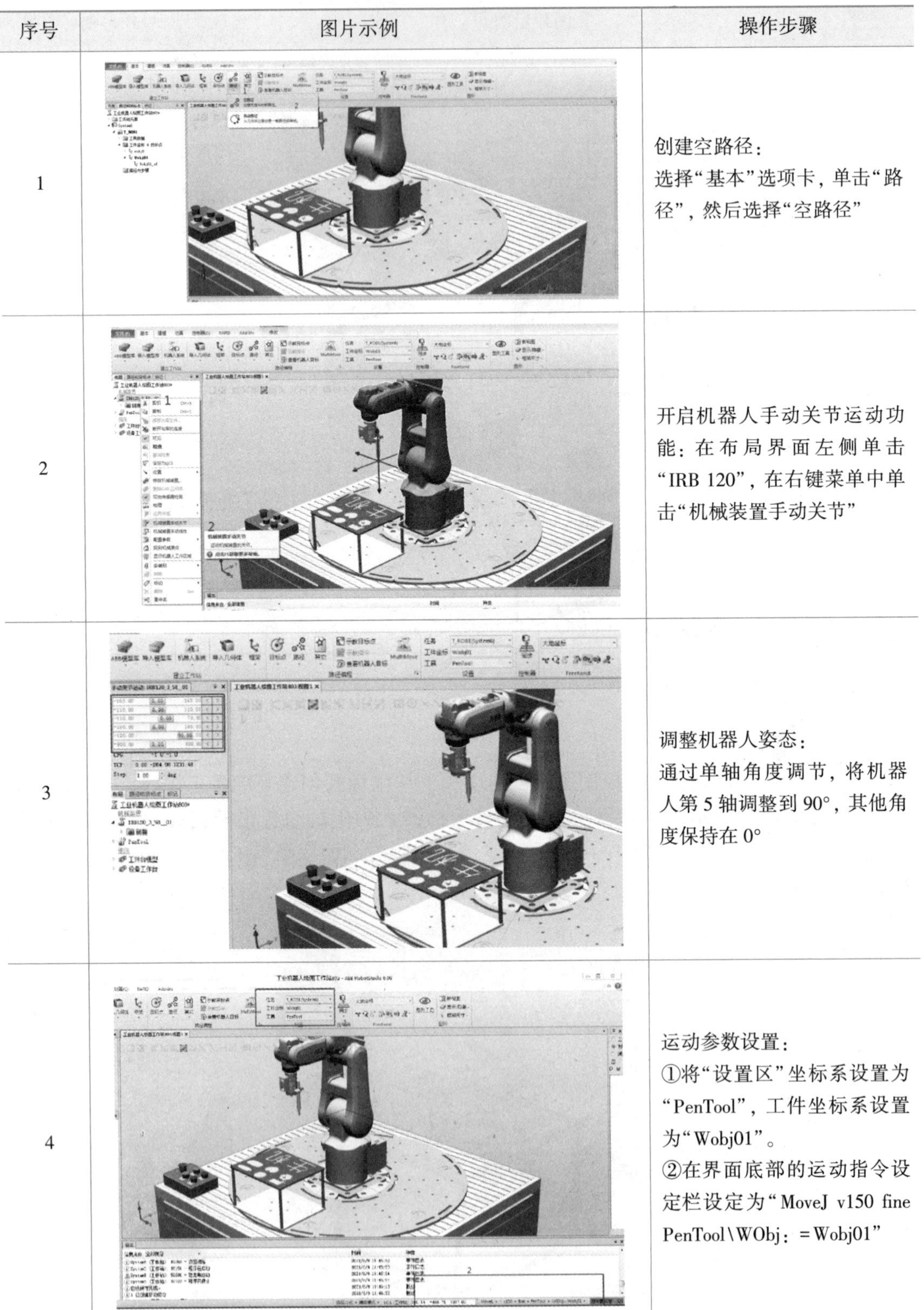

序号	图片示例	操作步骤
1		创建空路径： 选择“基本”选项卡，单击“路径”，然后选择“空路径”
2		开启机器人手动关节运动功能：在布局界面左侧单击“IRB 120”，在右键菜单中单击“机械装置手动关节”
3		调整机器人姿态： 通过单轴角度调节，将机器人第 5 轴调整到 90°，其他角度保持在 0°
4		运动参数设置： ①将“设置区”坐标系设置为“PenTool”，工件坐标系设置为“Wobj01”。 ②在界面底部的运动指令设定栏设定为“MoveJ v150 fine PenTool\WObj：=Wobj01”

续表2-11

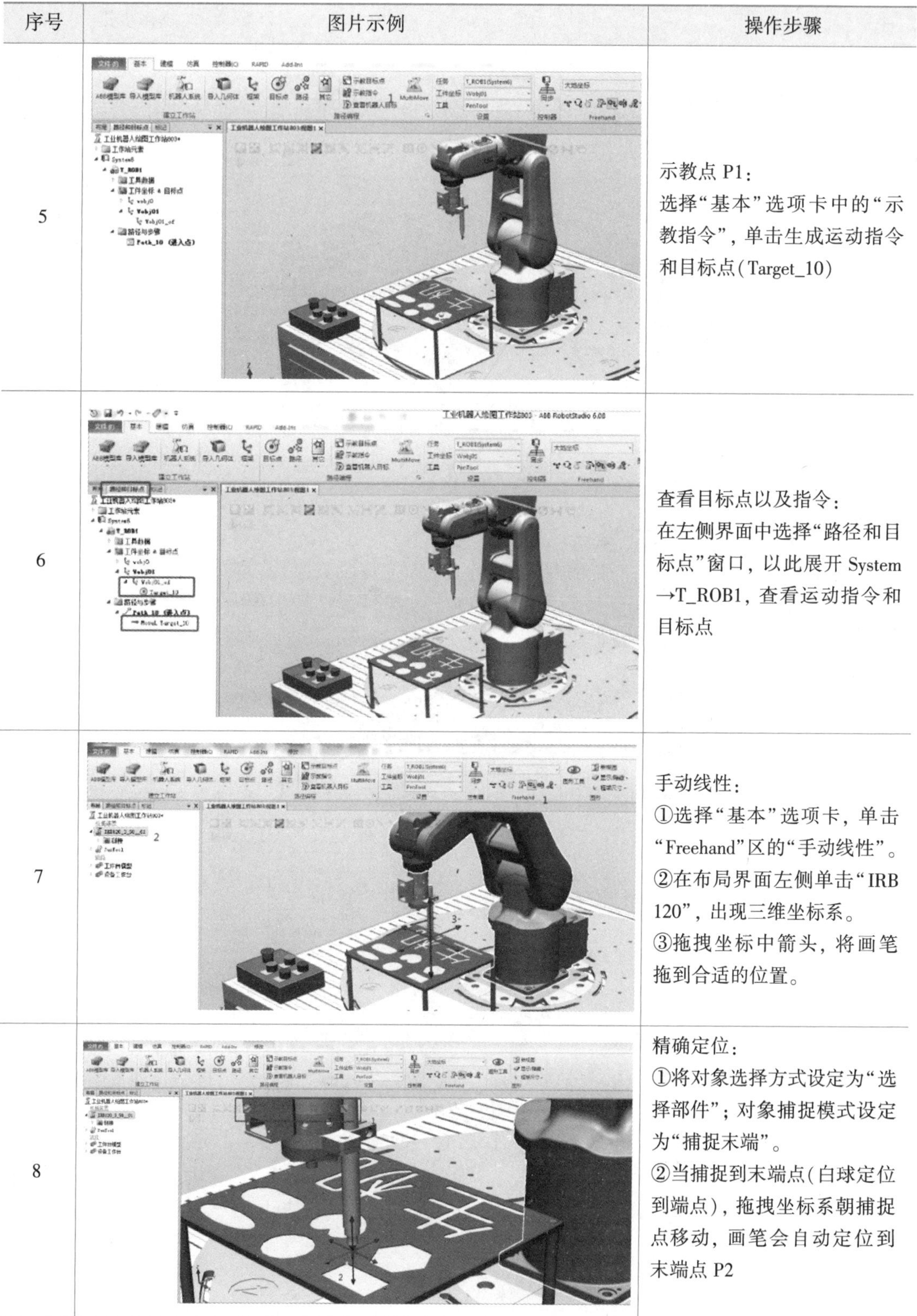

序号	图片示例	操作步骤
5		示教点 P1： 选择“基本”选项卡中的“示教指令”，单击生成运动指令和目标点(Target_10)
6		查看目标点以及指令： 在左侧界面中选择“路径和目标点”窗口，以此展开 System→T_ROB1，查看运动指令和目标点
7		手动线性： ①选择“基本”选项卡，单击“Freehand”区的“手动线性”。 ②在布局界面左侧单击“IRB 120”，出现三维坐标系。 ③拖拽坐标中箭头，将画笔拖到合适的位置。
8		精确定位： ①将对象选择方式设定为“选择部件”；对象捕捉模式设定为“捕捉末端”。 ②当捕捉到末端点(白球定位到端点)，拖拽坐标系朝捕捉点移动，画笔会自动定位到末端点 P2

续表2-11

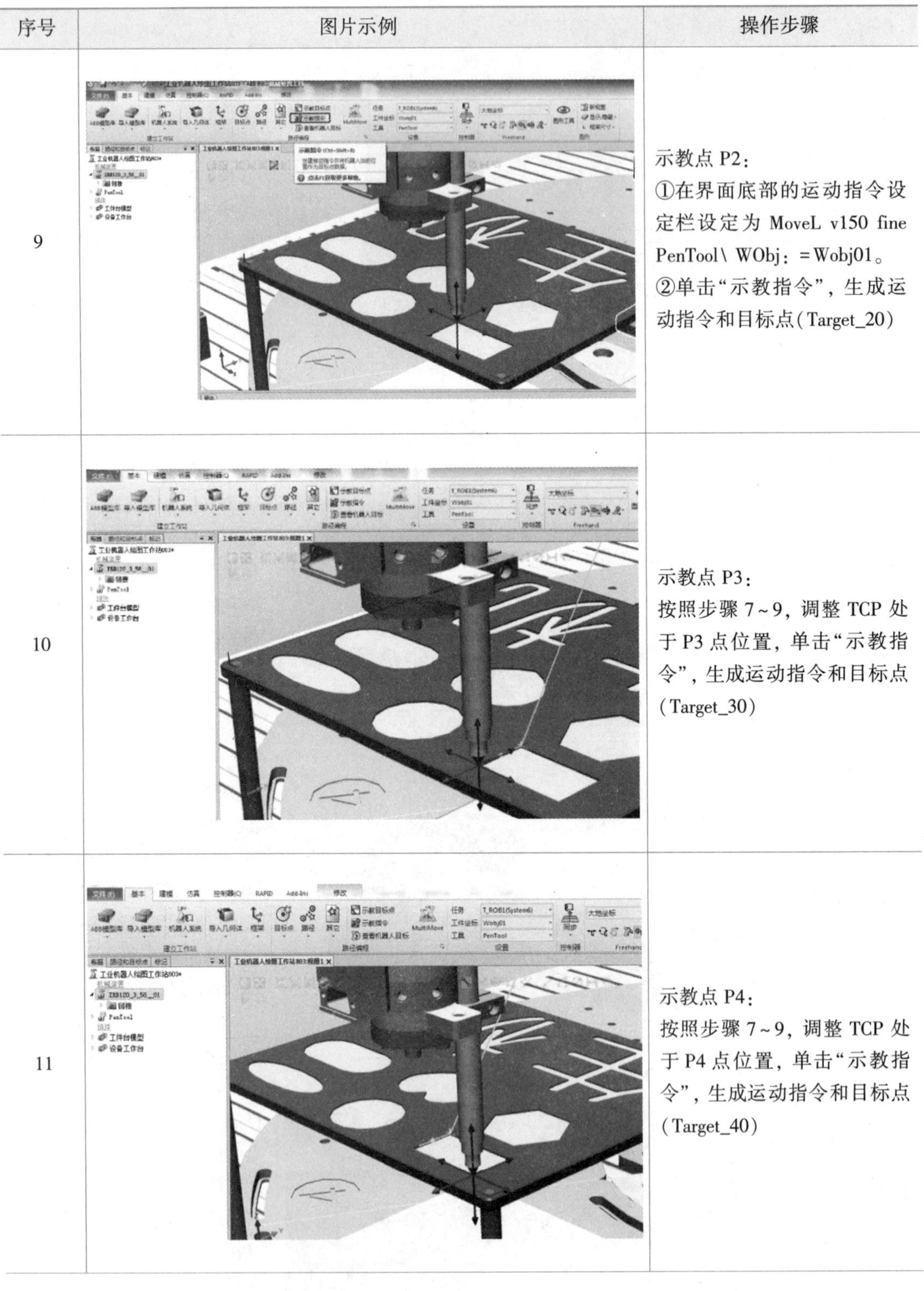

序号	图片示例	操作步骤
9		示教点 P2： ①在界面底部的运动指令设定栏设定为 MoveL v150 fine PenTool\ WObj：=Wobj01。 ②单击“示教指令”，生成运动指令和目标点(Target_20)
10		示教点 P3： 按照步骤 7~9，调整 TCP 处于 P3 点位置，单击“示教指令”，生成运动指令和目标点(Target_30)
11		示教点 P4： 按照步骤 7~9，调整 TCP 处于 P4 点位置，单击“示教指令”，生成运动指令和目标点(Target_40)

续表2-11

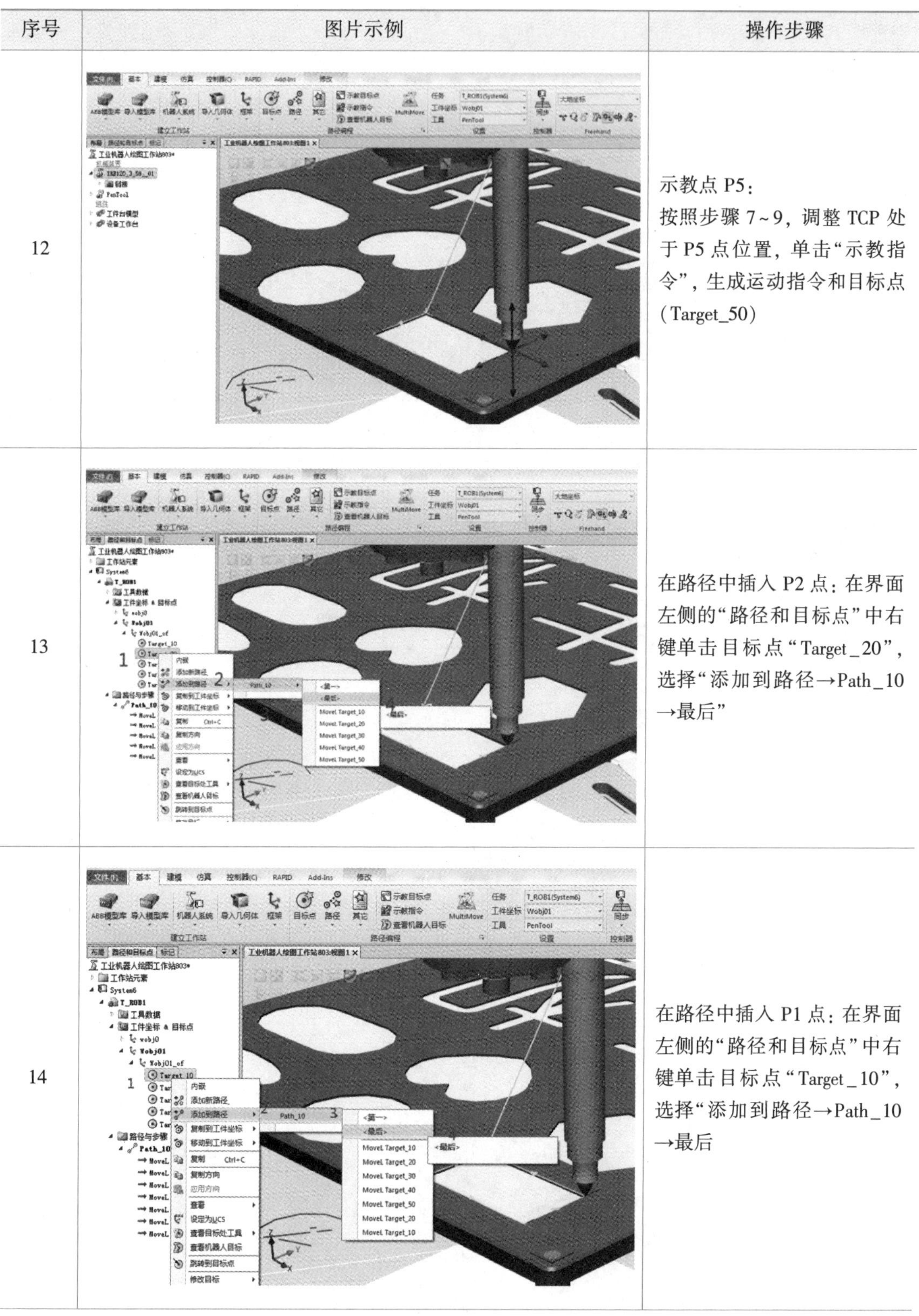

序号	图片示例	操作步骤
12		示教点 P5： 按照步骤 7~9，调整 TCP 处于 P5 点位置，单击“示教指令”，生成运动指令和目标点（Target_50）
13		在路径中插入 P2 点：在界面左侧的“路径和目标点”中右键单击目标点“Target_20”，选择“添加到路径→Path_10→最后”
14		在路径中插入 P1 点：在界面左侧的“路径和目标点”中右键单击目标点“Target_10”，选择“添加到路径→Path_10→最后

续表2-11

序号	图片示例	操作步骤
15	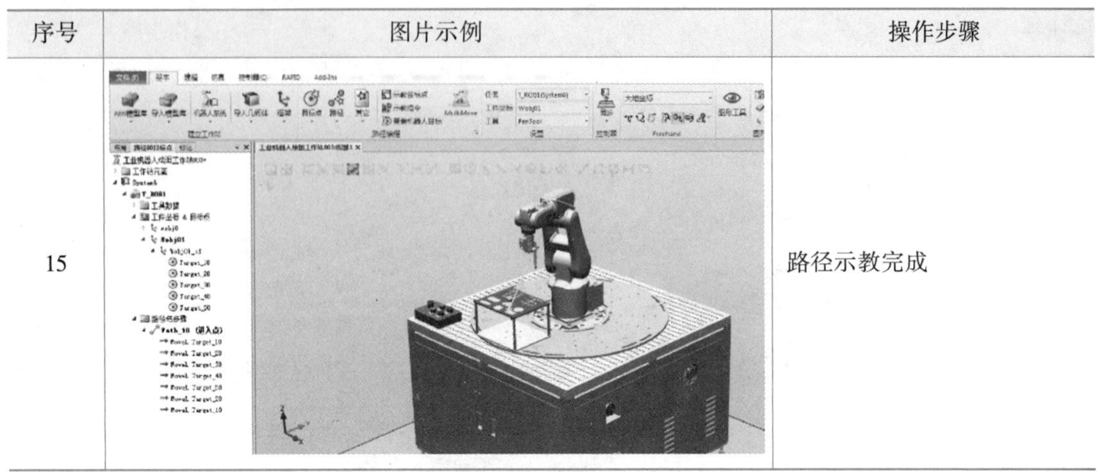	路径示教完成

2.2.4 绘图路径验证

当路径示教完成之后，需要对路径进行验证，确保路径点可达，绘图仿真路径验证的操作步骤如表 2-12 所示。

表 2-12 绘图仿真路径验证步骤

序号	图片示例	操作步骤
1	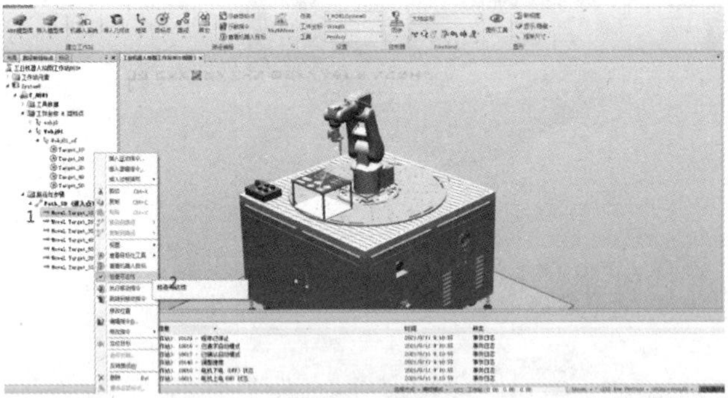	验证可达能力： 在左侧界面“路径和目标点”下，选择“路径与步骤”下的“Path_10”，单击一条指令，勾选可达性。淡蓝色的箭头显示机器人可以到达该位置
2	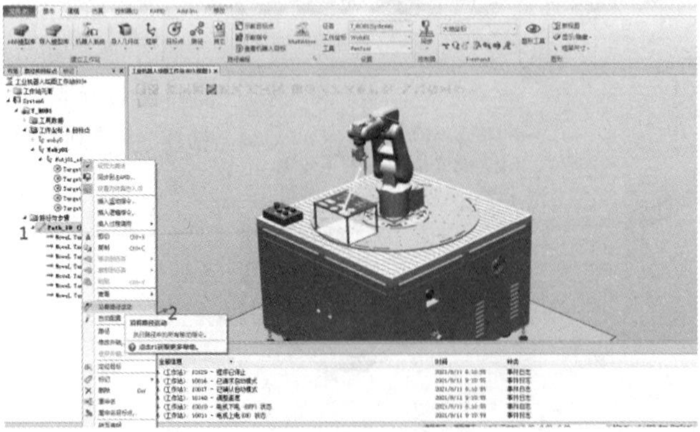	验证路径： 在左侧界面“路径和目标点”下，选择“路径与步骤”下的“Path_10”，右键单击“沿着路径运动”，机器人将沿着示教路径运动

2.2.5　仿真调试

当完成路径示教及验证之后，即可进行仿真与调试。通过仿真演示，用户可以直观地看到绘图工作站的运动情况，为后续的轨迹调试提供相关的依据。工作站的仿真演示步骤具体如表 2-13 所示。

表 2-13　绘图工作站仿真演示操作步骤

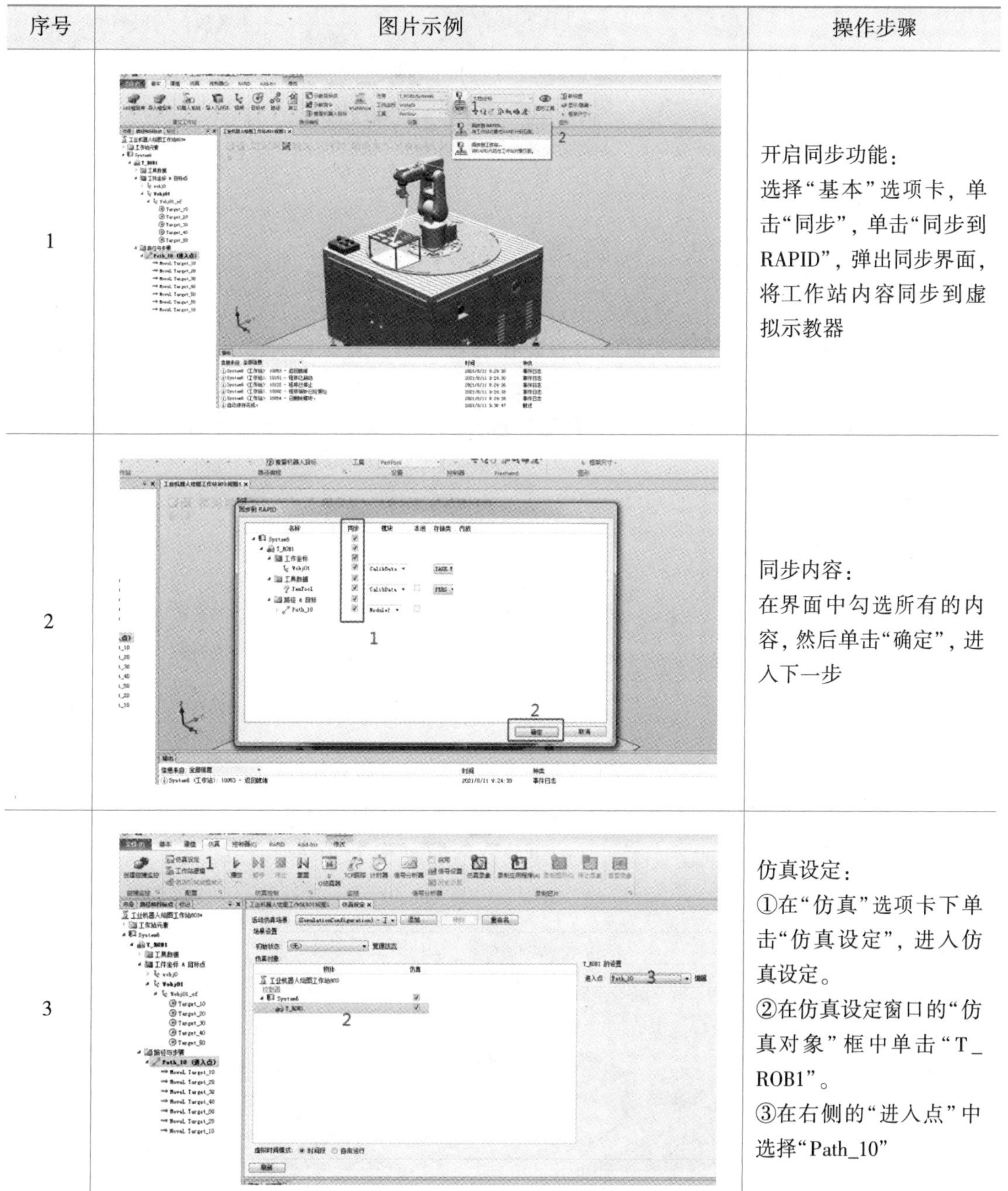

序号	图片示例	操作步骤
1		开启同步功能： 选择“基本”选项卡，单击“同步”，单击“同步到 RAPID”，弹出同步界面，将工作站内容同步到虚拟示教器
2		同步内容： 在界面中勾选所有的内容，然后单击“确定”，进入下一步
3		仿真设定： ①在“仿真”选项卡下单击“仿真设定”，进入仿真设定。 ②在仿真设定窗口的“仿真对象”框中单击“T_ROB1”。 ③在右侧的“进入点”中选择“Path_10”

续表2-13

序号	图片示例	操作步骤
4	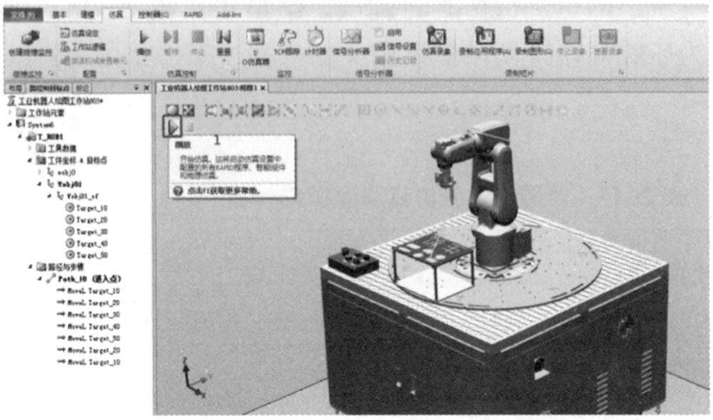	开始仿真： 单击“仿真”选项卡下的“播放”，开始仿真

任务3　工业机器人绘图轨迹自动创建

任务2创建的简单路径可以使用示教点位方法示教，复杂路径采用此方法往往事倍功半，故在此任务中利用RobotStudio的自动路径生成功能，生成目标点和运动指令，然后修改目标点参数，确保机器人能顺利运行，最后完成路径的完善以及仿真。本任务需要完成以下内容：

①路径自动创建。

②目标点调整。

③轴参数配置调整。

④路径完善。

⑤碰撞功能设置。

⑥仿真调试。

2.3.1　路径自动创建

在任务1搭建的绘图工作站以及任务2完成的坐标系创建的基础上，直接使用自动路径工具即可完成路径的自动创建。本任务创建的路径如图2-14所示。

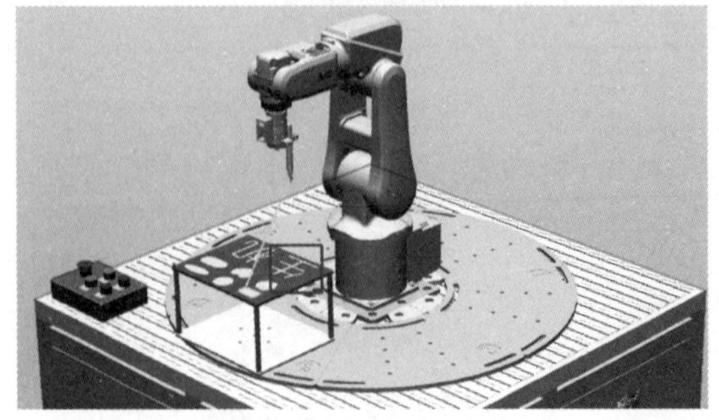

图2-14　任务轨迹图

在绘图工作站实训仿真中进行自动路径创建的具体操作步骤如表 2-14 所示。

表 2-14　绘图工作站自动路径创建

序号	图片示例	操作步骤
1	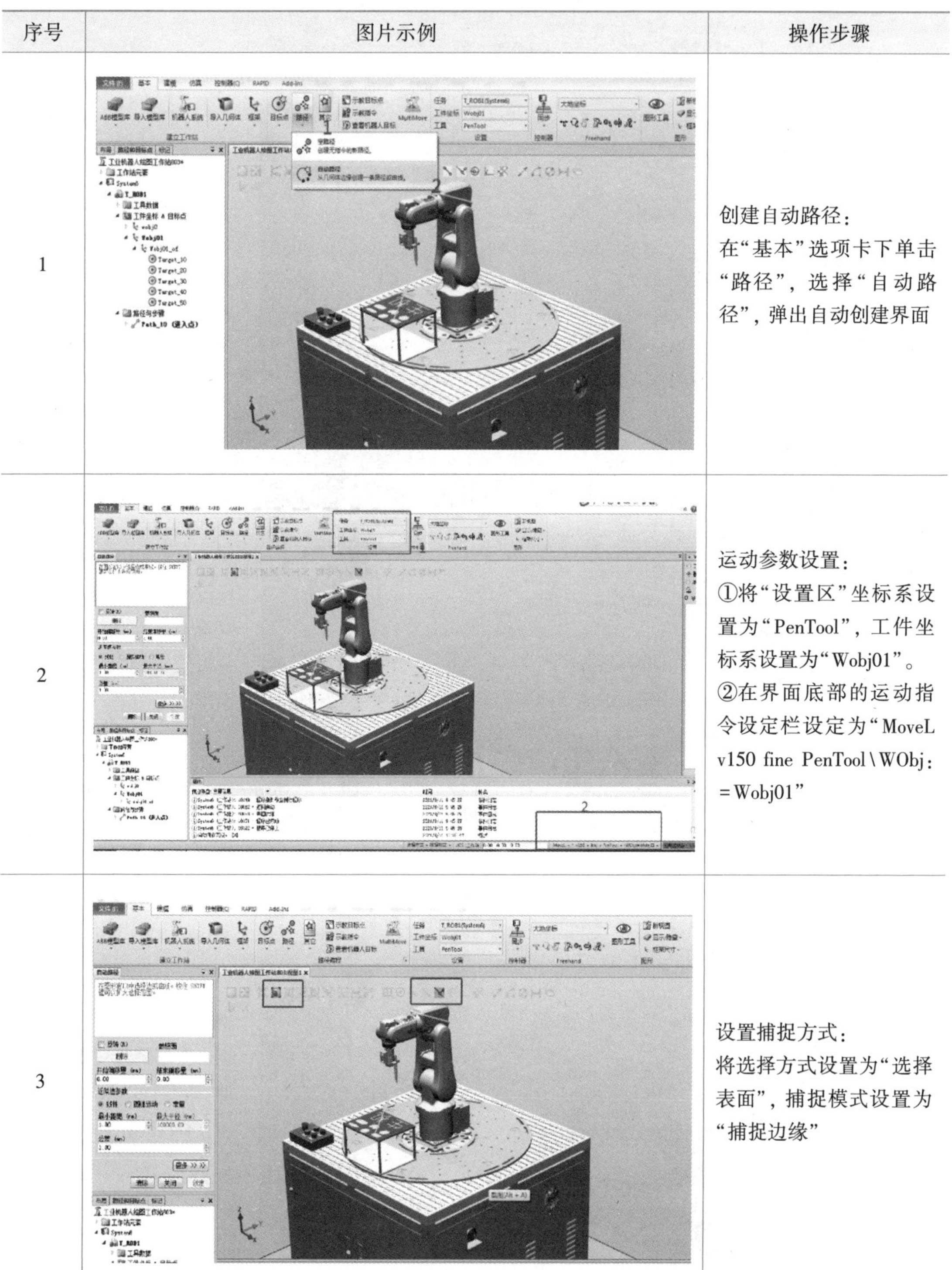	创建自动路径： 在“基本”选项卡下单击“路径”，选择“自动路径”，弹出自动创建界面
2		运动参数设置： ①将“设置区”坐标系设置为“PenTool”，工件坐标系设置为“Wobj01”。 ②在界面底部的运动指令设定栏设定为“MoveL v150 fine PenTool\WObj:=Wobj01”
3		设置捕捉方式： 将选择方式设置为“选择表面”，捕捉模式设置为“捕捉边缘”

续表2-14

序号	图片示例	操作步骤
4	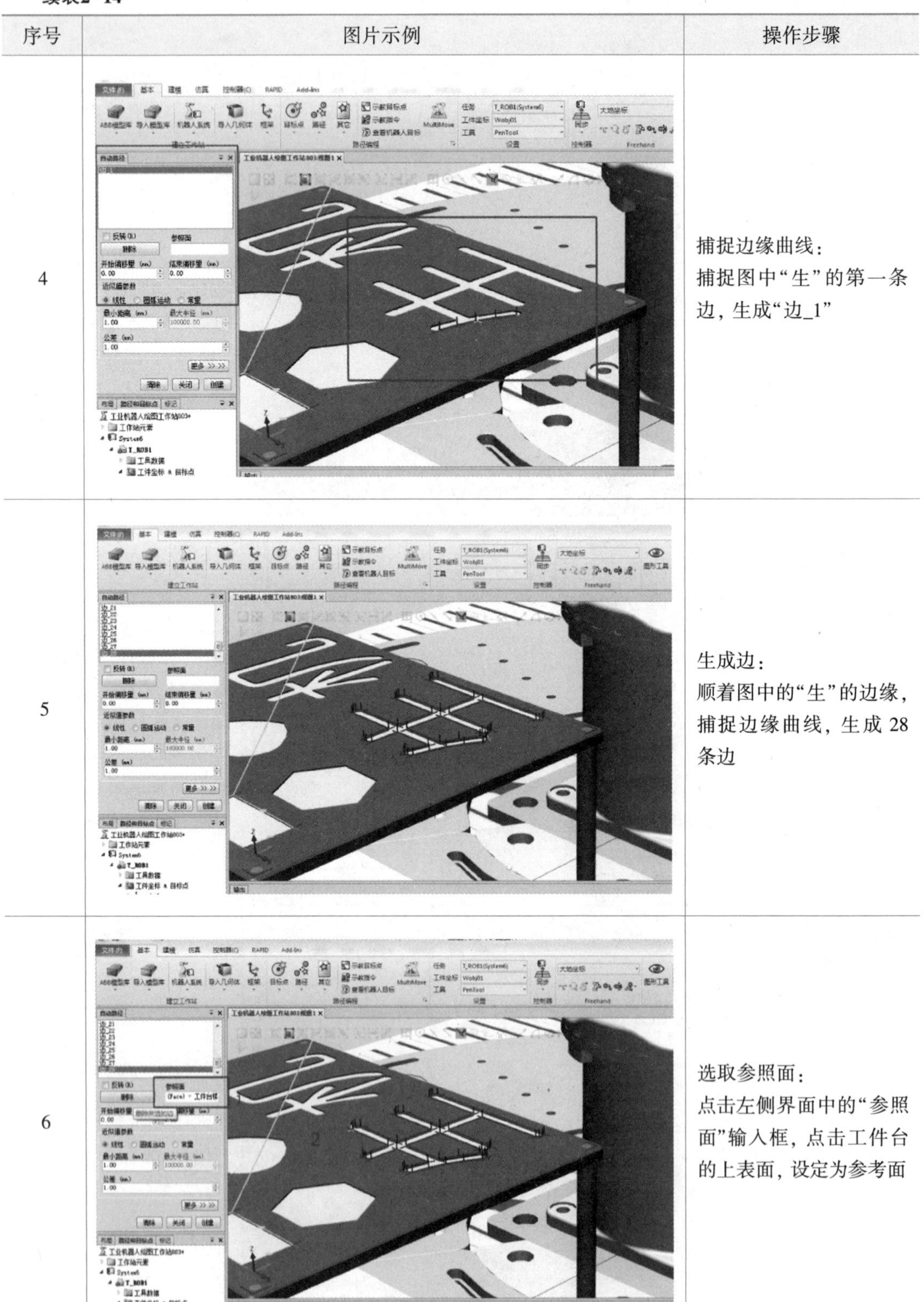	捕捉边缘曲线： 捕捉图中“生”的第一条边，生成“边_1”
5		生成边： 顺着图中的“生”的边缘，捕捉边缘曲线，生成28条边
6		选取参照面： 点击左侧界面中的“参照面”输入框，点击工件台的上表面，设定为参考面

续表2-14

序号	图片示例	操作步骤
7	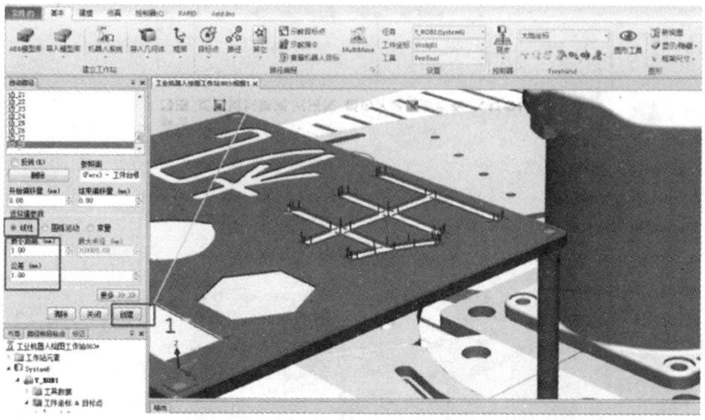	参数设定： 将“近似值参数”设置为“线性”，“最小距离”设置为 1 mm
8	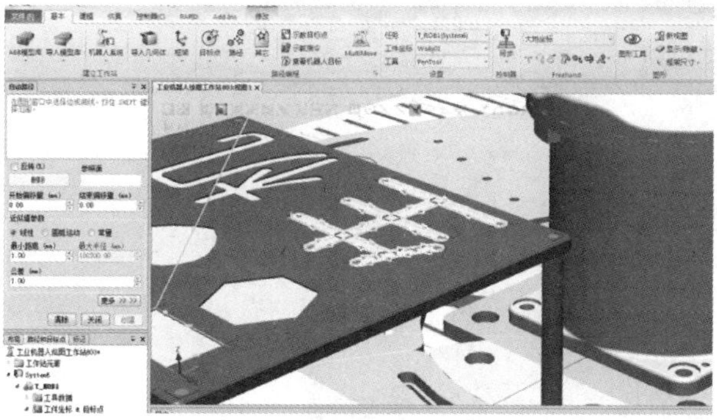	自动路径创建完成

2.3.2　目标点调整

由“自动路径”生成的目标点可能会导致目标点超出机器人的工作区域或者变化过大，从而导致机器人无法达到点位，因此需要调整点位，具体的步骤如表 2-15 所示。

表 2-15　目标点调整步骤

序号	图片示例	操作步骤
1	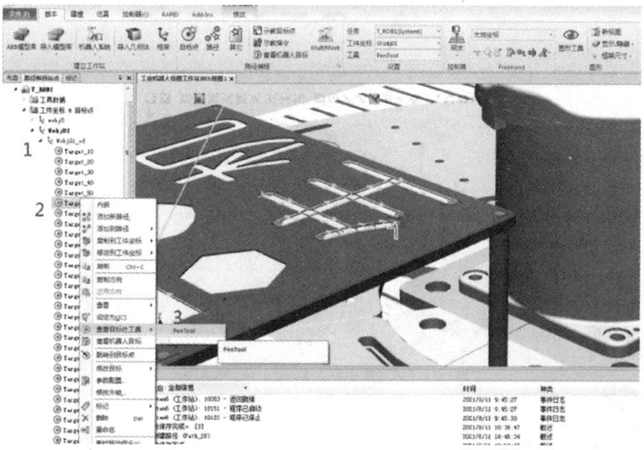	查看自动轨迹目标点： 在左侧界面“路径和目标点”中点击“工件坐标 & 目标点”，点击“Wobj01”，点击“Wobj01_of”，右键单击“Target_60”目标点，选择“查看目标处工具 → PenTool”，显示目标点

续表2-15

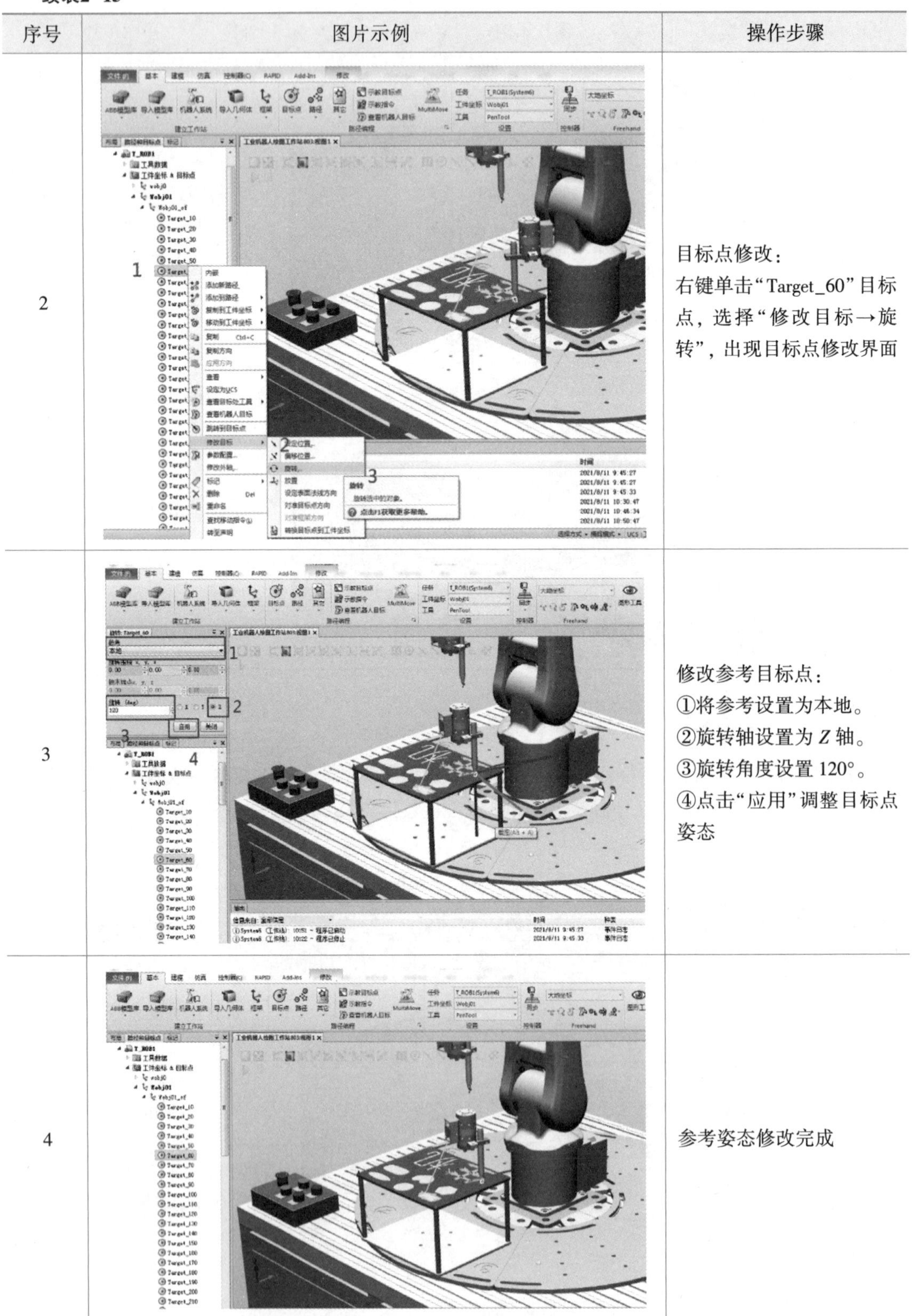

序号	图片示例	操作步骤
2		目标点修改： 右键单击“Target_60”目标点，选择“修改目标→旋转”，出现目标点修改界面
3		修改参考目标点： ①将参考设置为本地。 ②旋转轴设置为 Z 轴。 ③旋转角度设置 120°。 ④点击“应用”调整目标点姿态
4		参考姿态修改完成

续表2-15

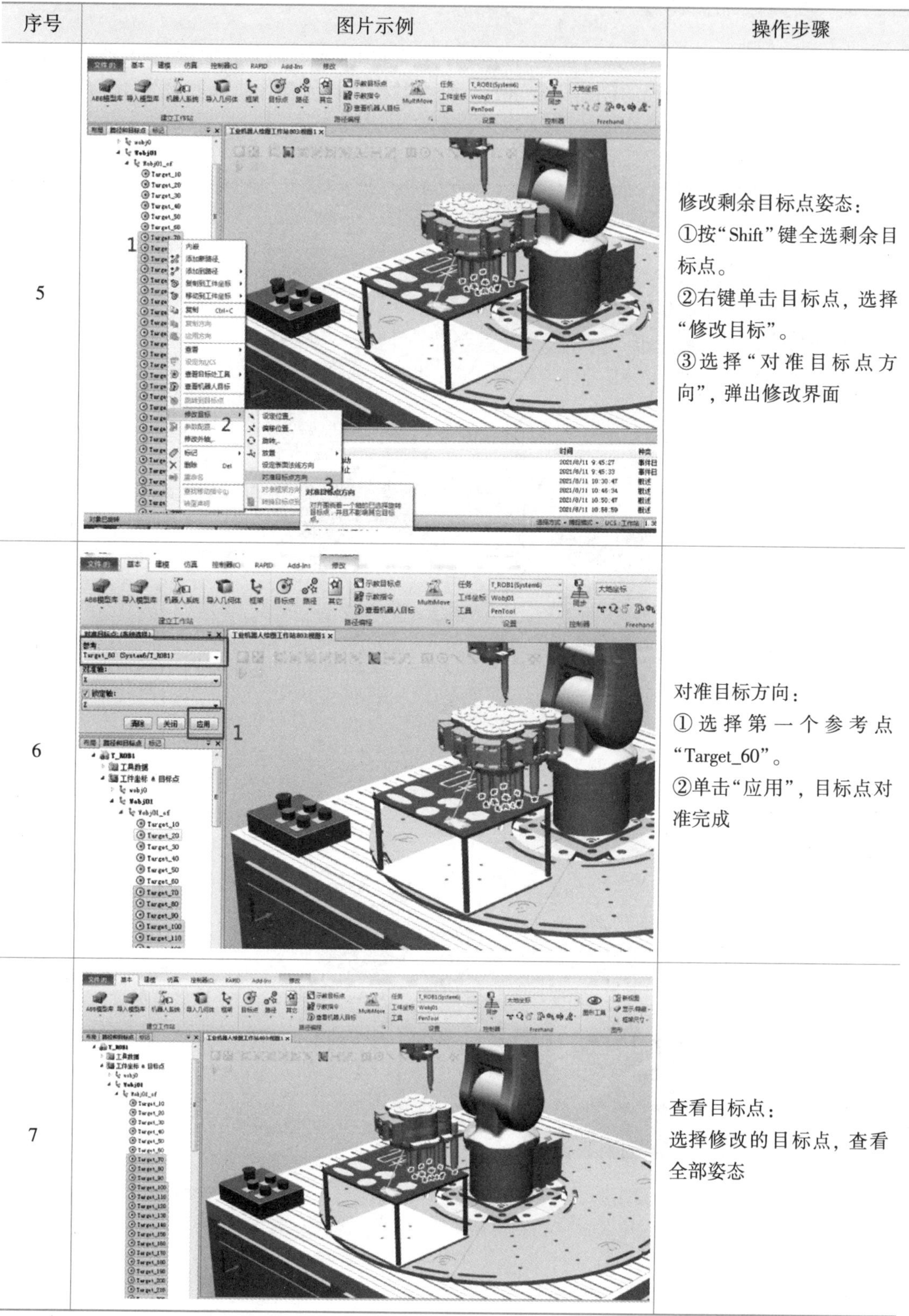

序号	图片示例	操作步骤
5		修改剩余目标点姿态： ①按“Shift”键全选剩余目标点。 ②右键单击目标点，选择“修改目标”。 ③选择“对准目标点方向”，弹出修改界面
6		对准目标方向： ①选择第一个参考点“Target_60”。 ②单击“应用”，目标点对准完成
7		查看目标点： 选择修改的目标点，查看全部姿态

2.3.3 轴参数配置调整

机器人到达目标点，目标点可能会存在多种关节的组合(多种参数配置)，因此合理调整目标点参数配置对自动路径的创建非常重要。轴参数配置具体操作步骤如表 2-16 所示。

表 2-16 轴参数配置步骤

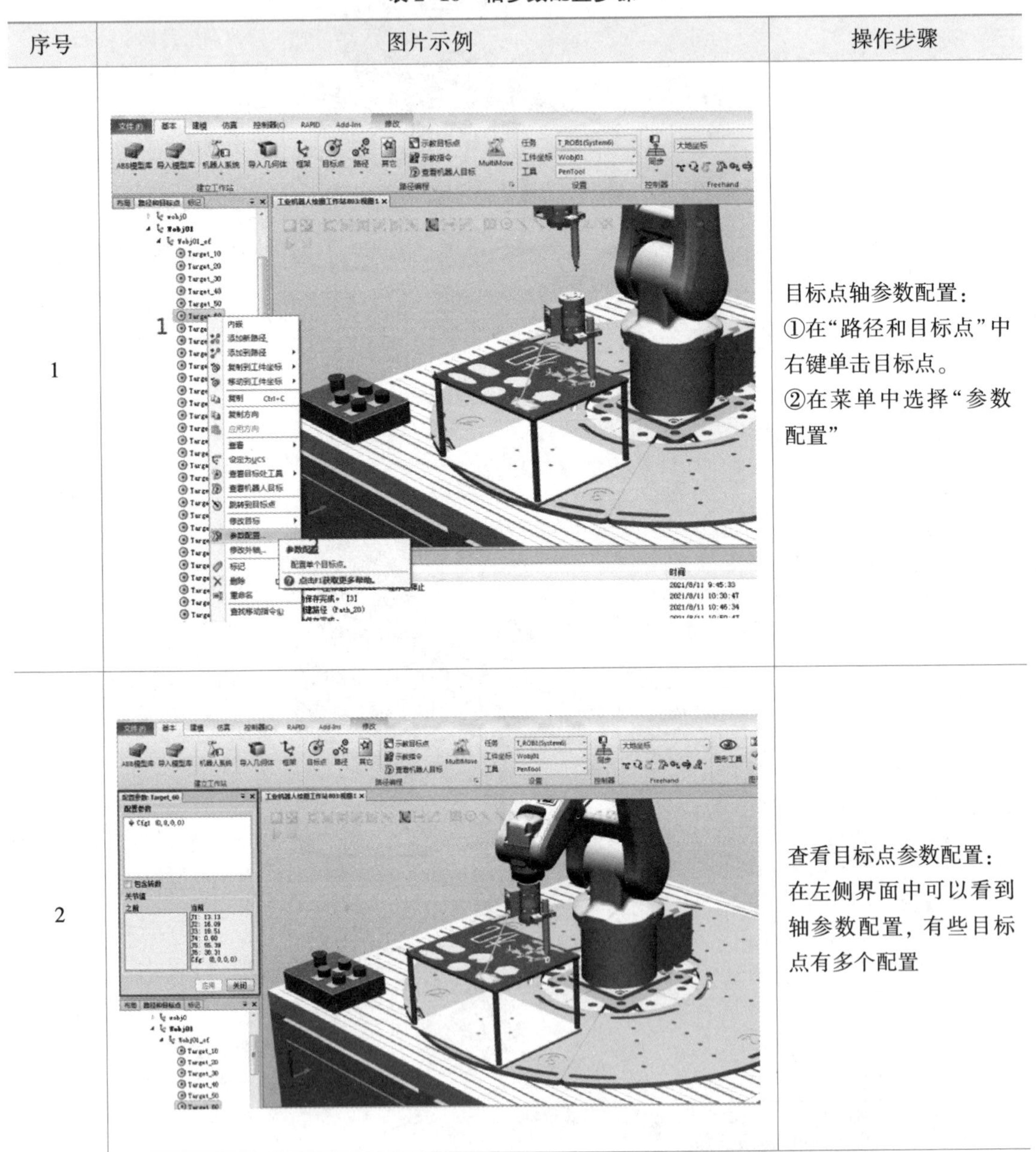

序号	图片示例	操作步骤
1		目标点轴参数配置： ①在“路径和目标点”中右键单击目标点。 ②在菜单中选择“参数配置”
2		查看目标点参数配置： 在左侧界面中可以看到轴参数配置，有些目标点有多个配置

续表2-16

序号	图片示例	操作步骤
3	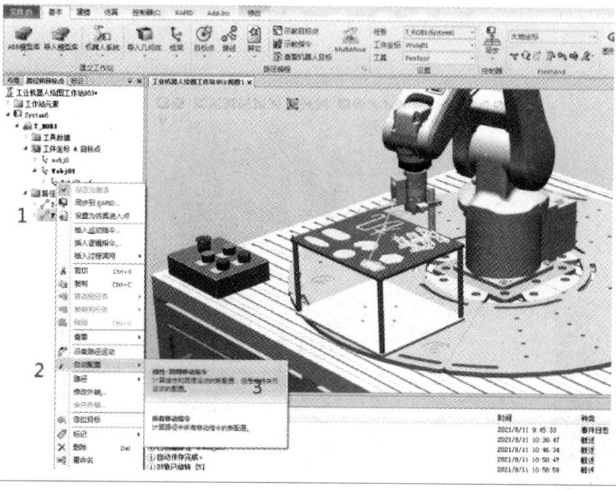	路径参数配置功能： ①在左侧界面中右键单击“Path_20”路径。 ②单击“自动配置”。 ③单击“线性/圆周移动指令”
4	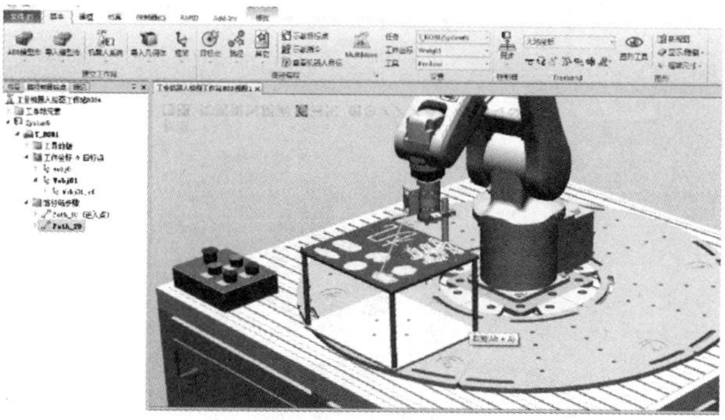	轴参数配置完成

2.3.4　路径完善

自动路径创建完成以后，路径需要继续完善，要在路径中的添加出发原点、结束原点。路径完善具体操作步骤如表 2-17 所示。

表 2-17　路径完善操作步骤

序号	图片示例	操作步骤
1	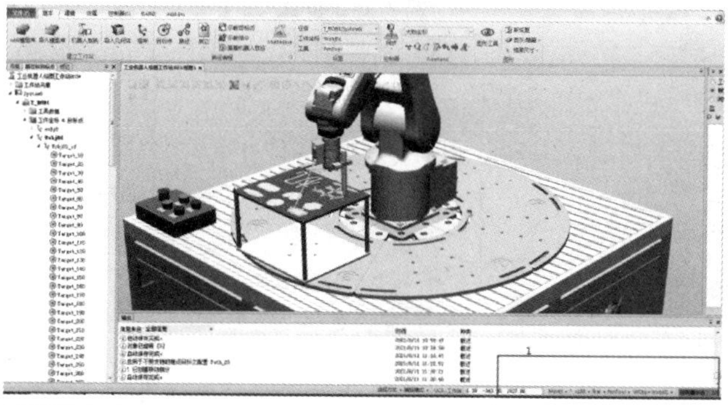	运动参数设置： ①将“设置区”坐标系设置为“PenTool”，工件坐标系设置为“Wobj01”。 ②在界面底部的运动指令设定栏设定为“MoveJ v150 fine PenTool\Wobj:=Wobj01”

续表2-17

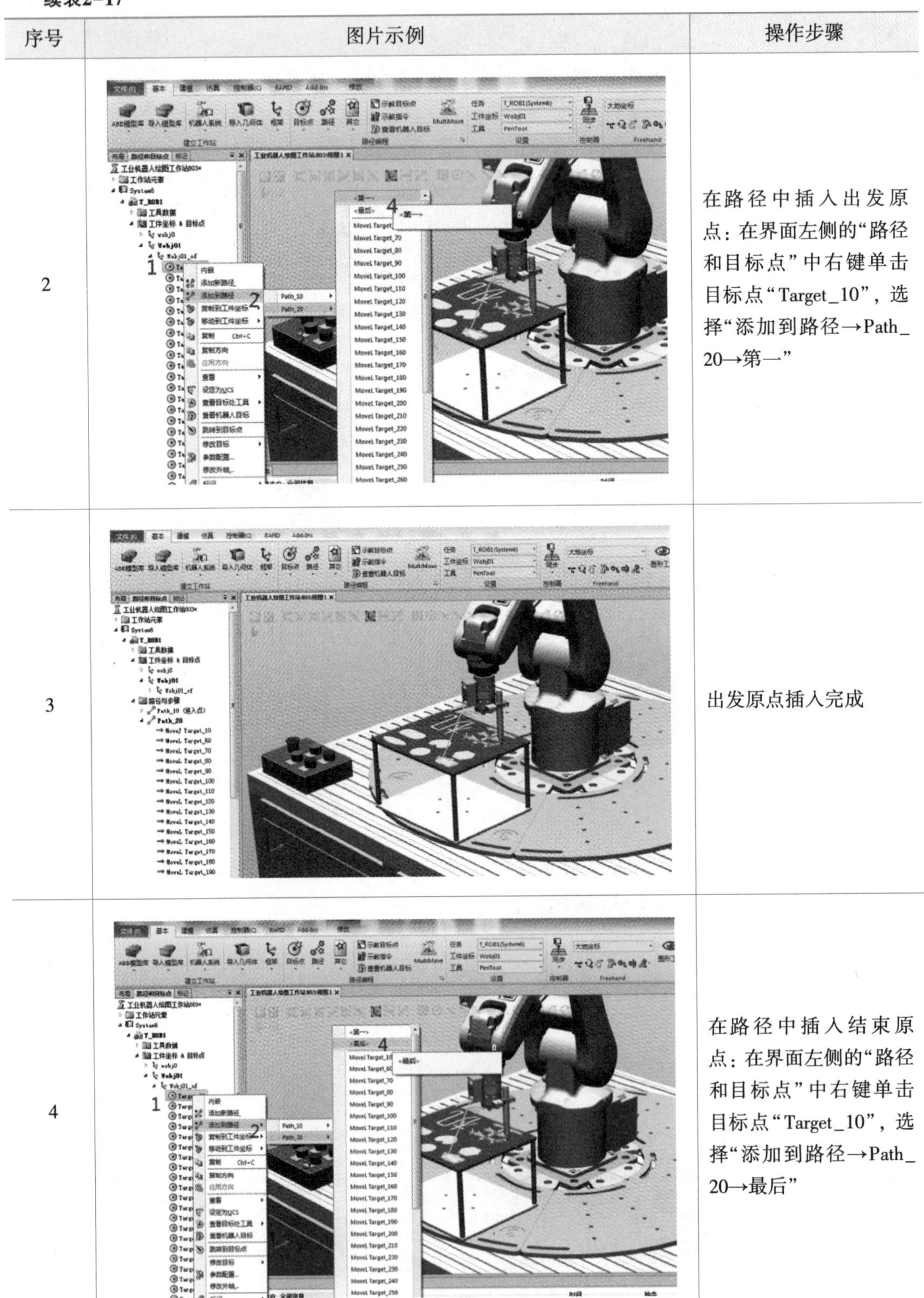

序号	图片示例	操作步骤
2		在路径中插入出发原点：在界面左侧的“路径和目标点”中右键单击目标点“Target_10”，选择“添加到路径→Path_20→第一”
3		出发原点插入完成
4		在路径中插入结束原点：在界面左侧的“路径和目标点”中右键单击目标点“Target_10”，选择“添加到路径→Path_20→最后”

续表2-17

序号	图片示例	操作步骤
5	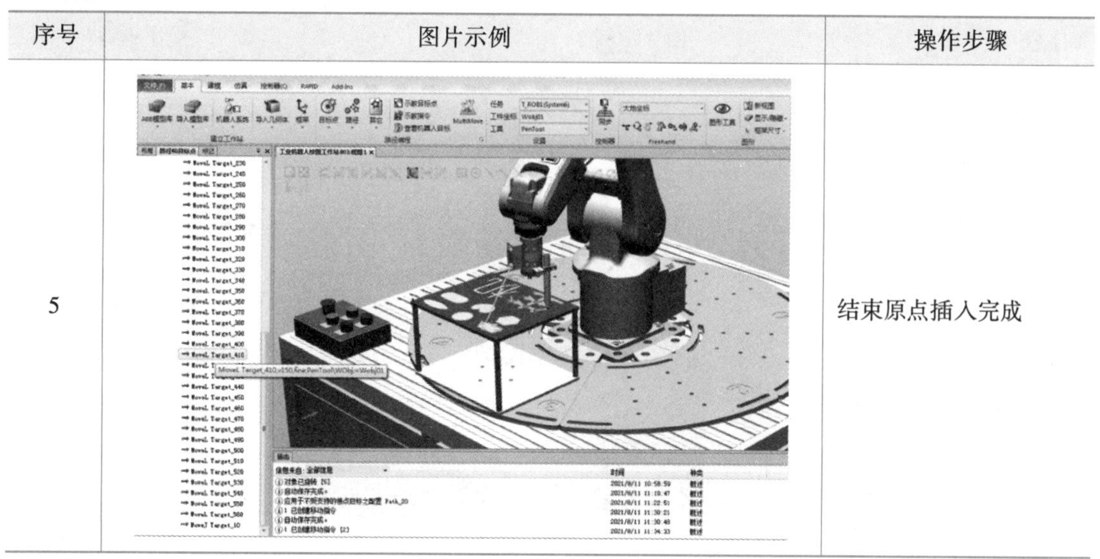	结束原点插入完成

2.3.5　碰撞功能设置

碰撞监控的作用：检测机器人在沿着路径运动过程中是否与周边设备发生碰撞，并查看机器人工具尖端与工件表面所保持的距离是否在合理范围之内，以保证工艺要求，通过碰撞监控可以验证轨迹的可行性。

RobotStudio 碰撞功能：碰撞集包含两组对象，ObjectA 和 ObjectB，可将对象放入其中以检测两组对象之间的碰撞。当 ObjectA 内任何对象与 ObjectB 内任何对象发生碰撞，此碰撞将显示在图形视图里并记录在输出窗口内。工作站碰撞功能设置如表 2-18 所示。

表 2-18　碰撞功能设置

序号	图片示例	操作步骤
1	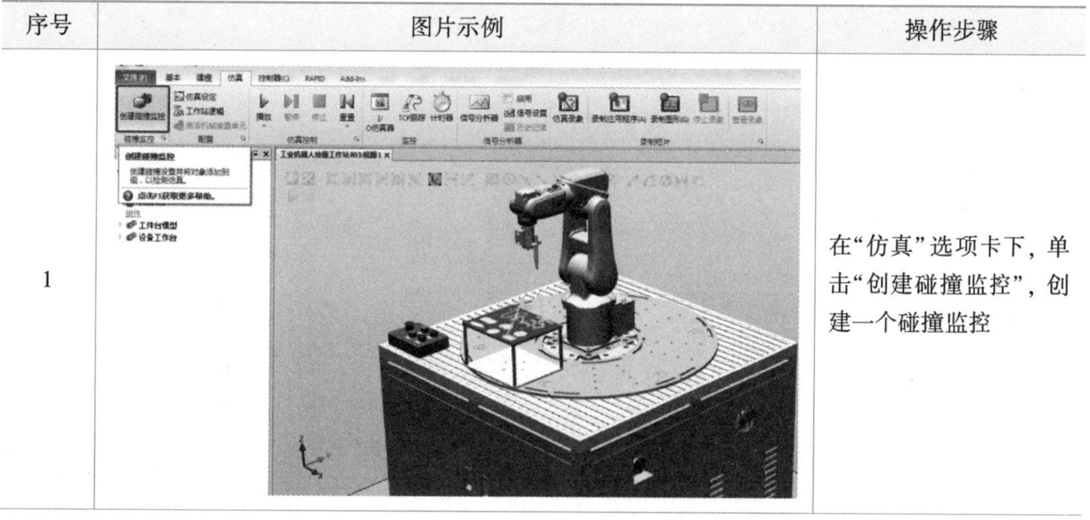	在“仿真”选项卡下，单击“创建碰撞监控”，创建一个碰撞监控

续表2-18

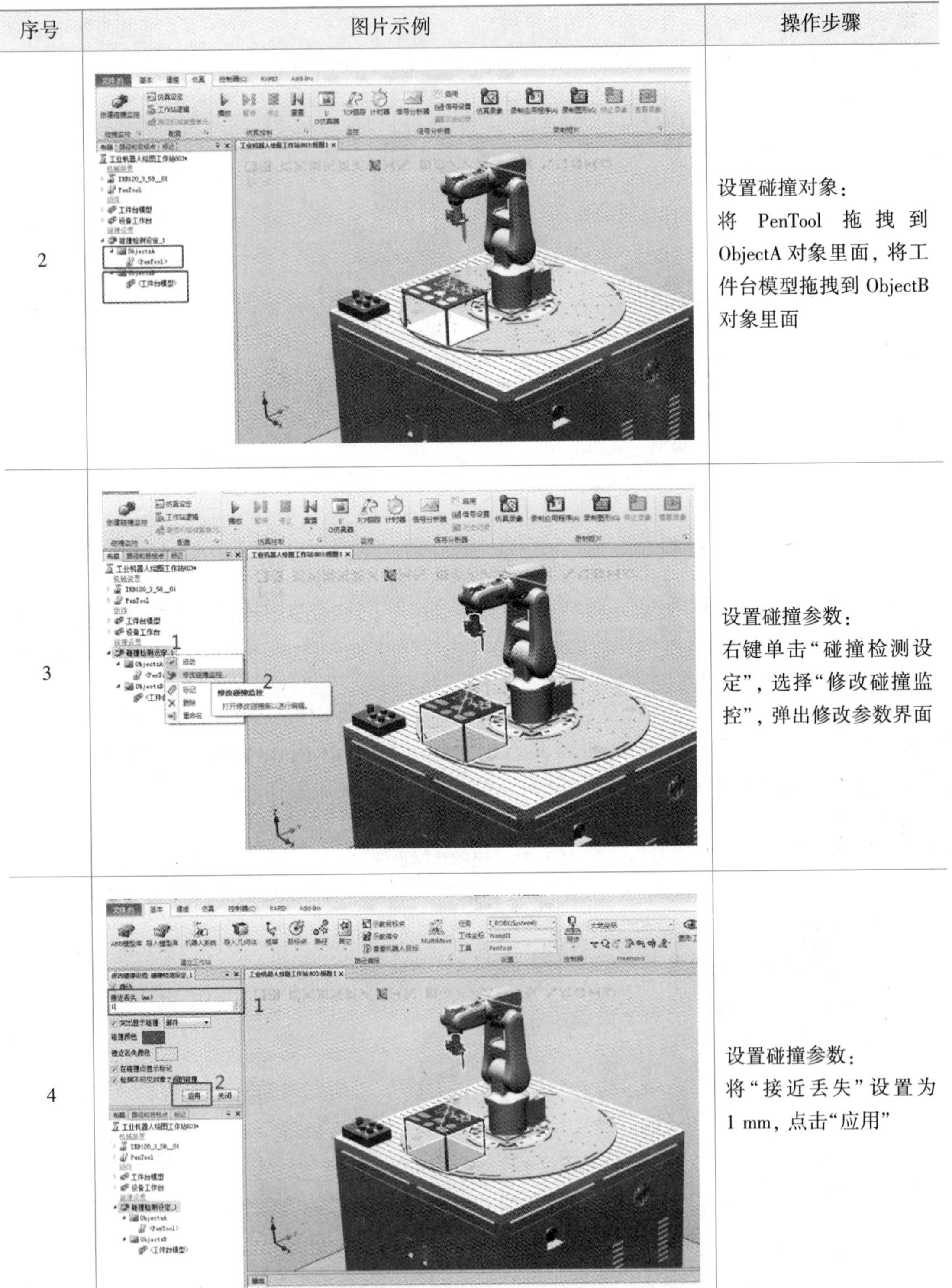

序号	图片示例	操作步骤
2		设置碰撞对象：将 PenTool 拖拽到 ObjectA 对象里面，将工件台模型拖拽到 ObjectB 对象里面
3		设置碰撞参数：右键单击“碰撞检测设定”，选择“修改碰撞监控”，弹出修改参数界面
4		设置碰撞参数：将“接近丢失”设置为 1 mm，点击“应用”

2.3.6　仿真调试

当完成路径示教及验证之后，即可进行仿真与调试。通过仿真演示，用户可以直观地看到绘图工作站的运动情况，为后续的轨迹调试提供相关的依据。工作站的仿真演示步骤具体如表 2-19 所示。

表 2-19　仿真调试步骤

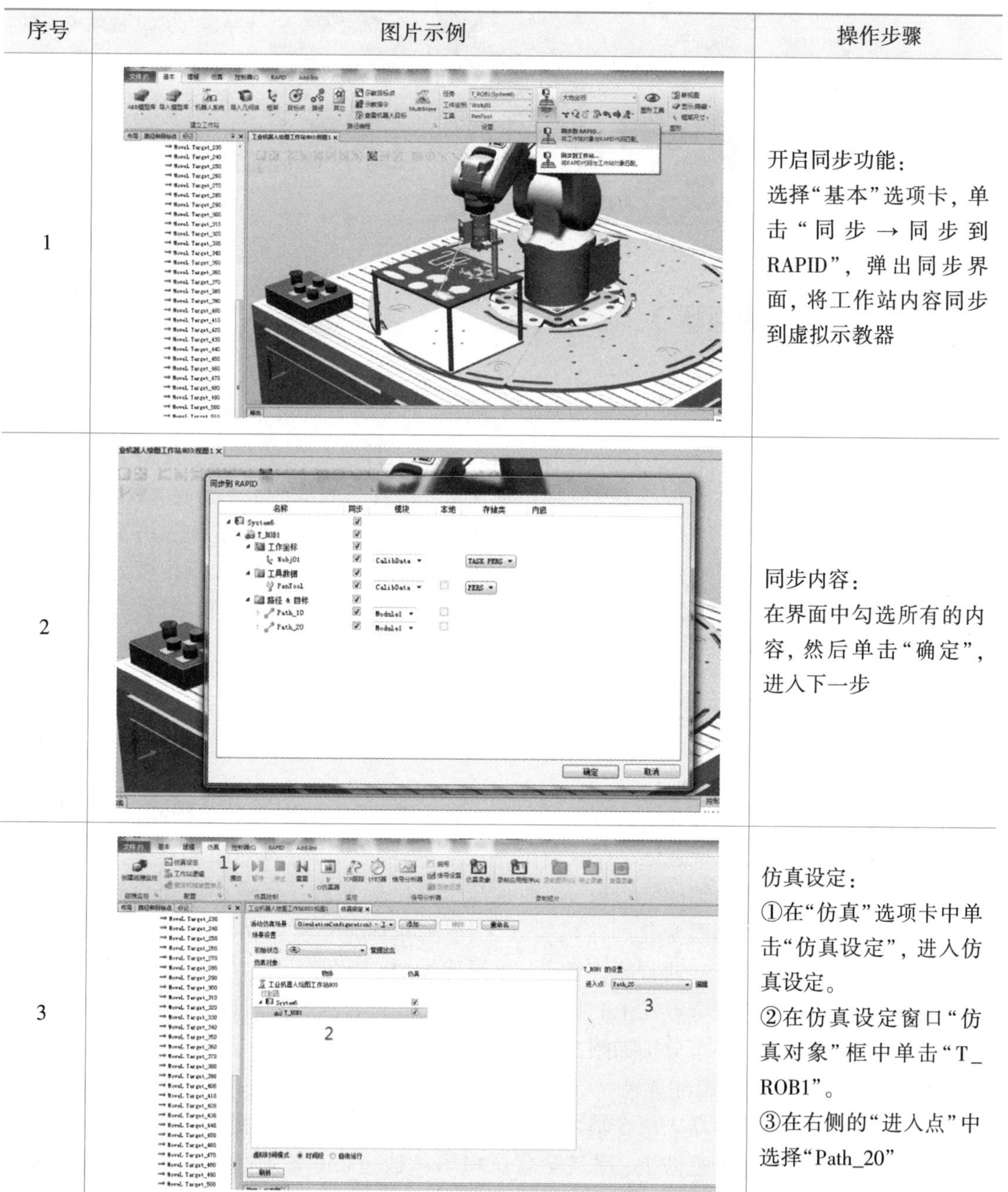

序号	图片示例	操作步骤
1		开启同步功能： 选择“基本”选项卡，单击“同步 → 同步到 RAPID”，弹出同步界面，将工作站内容同步到虚拟示教器
2		同步内容： 在界面中勾选所有的内容，然后单击“确定”，进入下一步
3		仿真设定： ①在“仿真”选项卡中单击“仿真设定”，进入仿真设定。 ②在仿真设定窗口“仿真对象”框中单击“T_ROB1”。 ③在右侧的“进入点”中选择“Path_20”

续表2-19

序号	图片示例	操作步骤
4	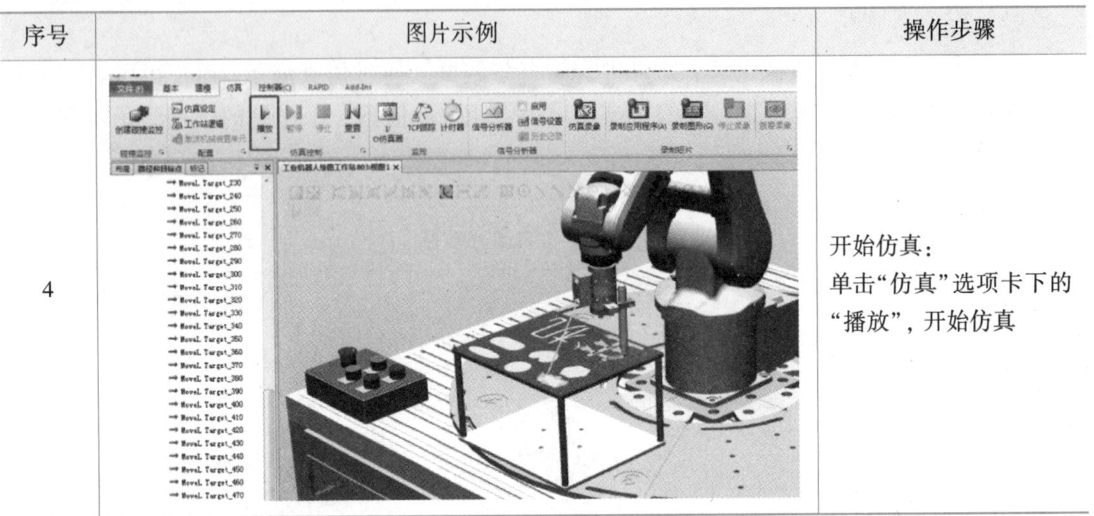	开始仿真： 单击“仿真”选项卡下的“播放”，开始仿真

项目总结

本项目以工业机器人绘图工作站为任务载体，首先在任务 1 中完成了工作站的搭建以及控制系统的创建；任务 2 在任务 1 的基础上，讲解工业机器人手动操作方法及流程，同时完成工件坐标系的创建，并讲解了简单轨迹手动示教的方法及流程，最后完成仿真与调试；针对复杂示教任务，任务 3 在前两个任务的基础上继续深入学习自动轨迹创建，首先讲解了自动创建的流程及方法，同时针对自动创建的问题点引出目标点位姿态调整以及轴参数配置，并根据项目的需求解释了碰撞功能的设置，最后完成整个项目的仿真与调试。

任务拓展

扫码观看视频
了解奇异点

◆ 奇异点

大部分 6 轴关节型机器人，由于机械限位或软限位的限制，在其运动空间中会出现逆运动学无解的情况，也就是无法通过逆向运算将笛卡儿坐标系转化为轴的旋转角度，而且笛卡儿坐标系内一点微小的变化就会引起轴角度的剧烈变化。在机器人工作空间中这些逆运动学无解的点就被称为“奇异点”，通常简称奇点，也可称为“机械死点”。

根据奇点发生的状况不同，机器人奇异点大致可以分为以下三种类型，其典型姿态分别如图 2-15。

(1) 腕部奇异点(wrist singularity)

当机器人第 5 轴角度为 0°时，机器人的两个手腕轴(关节轴 4 和轴 6)在同一条直线上，系统会尝试将第 4 轴与第 6 轴瞬间旋转 180°。这是比较常见的工业机器人出现奇点的情况。

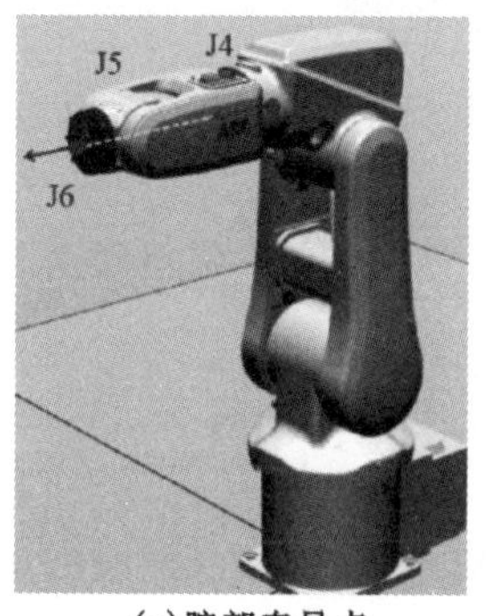

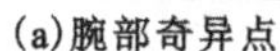
(a)腕部奇异点

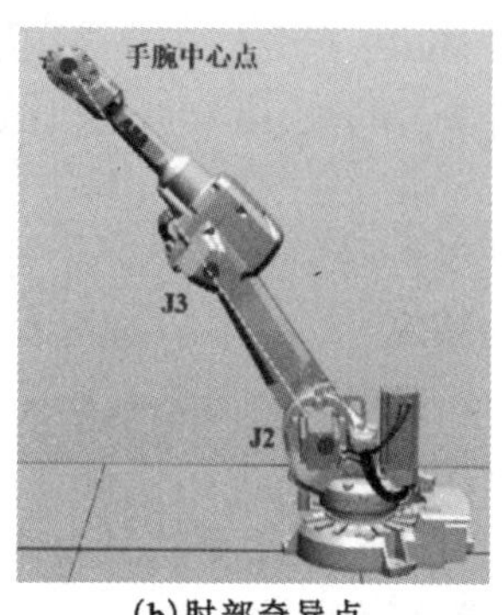

(b)肘部奇异点

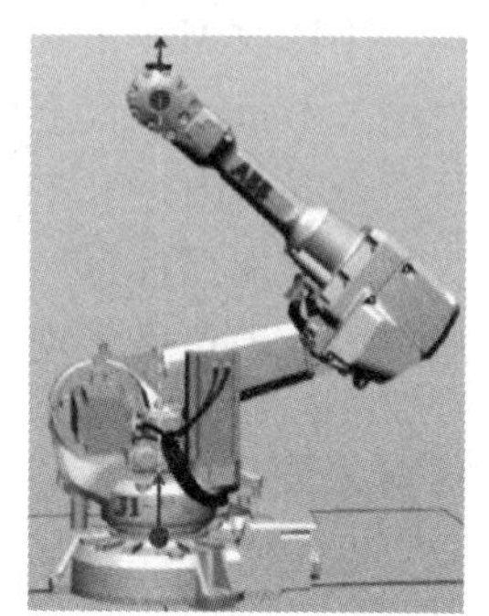

(c)肩部奇异点

图 2-15　不同类型奇异点的典型姿态

(2)肘部奇异点(elbow singularity)

当机器人手腕的中心点(第 5 轴与第 6 轴交点)与关节轴 2、轴 3 共线时，会造成肘关节卡住，像是被锁住一般，无法再移动，这种情况称之为肘部奇异点。肘部奇异点看起来像机器人“伸得太远”，导致肘部锁定在某个空间位置。

(3)肩部奇异点(shoulder singularity)

肩部奇异点是在机器人手腕的中心点(第 5 轴与第 6 轴交点)与 J1 轴在同一条直线上时发生。这种情况下，会导致关节轴 1 和轴 4 试图瞬间旋转 180°。此类型有个特殊的情况，当第 1 轴与腕关节中心共线，且与第 6 轴共线时，会造成系统尝试第 1 轴与第 6 轴瞬间旋转 180°，称之为对齐奇异点(alignment singularity)。

机械手臂的奇异点，根据发生的原因可概括为两大类。

(1)内部马达可运作范围限制

机械手臂中使用不同型号的马达，会有不同的运作范围限制，严格来讲这其实是工作空间(workspace)的概念。

(2)运动学上数学模型问题

运动学上的奇异点解释：运动学中使用 Jacobian 矩阵来转换轴角度及机械手臂末端的关系，当机械手臂中的两轴共线时，矩阵内并非完全线性独立，造成 Jacobian 矩阵的秩(rank)减少，其行列式值(determinant)为零，使得 Jacobian 矩阵无反函数，反向运动学无法运算。

奇异点的危害：

理论上，在手臂末端接近奇异点时，微小的位移变化量就会导致某些轴快速旋转，产生近似无限大的角速度，容易损坏机器人或其他设备，甚至造成人员伤亡，这也是有时机械手臂运行时会有一些无法预期动作的原因。为安全起见，工业机器人生产商会通过软件进行保护，当速度过快时机械手臂停止运行并提示错误信息。在 ABB 工业机器人控制器中，当第五轴为 0°，即第 4 轴与第 6 轴共线时，会出现警示信息。

避免出现奇点的方法主要有以下三种：

①修改 MoveL 指令为 MoveJ 指令。在非必须以直线运动的工作场景下，使用关节运动取代直线运动，MoveJ 指令可使机械手臂自主调整姿态避免运行至奇异点附近。

②增加目标点。在出现奇点的运行路径中增加目标点位并调整姿态，避免第 5 轴角度出现 0°的情况。

③使用 SingArea 指令。编程时使用 SingArea 指令可以让机器人在轨迹经过奇点时自动规划插补方式。

RobotStudio 模拟功能可以监控运动路径是否接近奇异点，方便在路径接近奇异点附近时修改位置，以顺利完成工作。

思考与练习

1. 简述工件坐标系的优点以及应用场景。
2. 简述软件界面底部运动指令设定栏各个参数的意义。
3. 请使用不同工具姿态实现机器人 TCP 沿着“生”字边缘绕行。
4. 完成机器人 TCP 沿着“生机”字边缘绕行的程序。

项目三　工业机器人搬运工作站离线编程

项目描述

某企业要求使用工业机器人对该企业生产的产品进行搬运转移，将放置于托盘上的12个产品搬运至另一托盘。本项目基于RobotStudio软件构建如图3-1所示的搬运场景，并编程模拟该搬运作业。要求将工业机器人右侧物料盘上的物料块搬运至左侧物料盘，按1→12的顺序依次搬运，且保持物料位一一对应。

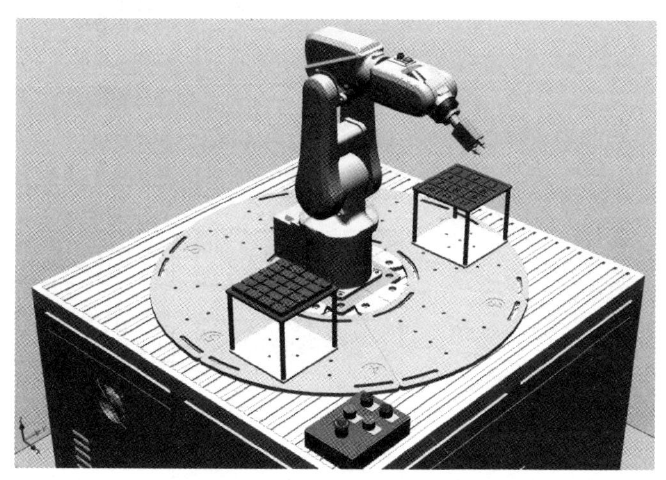

图3-1　项目效果图

学习目标

◆ 知识目标

1. 掌握RobotStudio软件中建模工具的使用。
2. 了解Smart组件及其作用，熟练掌握其常用子组件的用法。
3. 熟练掌握I/O指令、程序等待指令、逻辑控制指令的功能与用法。
4. 熟练掌握偏移功能函数(offs)的功能与用法。
5. 了解Rapid程序的组成，掌握Rapid程序中常用程序数据、基本运算符的特点与用法。
6. 了解循环嵌套与子程序的应用方法。

◆ 能力目标

1. 能利用建模工具创建一般复杂程度的三维模型。

2. 能熟练完成一般复杂程度的工作站布局。

3. 能利用 Smart 组件创建具备动态属性的工具或其他设备。

4. 能正确设置工作站中各信号的工作逻辑。

5. 能熟练应用 I/O 指令、程序等待指令、逻辑控制指令、偏移功能函数编写程序。

6. 能利用子程序进行结构化编程。

◆ 素质目标

1. 具有良好的学习习惯、软件使用习惯。

2. 具有吃苦耐劳、严谨细致的工作作风。

3. 具备良好的三维空间意识。

4. 具备勤于思考、精益求精的工匠精神。

5. 具备良好的职业生涯规划意识。

知识图谱

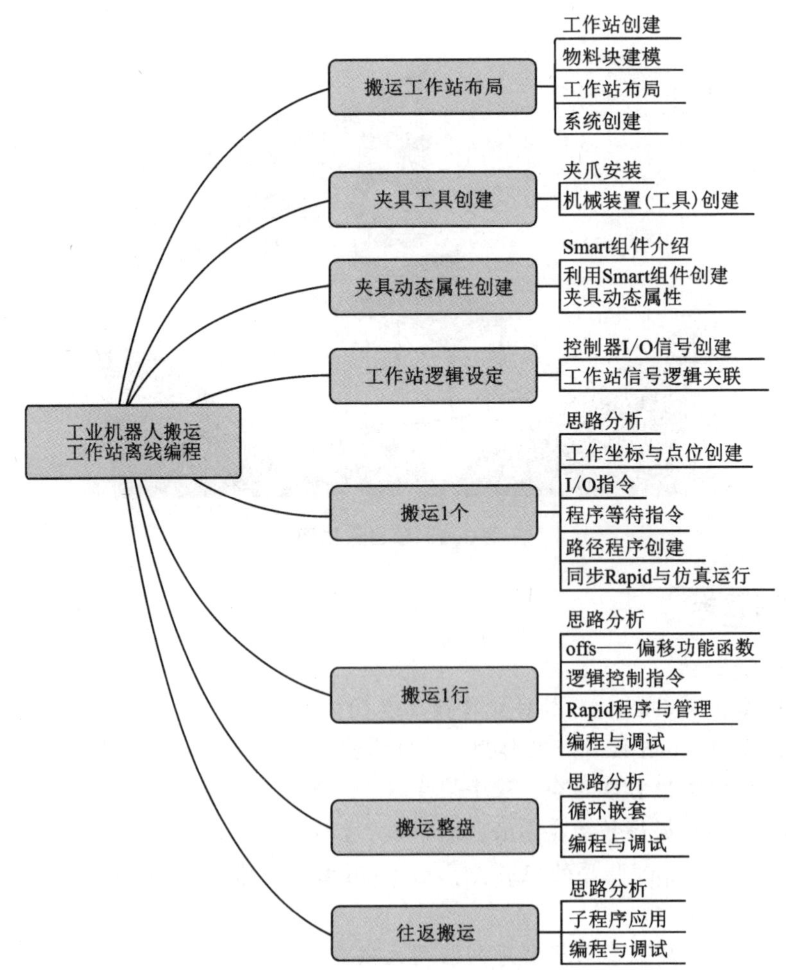

课程思政

确保工作质量，提升工作效率

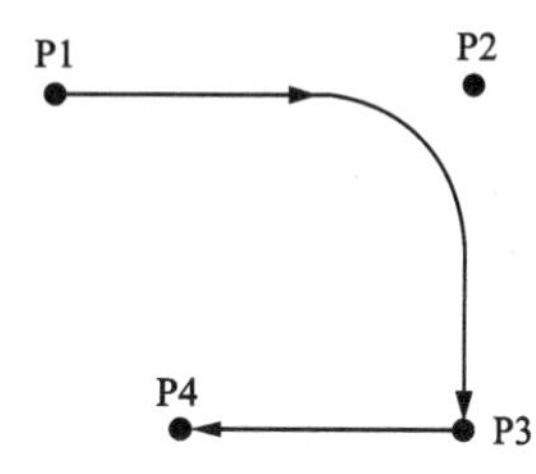

工业机器人的运动路径通常包括多个目标点位，通过运动指令控制机器人在各点位间执行直线、圆弧等运动路径。在执行运动路径时，机器人TCP会根据运动路径中的区域数据－ZoneDate（也称为转弯半径）确定是否精确到达某个点位。当区域数据为fine时，机器人TCP会精确到达该位置并短暂停止运转，然后再前往下一个目标点，如右图P3点，而如果区域数据为Z，则程序会提前读取下一目标位置，并根据设置的转弯半径，在距离该点位一定距离时开始转弯，平滑过渡直接前往下一个目标点，如右图P2点，这样不仅缩短了实际的运行路径长度，而且不会停顿，因而会缩短路径执行时间，提高工作效率。

所以在实际应用时，要根据加工需要合理设置区域数据，如进行搬运作业时，拾取和放置物料的位置通常需要精确到达，应当使用“fine”，否则可能会使取放料操作失败或者位置出现偏差，从而影响作业质量。为了确保安全，前往取放料位置过程中通常需要在合适位置设置过渡点，这些过渡点一般不需要精确到达，可以使用“Z”，使路径更平滑且高效。这正如学习与工作，在确保学习与工作质量的前提下，我们要寻求合适的方法提高学习与工作效率。

“理无专在，而学无止境也”，学习是我们增长知识、提升技能、寻求真理的最佳途径。作为青年大学生，我们要把学习作为第一任务，并且掌握正确的学习方法，保持高效的学习效率。那如何提高自己的学习效率呢？不妨从以下几个方面进行尝试。

1. 制定小目标

学习开始时不能想着制定一个最终目标，然后就不管不顾了。在制定了最终目标后应该把自己的目标分成一个个小目标来逐一实现，比如，日目标、周目标、月目标、年目标等。根据制定的小目标列出目标清单，记录好自己实现目标的进度，进而再制定每一个小目标的学习计划，这样每完成一个小目标就会激励自己完成下一个目标。通过努力就会距离最终目标越来越近，而且还可以慢慢培养自己良好的学习习惯和学习状态。

2. 管理好学习时间

一天中24小时对于每一个人意义都是不一样的，有些人早上学习状态很好，而有些人则是下午或者晚上。我们需要合理分配学习与休息时间，尽可能多地把时间投入到学习中来，同时选择自己精神状态良好的时间段来学习。

3. 保持良好的生活习惯

想要提高学习效率，就要确保睡眠质量与充足的睡眠时间。因此，我们需要养成规律的作息习惯，做到早睡早起，不随意熬夜。同时，还需要保持健康的饮食习惯，确保充足的营养供应，以保证良好的身体条件。

4. 选择合适的辅助工具与学习方法

工欲善其事，必先利其器，选择适合自己的工具能使得事半功倍。同样，好的学习方法能为我们节约不必要的时间。殊途同归，我们当然要选择最便捷的路。

5. 善于思考和总结

“学而不思则罔”，我们要时常进行学后思考与总结，这样才能发现知识之间的异同与联系，思考和总结其实也是对新学知识的消化过程。总结可以安排在每天晚上睡觉前进行，这样和第二天的学习有良好的衔接。

项目实施

任务1　搬运工作站布局

3.1.1　工作站创建

启动软件后，依次选择“文件→新建→空工作站解决方案”，设置好解决方案名称与位置路径，最后点击创建，即可在设定的路径下自动创建该工作站项目文件并保存，如图3-2所示。

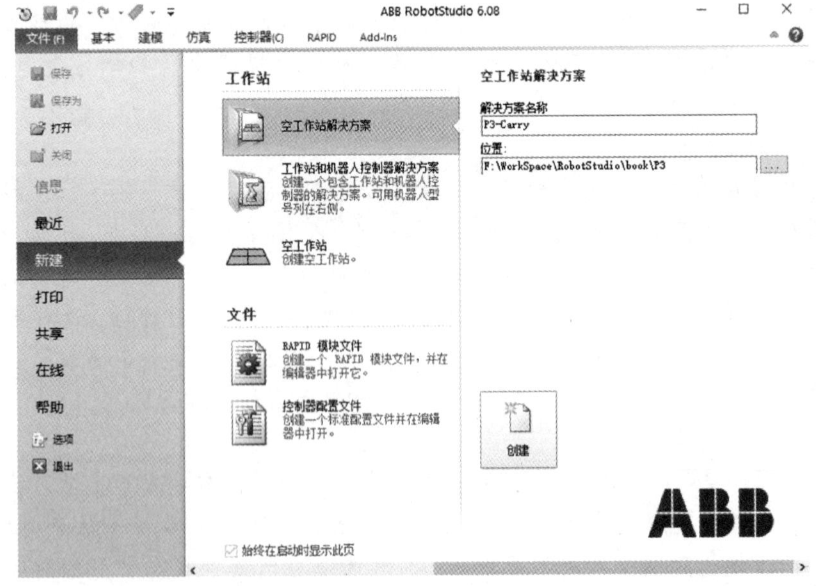

图3-2　创建工作站

3.1.2　物料块建模

扫码观看物料块建模操作视频

工业机器人离线编程中复杂、精致的三维模型通常通过第三方专业三维建模软件创建好后导入，但是，Robotstudio 软件也具备简单三维建模的功能，可以创建固体(包括矩形体、圆锥体、圆柱体、锥体、球体等)、表面(包括表面圆、表面矩形、表面多边形、从曲线生成表面等)、曲线(包括直线、圆、弧线、椭圆、矩形、多边形等)，也可以将多个模型进行交叉、减去、结合等生成新的模型。接下来以创建如图 3-3 所示的物料块为例介绍 RobotStudio 三维建模功能的使用。该物料为在 55 mm×40 mm×15 mm 的大矩形体上切除两个 16 mm×8 mm×5 mm 小矩形体得到，因此，可以先创建一大一小两个基本模型，然后再对两个基本模型进行减去组合得到所需物料块模型，详细步骤如表 3-1 所示。

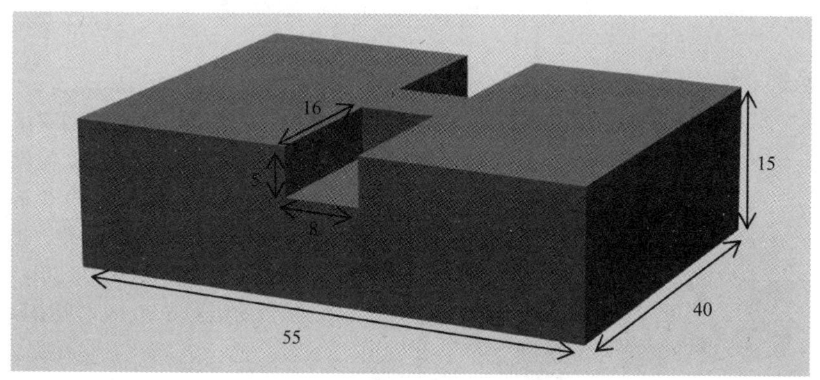

图 3-3　物料块模型(单位：mm)

表 3-1　创建物料块操作步骤

图片示例	步骤说明
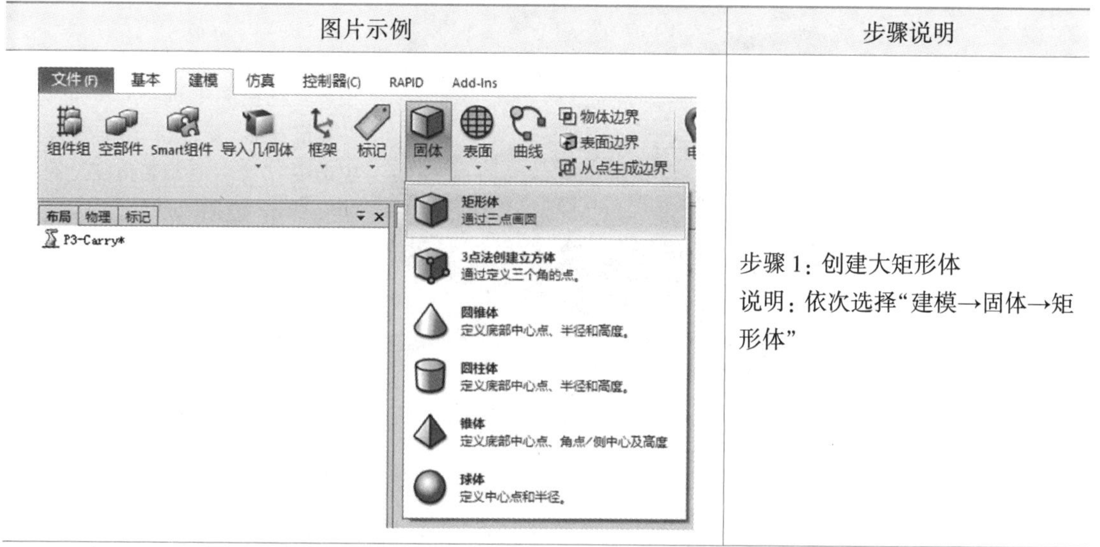	步骤 1：创建大矩形体 说明：依次选择“建模→固体→矩形体”

续表3-1

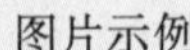图片示例	步骤说明
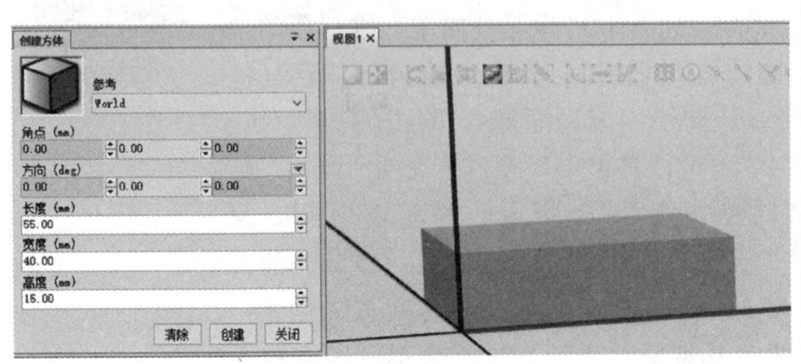	步骤 2：设置大矩形体的尺寸参数 说明：设置矩形体的长度、宽度、高度等参数。其中角点是指矩形体从该点创建，该点的位置参数基于“参考”中的坐标系；方向指与坐标系的相对方向，其值为角度。当前角点和方向均为默认，即在世界坐标系原点，且沿世界坐标系方向
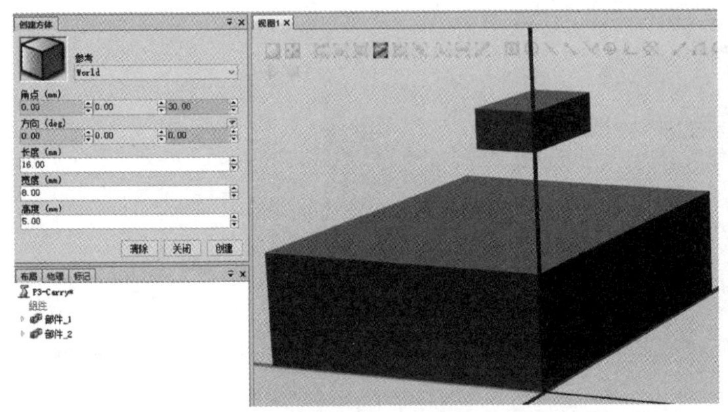	步骤 3：创建小矩形体 说明：采用同样的方式创建小矩形体，长度设置为 16 mm、宽度设置为 8 mm、高度设置为 5 mm。为了避免和大矩形体重叠，此处将角点坐标设置为(0，0，30)，即在原点的正上方 30 mm 处创建
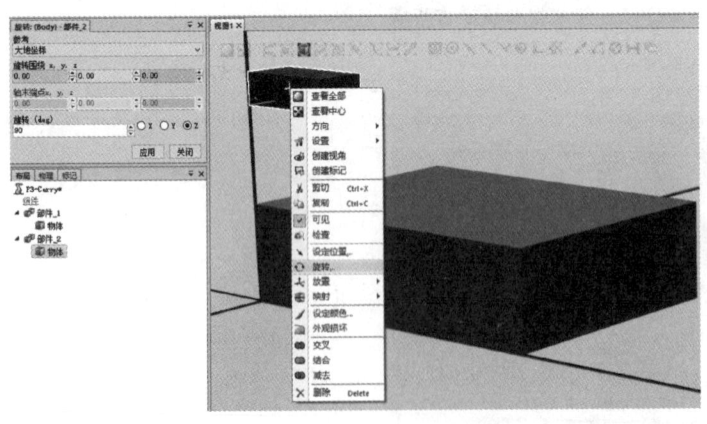	步骤 4：旋转小矩形体 说明：在视图中选中小矩形体，并右键选择“旋转”，在旋转参数中选中“Z”，并将旋转角度设置为 90°，单击“应用”。即将小矩形体绕 Z 轴旋转 90°，使其与大矩形体垂直

续表3-1

图片示例	步骤说明
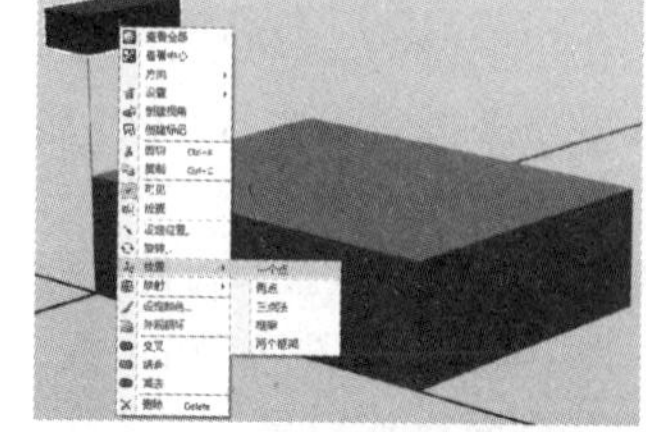 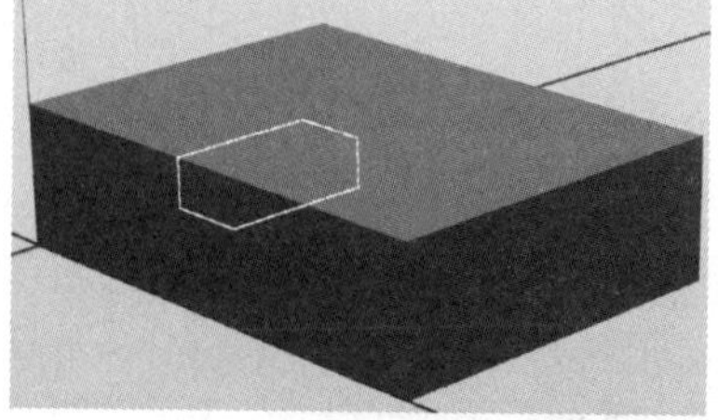 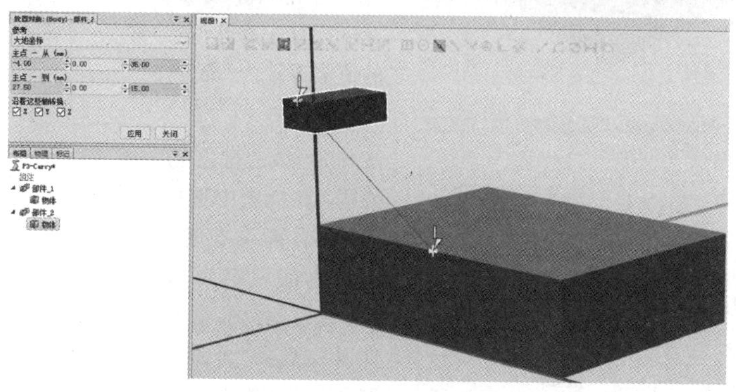	步骤 5：调整相对位置 说明：在视图中选中小矩形体并右击，依次选中“放置→一个点”。放置的方法有多种，此处由于两个矩形体处于平行状态，因此一点法即可实现放置要求。 通过捕捉中点，将“主点-从”设置为小矩形体左侧上表面中点，“主点-到”设置为大矩形体左侧上表面中点，最后点击“应用”，应用前确保小矩形体为选中状态。 注意：在捕捉点位时一定要先将光标定位至对应的点位数据框中，否则无法自动捕捉并填充点位数据
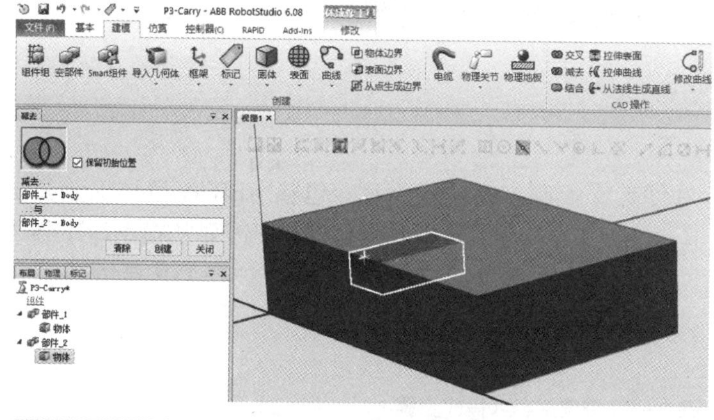 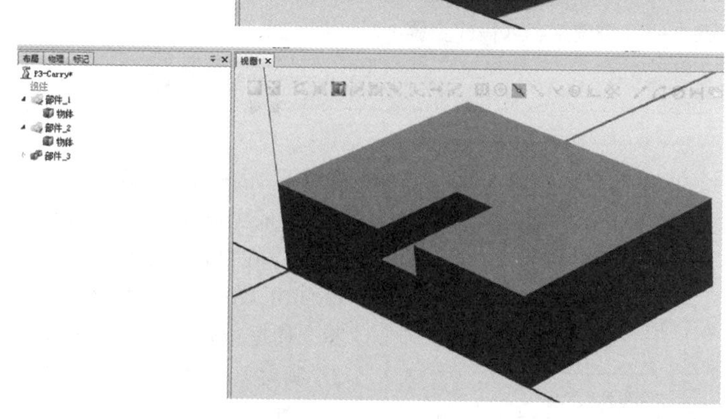	步骤 6　切除左侧 说明：选择“建模→CAD 操作减去”，将“减去…”设置为大矩形体，“…与”设置为小矩形体，单击“创建”，即在大矩形体上切除了小矩形体部分。此时，会生成一个新的几何体，并自动命名为“部件_3”，如果将“部件_1”“部件_2”取消可见即可看到新生成的“部件_3”的形状

续表 3-1

图片示例	步骤说明
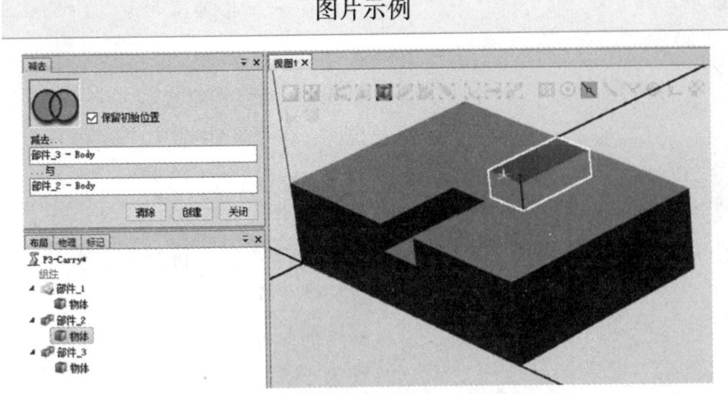	步骤 7　切除右侧 说明：采用同样的方式将“部件_3”的右侧做切除得到新的几何体“部件_4”。为了放置时方便选取点位，可以将“部件_2”向上拖移后再进行放置，为了防止“部件_1”的干扰，可以将其删除或取消可见。此外，在进行减去操作时，“减去…”对应的值应设置为“部件_3”
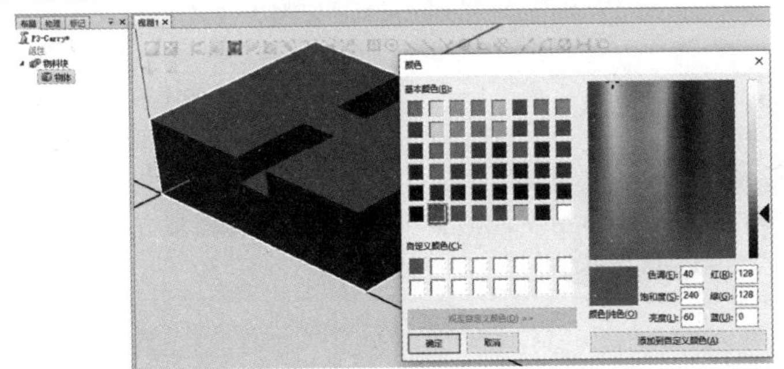	步骤 8　设置颜色 说明：在视图中选中最终生成的几何体，右键单击选择“设定颜色”，将颜色值设定为如左图所示。最后，在左侧树形菜单中右键单击“部件_4”，选择“重命名”，将“部件_4”重命名为“物料块”

3.1.3　工作站布局

扫码观看工作台、工业机器人、搬运组件布局操作视频

(1)模型库导入

RobotStudio 软件有着资源丰富的模型库，包括 ABB 各型号工业机器人、控制柜、工具、护栏、导轨等，根据此项目要求，需要从模型库中导入“IRB 120”工业机器人、IRC5 紧凑型控制柜、安全护栏，其导入过程如表 3-2 所示。

表 3-2　模型库导入操作步骤

图片示例	步骤说明
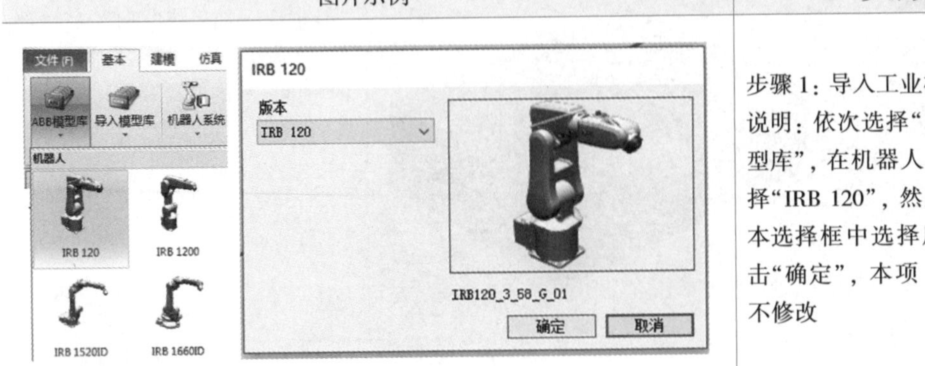	步骤 1：导入工业机器人 说明：依次选择“基本→ABB 模型库”，在机器人下拉列表中选择“IRB 120”，然后在弹出的版本选择框中选择所需版本并单击“确定”，本项目中版本默认不修改

续表3-2

图片示例	步骤说明
	步骤2：导入控制柜 说明：依次选择“基本→导入模型库→设备”，在右侧下拉列表的“IRC5 控制柜”栏中选择“IRC5 Compact”
	步骤3：导入安全护栏 说明：依次选择“基本→导入模型库→设备”，在右侧下拉列表的其他栏中导入“Fence 2500”“Fence 740”与“Fence Gate”
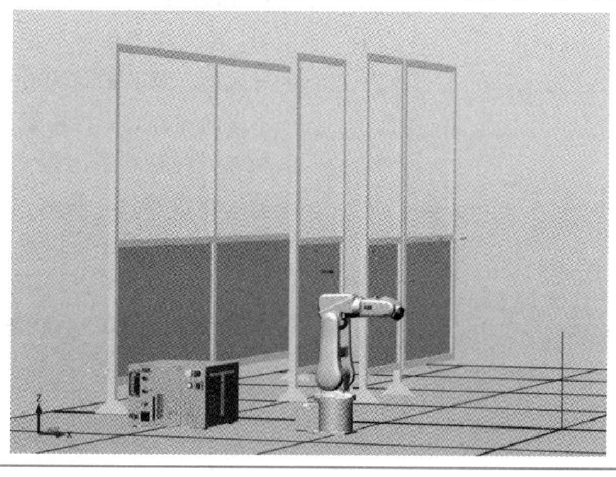	步骤4：调整模型位置 说明：由于模型导入后会将模型的本地坐标原点与工作站中的大地坐标原点重合，因此导入的模型会重叠，为便于后续的模型导入与布局，可以将已导入模型拖移到合适位置

(2)几何体导入

对于相对复杂的个性化三维模型，通常需要在专业的三维建模软件中创建后再导入工作站中，本项目中需要导入已经创建好的工作台与搬运组件(物料盘)模型，其导入过程如表3-3所示。

扫码下载搬运组件模型

表 3-3　几何体导入操作步骤

图片示例	步骤说明
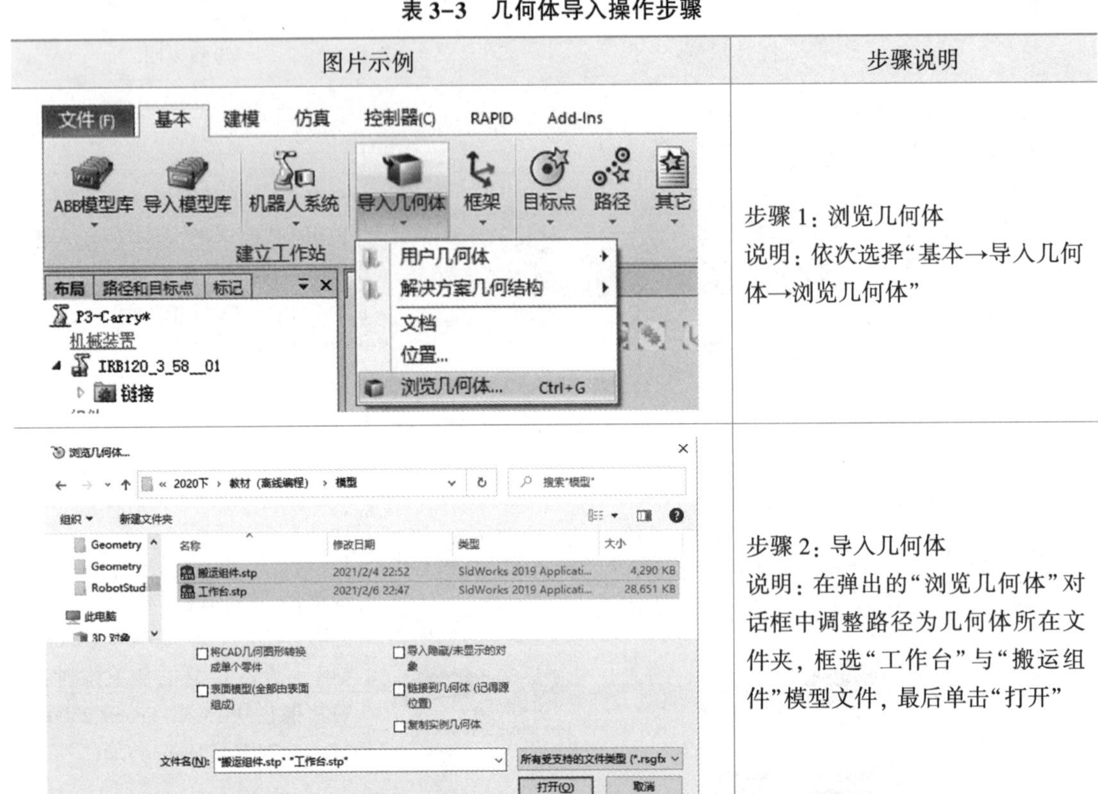	步骤 1：浏览几何体 说明：依次选择“基本→导入几何体→浏览几何体”
	步骤 2：导入几何体 说明：在弹出的“浏览几何体”对话框中调整路径为几何体所在文件夹，框选“工作台”与“搬运组件”模型文件，最后单击“打开”
	步骤 3：调整位置 说明：在完成工作台与搬运组件的导入后，为了布局的方便可以先不移动工作台，将搬运组件在 X 或 Y 方向移动适当距离，使其不被工作台遮挡。此时，从左侧布局列表与视图中可以查看所有已经导入的组件，在列表中选中某一组件时，视图中会高亮显示

(3) 工作站布局

导入所需的设备与装置后，需要将导入的模型进行合理布局，使其满足搬运任务的工作要求，工作站布局主要包括工作台、工业机器人、搬运组件、物料块、安全护栏与控制柜等设备或组件的布局。

1) 工作台

在实际的工业机器人工作站中，工作台是工作站的重要组成部分，工业机器人、示教器、PLC、触摸屏、搬运等功能组件以及设备之间的连接线路等都要安装于工作台上。通常将工作台放置于地面中心位置，由于当前工作台朝向不正确，且导入时工作台的本地坐标原点（底部横梁下表面的中心）与工作站大地坐标原点重合，此时其四个承重脚处于地面以下，且承重脚下沿与地面垂直距离为 121 mm，因此需要进行旋转与偏移操作，具体操作如表 3-4 所示。

表 3-4　工作台布局操作步骤

图片示例	步骤说明
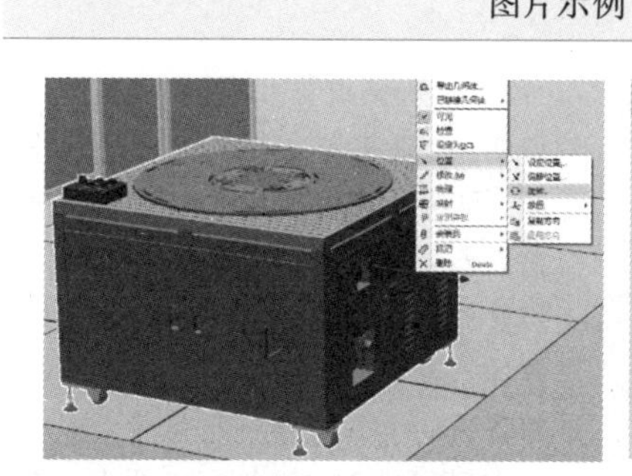 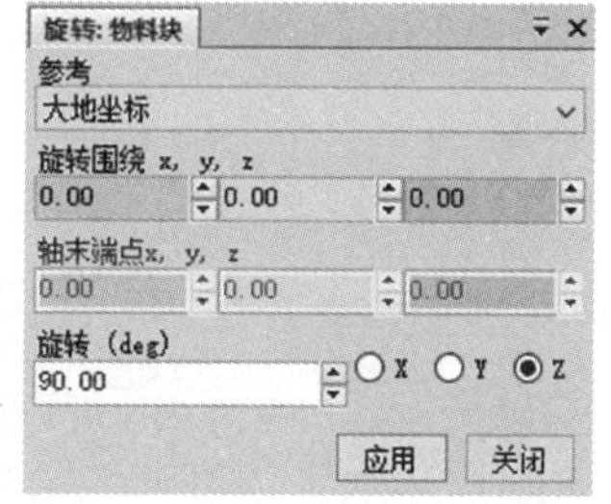	步骤 1：旋转工作台 说明：将工作台绕 Z 轴旋转 90°，使工作台 3 号安装工位朝前（沿 X 轴方向）。 操作：右键单击工作台，选择“位置→旋转”，参数如左图所示
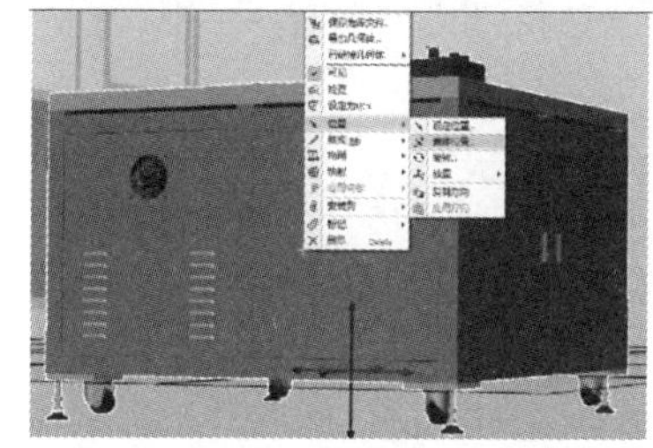 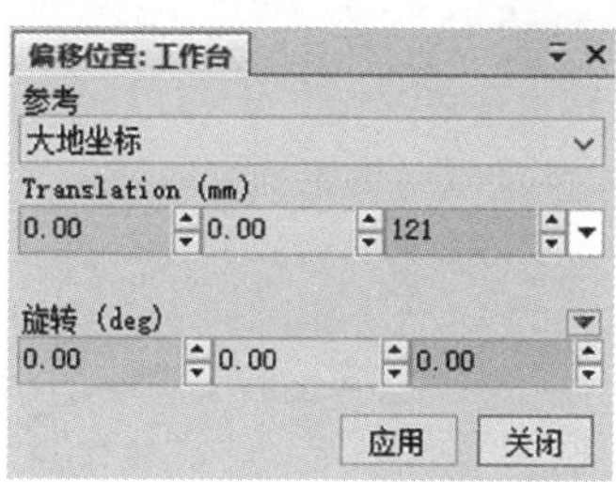	步骤 2：平移工作台 说明：将工作台向正上方平移 121 mm，使工作台放置于地面。 操作：右键单击工作台，选择“位置→偏移位置”即可进行偏移参数设置
	步骤 3：位置确认 说明：确认工作台的 3 号安装工位沿 X 轴方向且承重脚正好位于地面

在进行位置偏移时，“参考”是指偏移参考的坐标，可选大地坐标、父级、本地、UCS；“Translation”处所填值即为偏移值，三个值分别为对应参考坐标轴的 X、Y、Z 方向的偏移值，值为正表示向该轴正方向偏移，为负则表示沿该轴负方向；“旋转”处的值对应在偏移的同时绕 X、Y、Z 轴的旋转角度。在输入偏移值后视图中即可预览偏移效果，应用后偏移生效。

2)工业机器人

工业机器人是整个工作站的核心，工作台上设置了工业机器人安装位，因此需要将工业机器人安装于该位置上。工业机器人的布局操作步骤如表 3–5 所示。

表 3–5 工业机器人布局操作步骤

图片示例	步骤说明
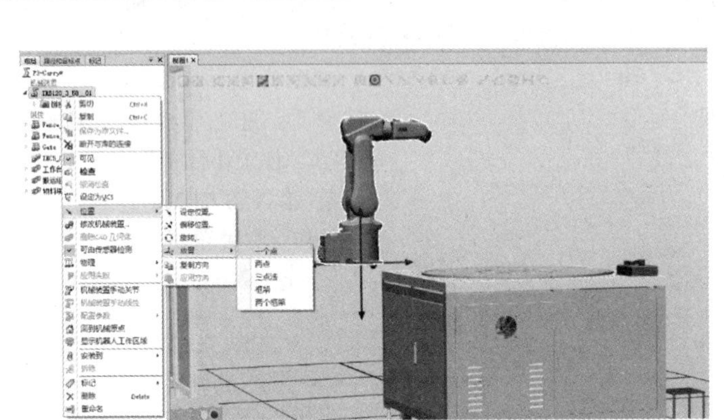	步骤 1：确认放置方法 说明：工业机器人与工作台朝向相同，且机器人底部与工作台上的机器人安装位平行，因此可以采用一点法放置。 操作：为了取点的方便，先将工业机器人向上方拖移一定位置，然后在布局列表中右键单击机器人，依次选择“位置→放置→一个点”
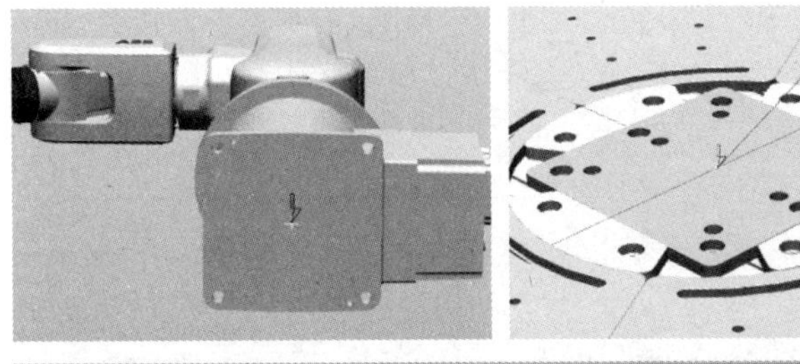 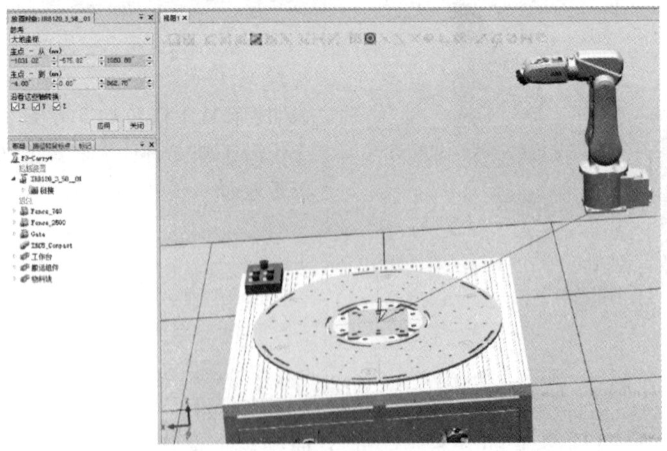	步骤 2：点位捕捉 说明：将工业机器人底部中心放置到工作台机器人安装位中心。 操作：在弹出的放置对象参数设置窗口中，“主点–从”捕捉机器人底部中心位置，“主点–到”捕捉工件台上机器人安装位置的中心，最后单击“应用”

续表3-5

图片示例	步骤说明
	步骤 3：位置确认 说明：确认工业机器人正确放置于工作台对应的机器人安装位，且朝向与工作台一致

3）搬运组件

搬运组件，即物料盘，是安装于工作台的实现搬运任务的功能组件，用于放置物料块。本项目中需要将物料块从一个物料盘搬运至另一物料盘，最后再搬回至初始物料盘，因此，需要放置两个物料盘，分别安装于工作台 2 号与 4 号安装工位，具体操作步骤如表 3-6 所示。

表 3-6　工作台布局操作步骤

图片示例	步骤说明
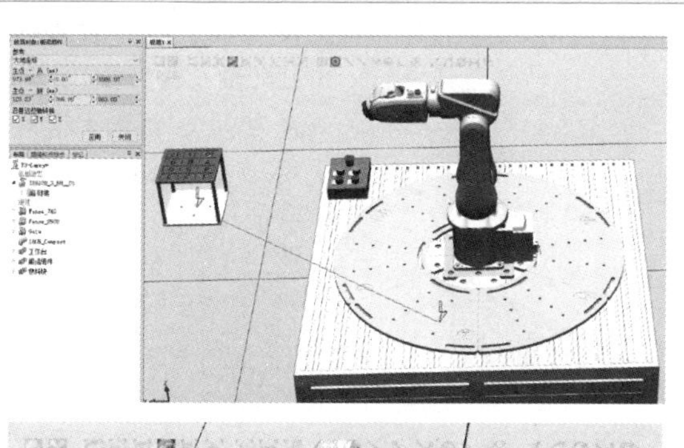 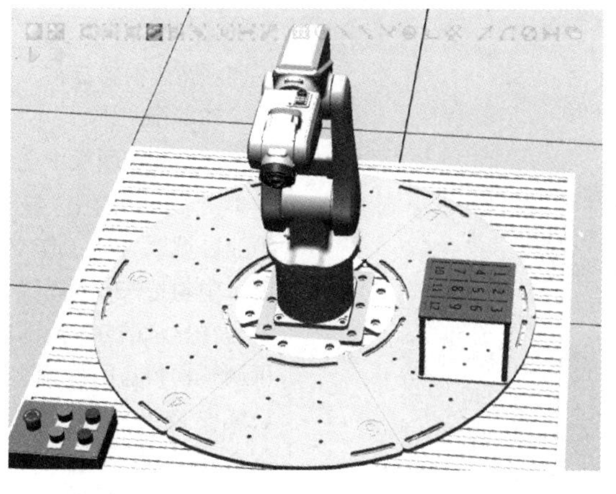	步骤 1：安装物料盘 1 说明：在工作台的 2 号工位安装一个物料盘。 操作：先将物料盘向上方拖移一定距离，然后采用一点法进行放置，“主点-从”设置为物料盘的底部中心，“主点-到”设置为工作台上 2 号工位某一安装孔的中心，确认无误后单击“应用”

续表3-6

图片示例	步骤说明 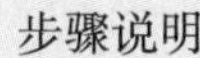
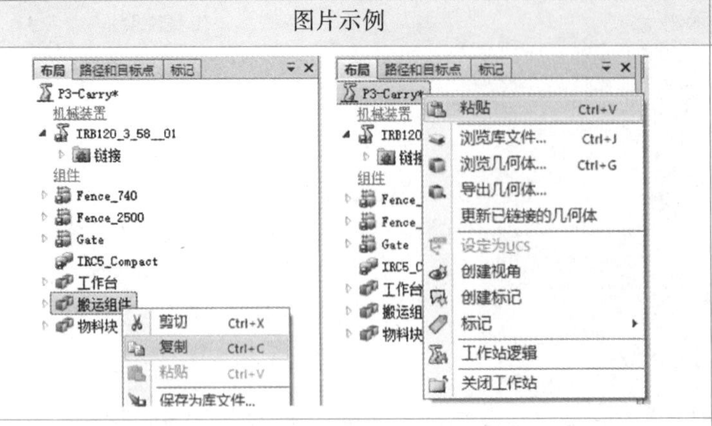	步骤 2：复制物料盘 说明：在工作台的 2 号工位复制并生成一个相同的物料盘。 操作：在布局列表中右键单击搬运组件，选择“复制”，然后在工作站名称处单击右键选择“粘贴”，此时会自动在相同位置生成一个名称为“搬运组件_2”的组件
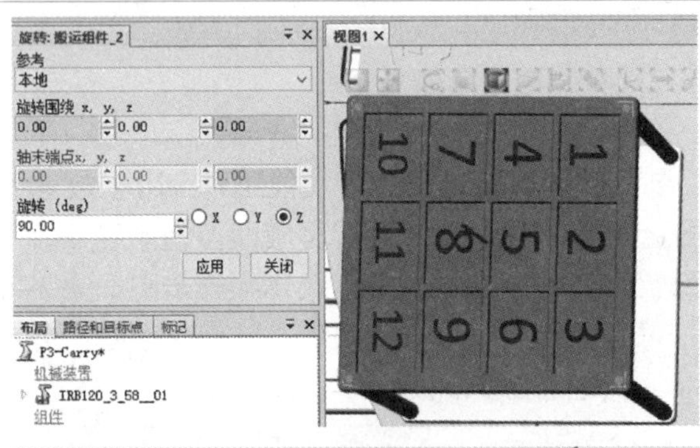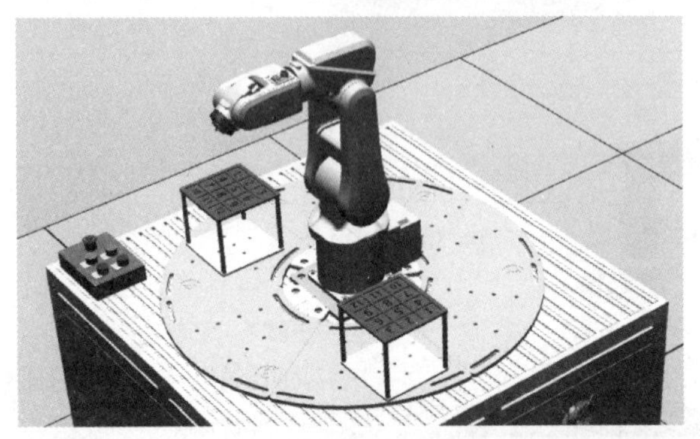	步骤 3：放置物料盘 2 说明：在工作台的 4 号工位安装一个物料盘并调整方向。 操作：选中“搬运组件_2”，拖移其 X 或 Y 坐标轴，将其移动至 4 号工位合适位置，然后右键单击“搬运组件_2”，选择“位置→旋转”，将“参考”设置为“本地”，旋转轴设置为“Z”，旋转角度设置为 90°，确认无误后单击“应用”，最终放置效果如左图(下)所示
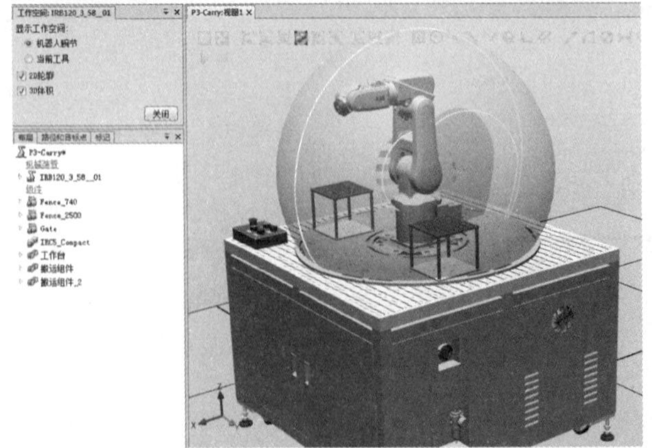	步骤 4：确认工作范围 说明：确认物料盘在工业机器人的工作范围之内。 操作：在布局面板中选中机器人并单击右键，选中“显示机器人工业区域”，在“工作空间”设置窗口中勾选“3D 体积”。如果物料盘在显示的 3D 范围内则无须再调整物料盘的位置。当然，在后续安装工具后其实际工作范围会有一定的变化

需要注意的是，在旋转操作时其旋转后的位置不仅取决于旋转轴与旋转角度，还与参考坐标有关，其可选参考坐标包括大地坐标、父级、本地、UCS、用户自定义。默认情况下，父级、UCS 与大地坐标相同，大地坐标原点在地面中心位置，坐标方向与视图左下角坐标系指向相同；本地则是指每个组件的本地坐标，当某一个组件被选中时，该组件会高亮并显示一个坐标系，该坐标系即为其本地坐标，选中该坐标系的某个坐标轴并移动即可拖移该组件。

扫码观看物料块、安全护栏与控制柜布局操作视频

4）物料块

物料块是搬运任务的操作对象，本项目中，物料盘共有 12 个物料位，任务要求将物料块从左侧（4 号工位）物料盘搬运至右侧（2 号工位）物料盘，因此，需要在左侧物料盘上的每一个物料位放置一个物料块。

由于物料块较多，一个一个放置会比较烦琐，观察物料盘布局可知，物料位置呈矩阵分布，4 行 3 列，因此可以先完成一个物料块放置，然后再复制和偏移。物料块的尺寸已知（长 55 mm，宽 40 mm），且物料位的尺寸与物料块相同，每个物料之间的间隔可以通过测量工具测得。物料盘放置物料块具体思路如图 3-4 所示。

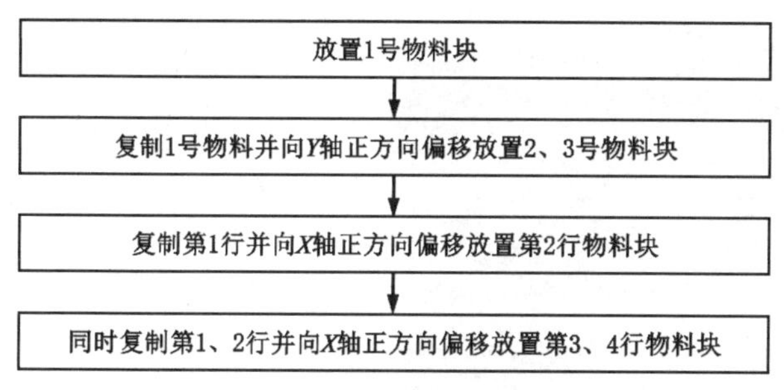

图 3-4　物料盘放置物料块基本思路

物料块布局具体操作步骤如表 3-7 所示。

表 3-7　物料块布局操作步骤

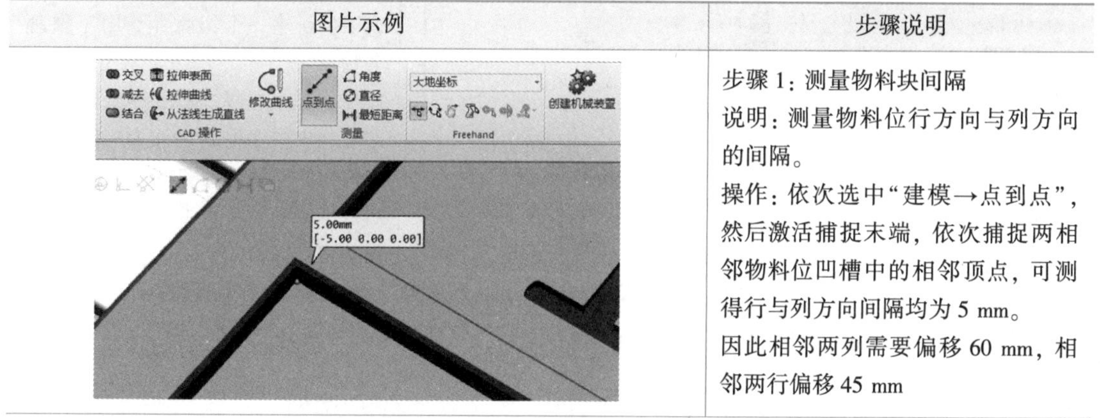

图片示例	步骤说明
5.00mm [-5.00 0.00 0.00]	步骤 1：测量物料块间隔 说明：测量物料位行方向与列方向的间隔。 操作：依次选中“建模→点到点”，然后激活捕捉末端，依次捕捉两相邻物料位凹槽中的相邻顶点，可测得行与列方向间隔均为 5 mm。 因此相邻两列需要偏移 60 mm，相邻两行偏移 45 mm

续表3-7

<table>
<tr><th>图片示例</th><th>步骤说明</th></tr>
<tr><td>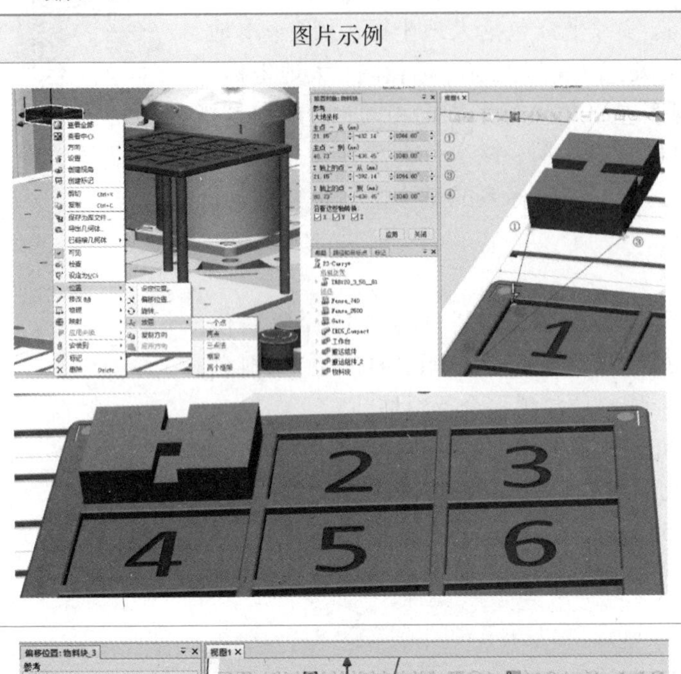
</td><td>步骤 2：放置第 1 块物料
说明：将已经创建好的物料块放置于左侧物料盘的 1 号位置。
由于创建的物料块与物料位的朝向相互垂直，可采用两点法放置。
操作：将物料块拖移至物料盘上方适当位置，右击物料块，依次选择“位置→放置→两点”。激活捕捉末端，按如左图所示依次捕捉点位，确认无误后单击“应用”</td></tr>
<tr><td>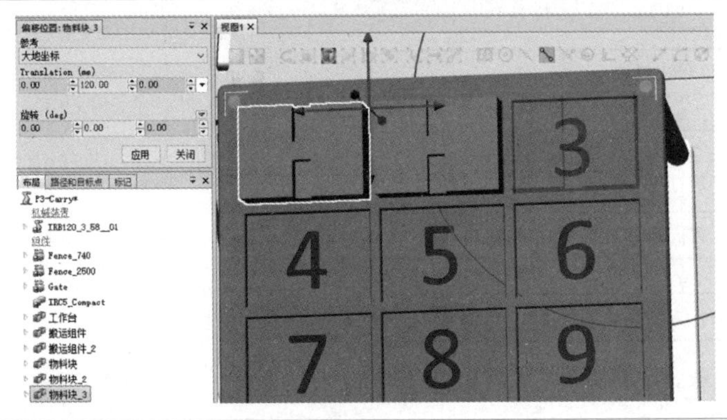
</td><td>步骤 3：放置第 2、3 块物料
说明：将 1 号位物料块复制两次，并分别向 Y 轴正方向偏移 60 mm 与 120 mm，完成第一行物料块的放置</td></tr>
<tr><td>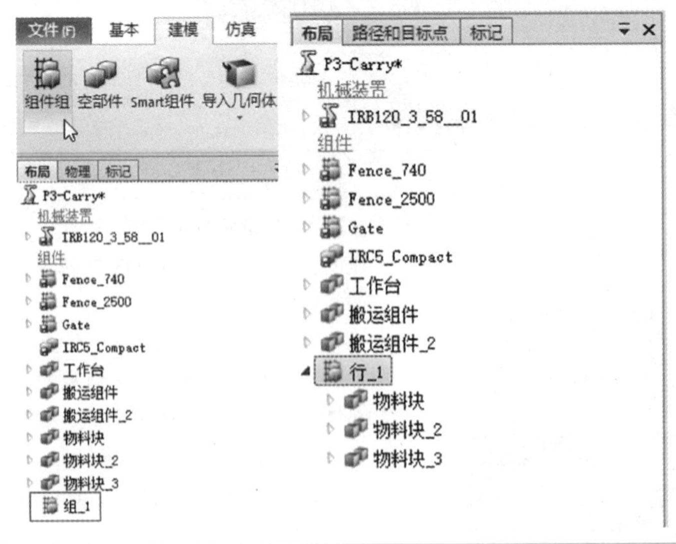
</td><td>步骤 4：创建组件组
说明：创建一个组件组，用于整理各物料块。
操作：依次选择“建模→组件组”，布局列表中会生成名称为“组_1”的组件组，将其重命名为“行_1”，然后选中第一行 3 个物料块并拖放至该组中</td></tr>
</table>

续表3-7

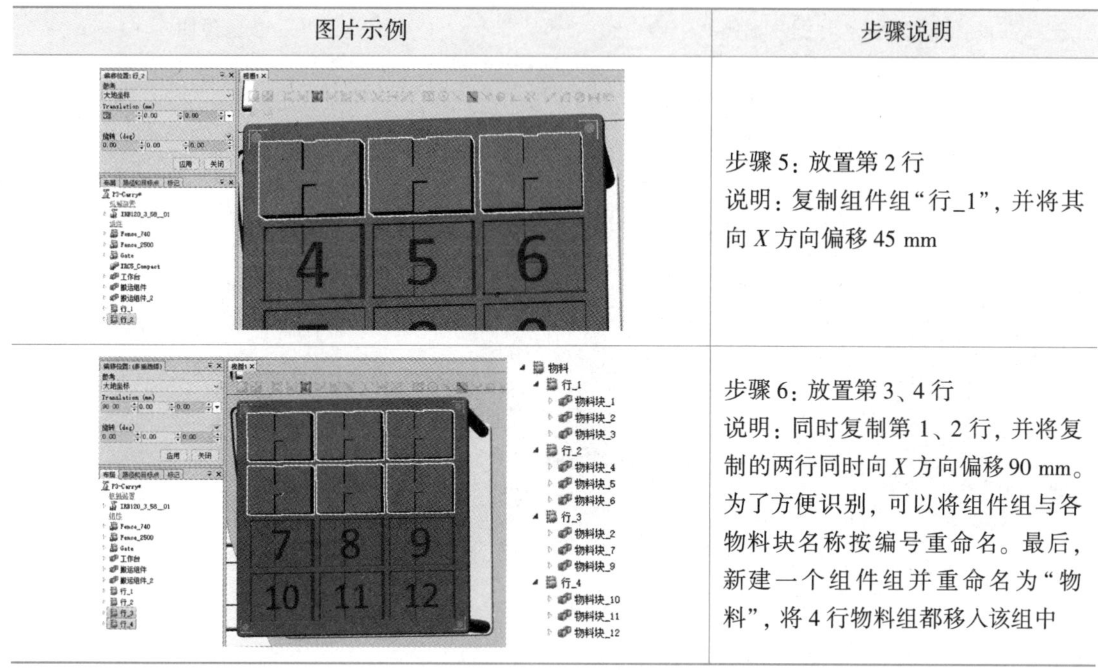

图片示例	步骤说明
	步骤5：放置第2行 说明：复制组件组“行_1”，并将其向 X 方向偏移45 mm
	步骤6：放置第3、4行 说明：同时复制第1、2行，并将复制的两行同时向 X 方向偏移90 mm。为了方便识别，可以将组件组与各物料块名称按编号重命名。最后，新建一个组件组并重命名为“物料”，将4行物料组都移入该组中

5）安全护栏与控制柜

在实际应用中，工业机器人工作时运行速度非常快，容易对靠近的人员造成人身伤害，因此，通常需要设置安全护栏与安全光栅等安全防护装置，将人员隔离在工业机器人的工作范围之外。此外，控制柜是工业机器人的重要组成部分，可以在工作站合适位置布局工业机器人控制柜，但是，控制柜模型的有无并不影响后续系统的创建。安全护栏与控制柜设置步骤如表3-8所示。

表3-8　安全护栏与控制柜布局操作步骤

图片示例	步骤说明
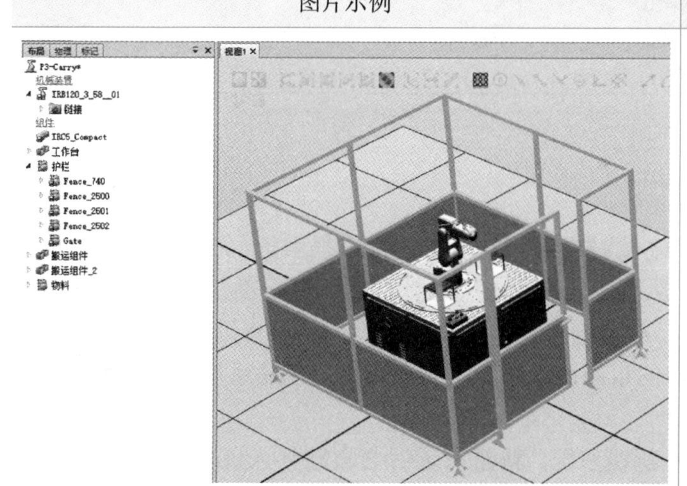	步骤1：布局安全护栏 说明：在工作站四周设置安全护栏，设置合理即可。 操作：将“Fence_2500”组件放置于工作台后方合适位置，并复制两个“Fence_2500”组件分别设置于工作台左右两侧，然后将“Gate”“Fence_740”两个组件分别设置于工作站前方。最后，新建一个组件组并重命名为“护栏”，将安全护栏的所有组件移动至该组中，并根据实际情况整体移动“护栏”，使工作台置于护栏所围区域中间位置

续表3-8

图片示例	步骤说明
	步骤 2：设置控制柜 说明：将控制柜(IRC5_Compact)拖移至安全护栏外合适位置
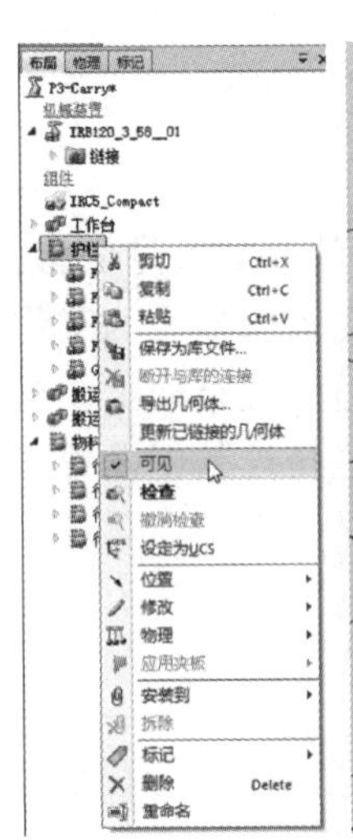 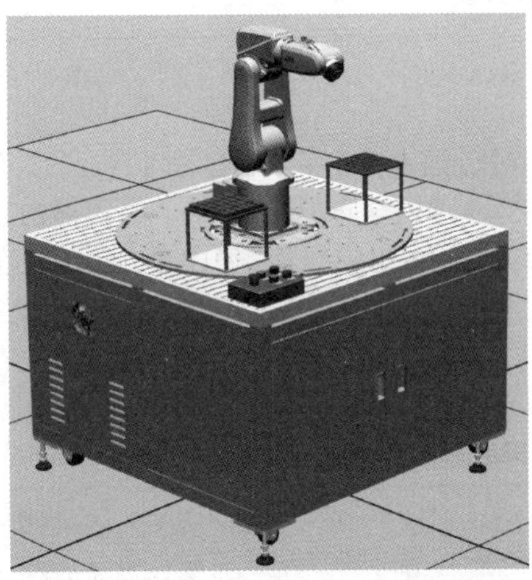	步骤 3：设置护栏与控制柜不可见 说明：为了后续操作的方便，将护栏与控制柜等装置设置为不可见，完成程序调试后再将其设置为可见。 操作：在布局列表中右键单击“护栏”，取消“可见”的选中状态，视图中护栏即会隐藏，同样的方法设置控制柜。当需要显示这些装置时，勾选“可见”即可

3.1.4 系统创建

在完成工业机器人工作站布局后，此时机器人并不能直接编程运行，还需要为工业机器人创建系统，为其建立虚拟控制器，从而让其具备电气属性。为机器人创建系统的方法有三种，分别为“从布局”“新建系统”“已有系统”。

①“从布局”创建系统：根据当前的布局创建系统。完成布局后创建系统通常使用这种方法，这也是比较常用的方法。

②“新建系统”：选择机器人型号新建系统，新建系统后会自动导入该机器人到系统中，也可以从已有备份创建系统。

③“已有系统”：添加现有的系统到工作站中。

本项目已经完成了工作站布局，因此，选用“从布局”创建系统，具体操作步骤如表 3-9 所示。

表 3-9 从布局创建系统操作步骤

图片示例	步骤说明
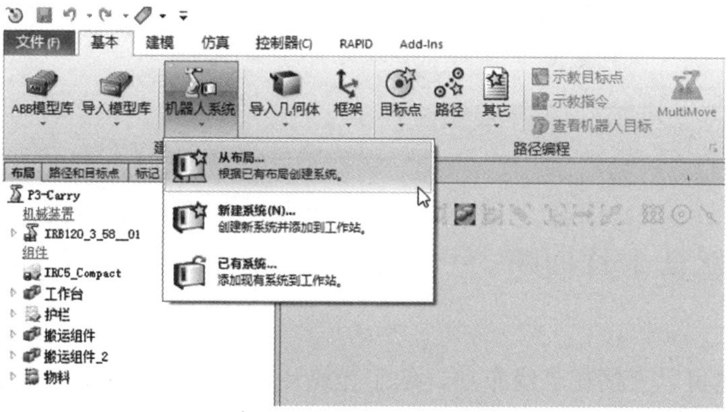	步骤 1：选择系统创建方式 说明：选择“从布局”创建系统，开启系统创建向导。 操作：依次选择“基本→机器人系统→从布局”
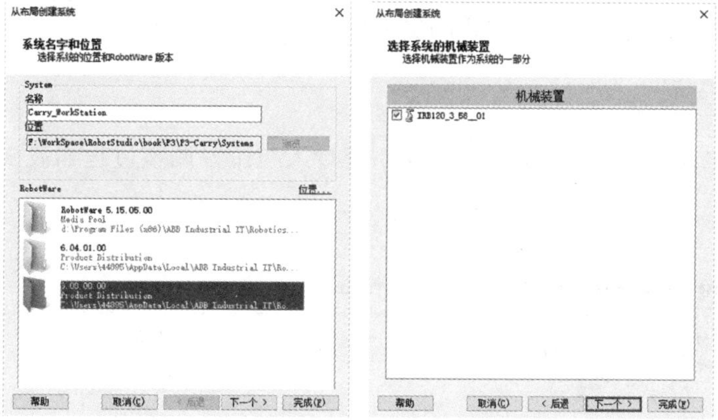	步骤 2：设置系统参数 说明：设置好系统名称、位置、RobotWare 版本、机械装置。 操作：在弹出的“从布局创建系统”对话框中设置系统名称为“Carry_WorkStation”，选择保存位置，当有多个版本的 RobotWare 时选择所需的版本，单击“下一个”，机械装置选择默认值，单击“下一个”
	步骤 3：设置系统选项 说明：将系统语言设置为“中文”，通信方式设置为工业网络“709-1 DeviceNet Master/Slave”。 操作：单击“选项”，在弹出的“更改选项”对话框中选择“类别”中的“Default Language”，勾选“Chinese”并取消勾选“English”；在“类别”中选择“Industrial NetWorks”，勾选“709 - 1 DeviceNet Master/Slave”，最后单击“确定”，在“概况”信息栏中确认系统参数无误后单击“完成”

续表3-9

图片示例	步骤说明
控制器状态 控制器 状态 模式 工作站控制器 Carry_WorkStation 已启动 自动(&A) MoveL * v1000 z100 tool0 \WObj:=wobj0 控制器状态: 1/1	步骤 4：系统创建完成 说明：当控制器状态显示绿色，且状态为“已启动”，表示系统创建完成并且已经正常工作

扫码观看夹具工具创建操作视频

任务 2 夹具工具创建

夹具的创建可以直接在已经布局好的工作站中创建，也可以新建空工作站后创建，然后保存为库文件并导入已经完成布局的工作站中。本任务采用第二种方式，新建名称为“jiaju”的空工作站。

扫码下载夹具模型

3.2.1 夹爪安装

夹具模型包含夹具座与夹爪两个部分，其导入与位置调整过程如表 3-10 所示。

表 3-10 夹具模型导入与夹爪安装操作步骤

图片示例	步骤说明
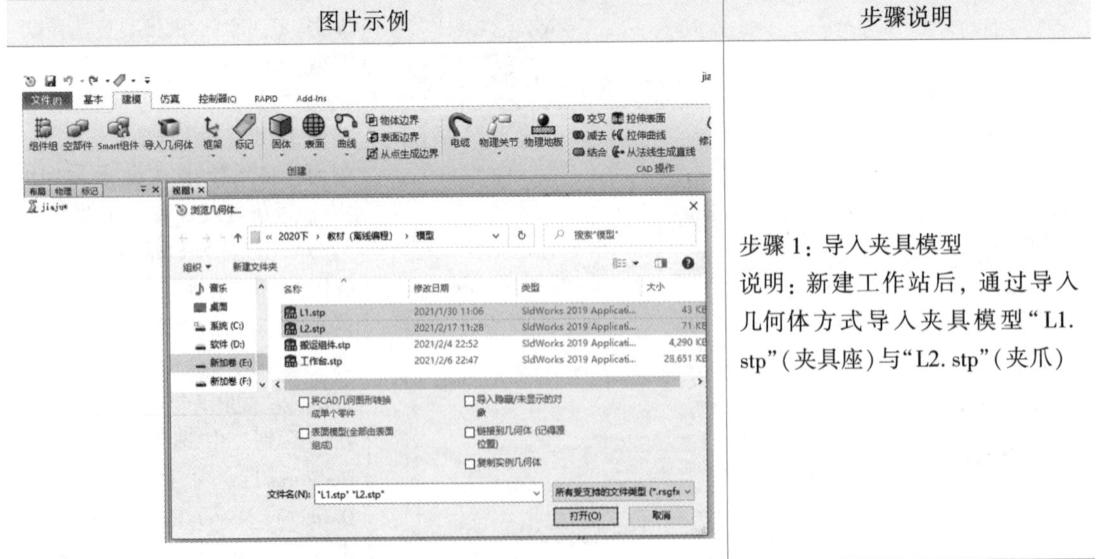	步骤 1：导入夹具模型 说明：新建工作站后，通过导入几何体方式导入夹具模型“L1. stp”(夹具座)与“L2. stp”(夹爪)

续表3-10

图片示例	步骤说明
	步骤 2：设置本地原点 说明：工具安装时是将工具的本地坐标与机器人法兰盘的 Tool0 坐标重合，且创建工具时，系统会自动将大地坐标原点设置为工具的本地坐标原点，因此，需要将夹具安装法兰中心位置放置于大地坐标原点。本任务中，由于夹具座的本地坐标原点已经在安装法兰中心，导入后即会与大地坐标重合，因此无须再进行设置，保持夹具座不移动即可
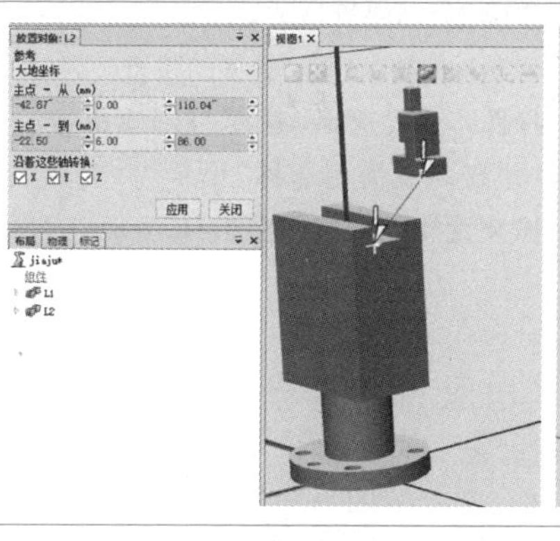 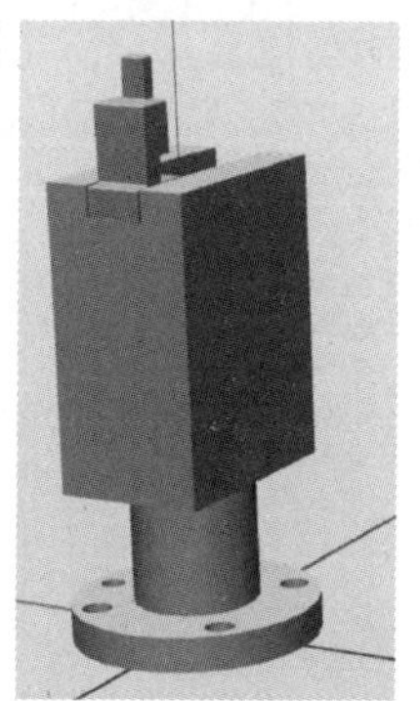	步骤 3：安装夹爪 1 说明：保持夹具座在大地坐标原点不动，拖移与旋转夹爪，使夹爪安装部位与夹具座上的安装槽平行，并通过一点法放置夹爪。由于安装槽比夹爪安装部位宽 1 mm，因此需要向中间偏移 0.5 mm
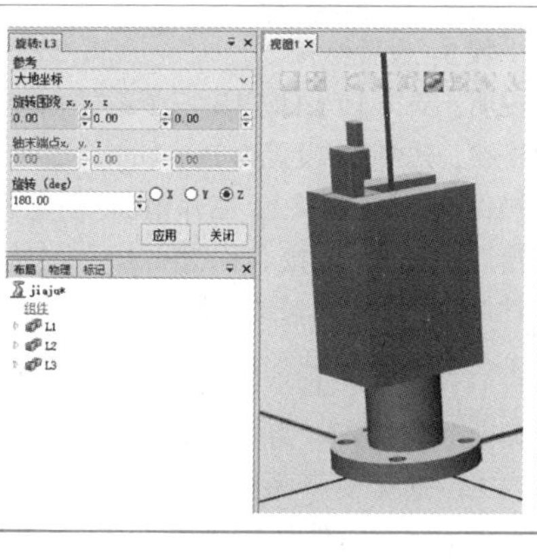 	步骤 4：安装夹爪 2 说明：复制已经放置好的夹爪，并重命名为“L3”，将其绕 Z 轴旋转 180°

3.2.2　机械装置（工具）创建

工具具备运动关节后才能完成夹紧、松开等动作，前述操作中只是将独立的夹爪安装在了夹具座上，但并不具备运动关节，因此，需要通过创建类型为工具的机械装置，为其设置运动关节与动态姿态，并创建工具数据。机械装置(工具)创建过程如表 3-11 所示。

表 3-11　机械装置(工具)操作步骤

图片示例	步骤说明
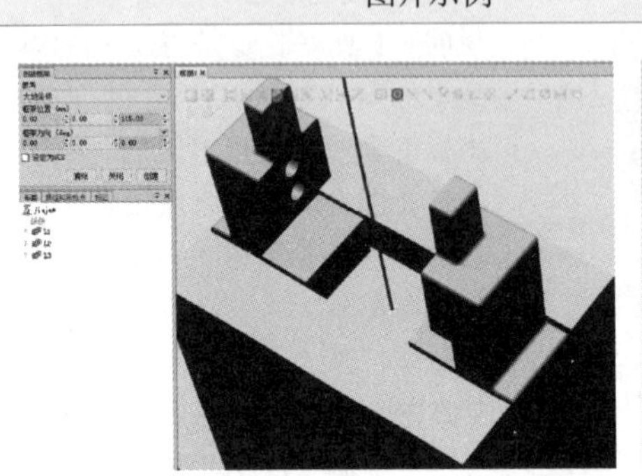 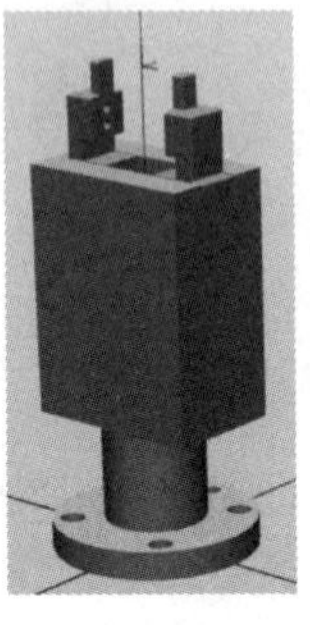	步骤 1：设置工具坐标框架 说明：在两个夹爪的顶端中心位置创建坐标框架，用于创建工具数据。 操作：依次选择“基本→框架→创建框架”，框架位置捕捉夹具座凹槽中心，由于夹爪高 29 mm，所以将捕捉到的位置数据(0，0，86)的 Z 轴加 29，框架方向不修改，确认无误后单击“创建”
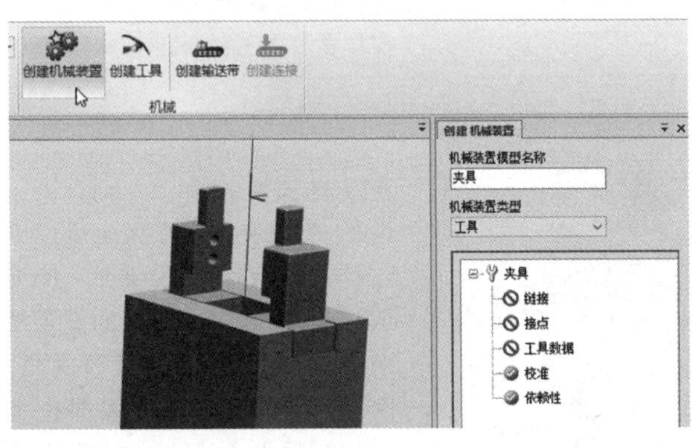	步骤 2：创建机械装置 说明：创建“工具”类型的机械装置。 操作：依次选择“建模→创建机械装置”，“机械装置模型名称”设置为“夹具”，“机械装置类型”设置为“工具”
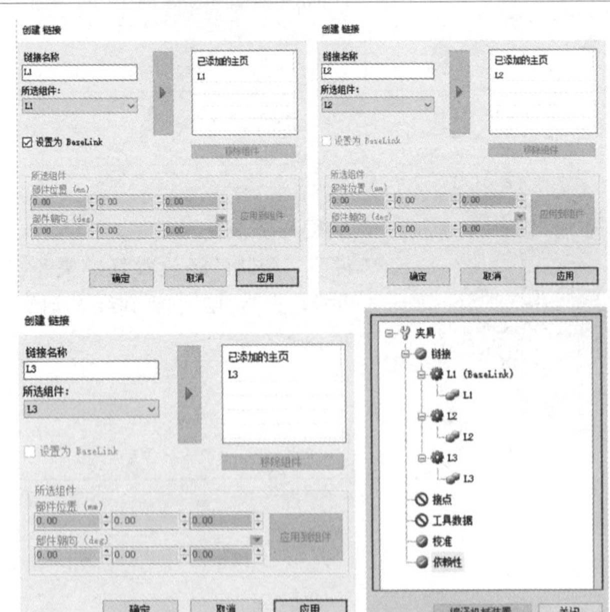	步骤 3：设置链接 说明：基于 L1、L2、L3 三个组件创建三个链接，其中 L1 设置为 BaseLink。 操作：双击“链接”，在弹出的“创建链接”窗口中设置“链接名称”为“L1”，“所选组件”选择“L1”并勾选“设置为 BaseLink”，单击右三角按钮，然后单击“应用”；接着修改“链接名称”为“L2”，“所选组件”选择“L2”，单击右三角按钮，单击“应用”；同样的方式将组件“L3”设置为链接“L3”，最后单击“确定”关闭窗口

续表3-11

图片示例	步骤说明
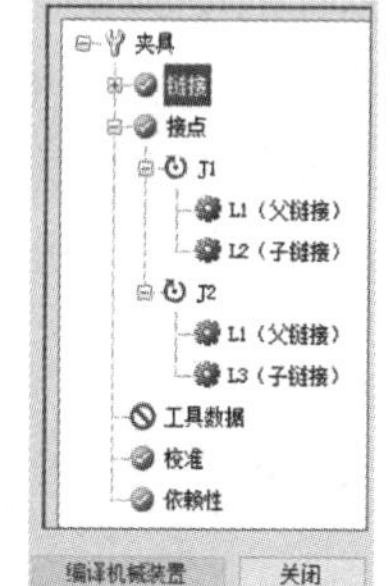	步骤 4：设置接点 说明：接点用于连接各链接，相当于关节，通过设置接点，使两个夹爪在夹具座凹槽中往复移动，实现夹紧和释放动作。 操作：双击“接点”，在弹出的“创建接点”对话框中，“关节名称”设置为“J1”，“关节类型”选择“往复的”，“父链接”与“子链接”分别为“L1”“L2”，“关节轴”第二个位置的 *X* 值设置为“1”，“关节限值”中最小限值设为“0”，最大限值设为“7. 5”，此时，可以拖动“操纵杆”预览夹爪的动作效果，确认无误后单击“应用”，同样的方式设置关节“J2”，参数如左图所示
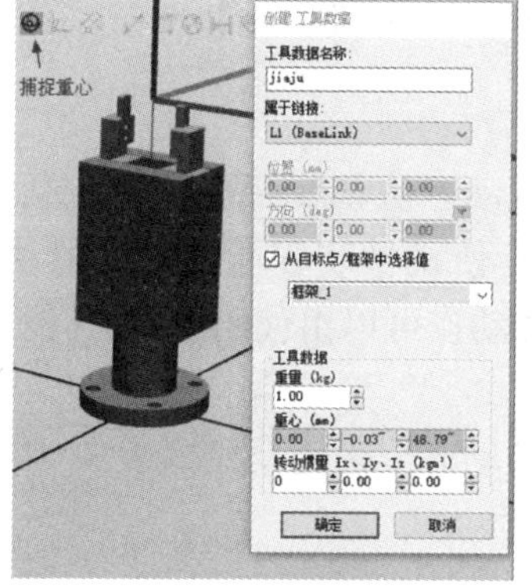 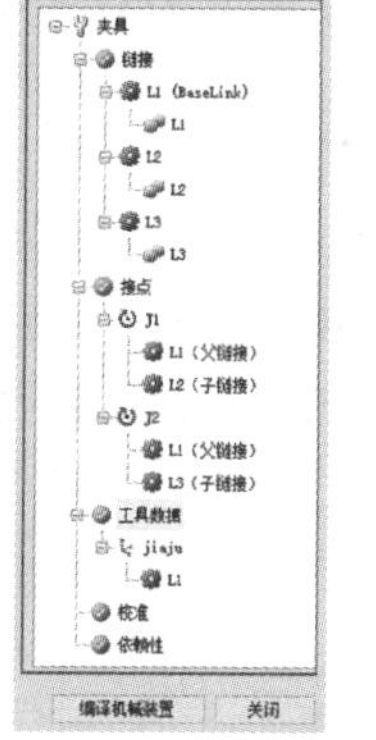	步骤 5：设置工具数据 说明：创建夹具的工具坐标数据。 操作：双击“工具数据”，在弹出的“创建工具数据”窗口中，设置“工具数据名称”为“夹具”，“属于链接”设置为“L1”，“位置”从框架中获取，勾选“从目标点/框架中选择值”，将光标定位到输入框中后，在布局列表中选择步骤 1 中创建好的框架，“重心”可以捕捉“L1”的重心，重量与转动惯量不修改，确认无误后单击“确定”
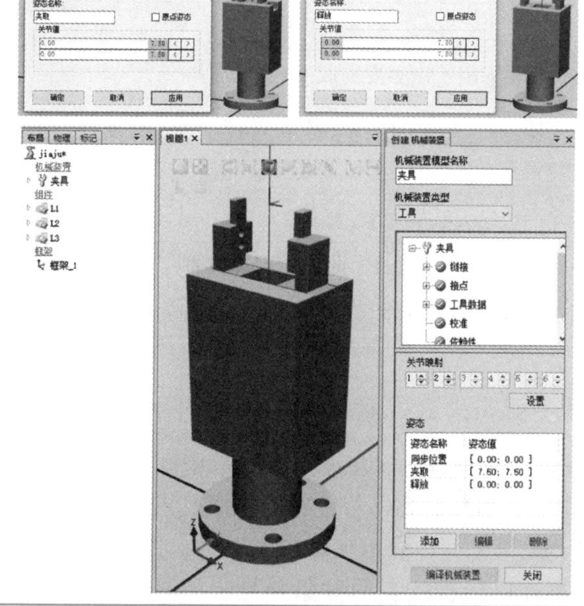	步骤 6：编译机械装置并添加姿态 说明：当前述步骤操作完成后，“编译机械装置”按钮会激活，编译机械装置后再设置“夹取”与“释放”两个姿态。 操作：单击“编译机械装置”，此时布局列表中会出现名称为“夹具”的工具；单击“姿态”下方的“添加”，在弹出的“创建姿态”对话框中，设置“姿态名称”为“夹取”，“关节值”均设置为“7. 5”，单击“应用”；然后设置“释放”姿态，“关节值”均为“0”，设置完成后，在“姿态”窗口中选中设置好的姿态，视图中即可看到姿态的效果。此外，也可以通过“手动关节”或“机械装置手动关节”控制两个夹爪单独运动。 注意：为了避免几何体模型对查看姿态效果的影响，可以将组件“L1”“L2”“L3”设置为不可见或删除

注意：工具的安装原理为工具的本地坐标系与机器人法兰盘坐标系Tool0重合，工具的工具坐标系框架作为机器人的工具坐标系。在创建工具时，系统会默认将大地坐标原点设定为工具的本地坐标原点，因此，为确保创建好的工具能正确安装到机器人第6轴中心，在创建工具前通常还需要设置其本地原点，即将工具的安装法兰中心放置于大地坐标原点，且保持正确姿态。由于夹具安装座的本地坐标原点已经在安装法兰位置的中心，且导入后未移动其位置，即保持夹具的安装法兰中心与本地坐标原点重合，因此工具创建完成后其本地坐标原点正好在工具安装法兰的中心。

扫码观看夹具动态属性创建的操作视频

任务3 夹具动态属性创建

夹具机械装置创建完成后，其已经具有两个活动关节，能实现“夹取”与“释放”动作，但是其并不能真正夹取东西。夹具夹取和释放的动态仿真效果是实现搬运任务的关键步骤，其仿真效果的实现要基于Smart组件。

3.3.1 Smart组件介绍

Smart组件是RobotStudio仿真软件实现动态仿真效果的重要工具，通过该组件可以对机械装置、工具等进行控制，使机械装置与工具实现动态传送、拾取与释放物料等动态效果，且该组件动作可以由代码或/和其他Smart组件控制执行。

基于Smart组件创建夹具夹取与释放的动态属性需要用到表3-12所示子对象组件。

表3-12 创建动态夹具需用到的Smart组件的子对象组件

子对象组件	作用
LineSenSor	线传感器：用于检测要夹取的对象
PoseMover	姿态移动：机械装置关节运动到一个已定义的姿态
Attacher	安装一个对象：将子对象安装到父对象(夹取)
Detacher	拆除一个已安装的对象(释放)
LogicGate	逻辑信号(包括与或非，此处使用逻辑非)
LogicSRLatch	固定信号(夹具夹取对象后在释放前保持夹取状态)

3.3.2 利用Smart组件创建夹具动态属性

Smart组件创建的夹具的工作原理为：在夹具的夹爪中间安装一个传感器，当夹具执行夹取操作时，开启传感器，若传感器检测到夹爪中间有可拾取对象，则将该对象安装于夹具上，并输出夹取成功信号，用于程序控制；当夹具执行释放操作时则拆除已经被安装的对象并复位夹取成功信号。由于传感器需要安装于“夹具”上，夹具在工作时可能会被传感器检测，而传感器只能检测一个对象，因此为了避免传感器检测到夹具而不能正常识别夹取对象，需要将“夹具”设置为不可被传感器检测。利用 Smart 组件创建夹具动态属性的操作如表 3-13 所示。

表 3-13　利用 Smart 组件创建夹具动态属性的操作步骤

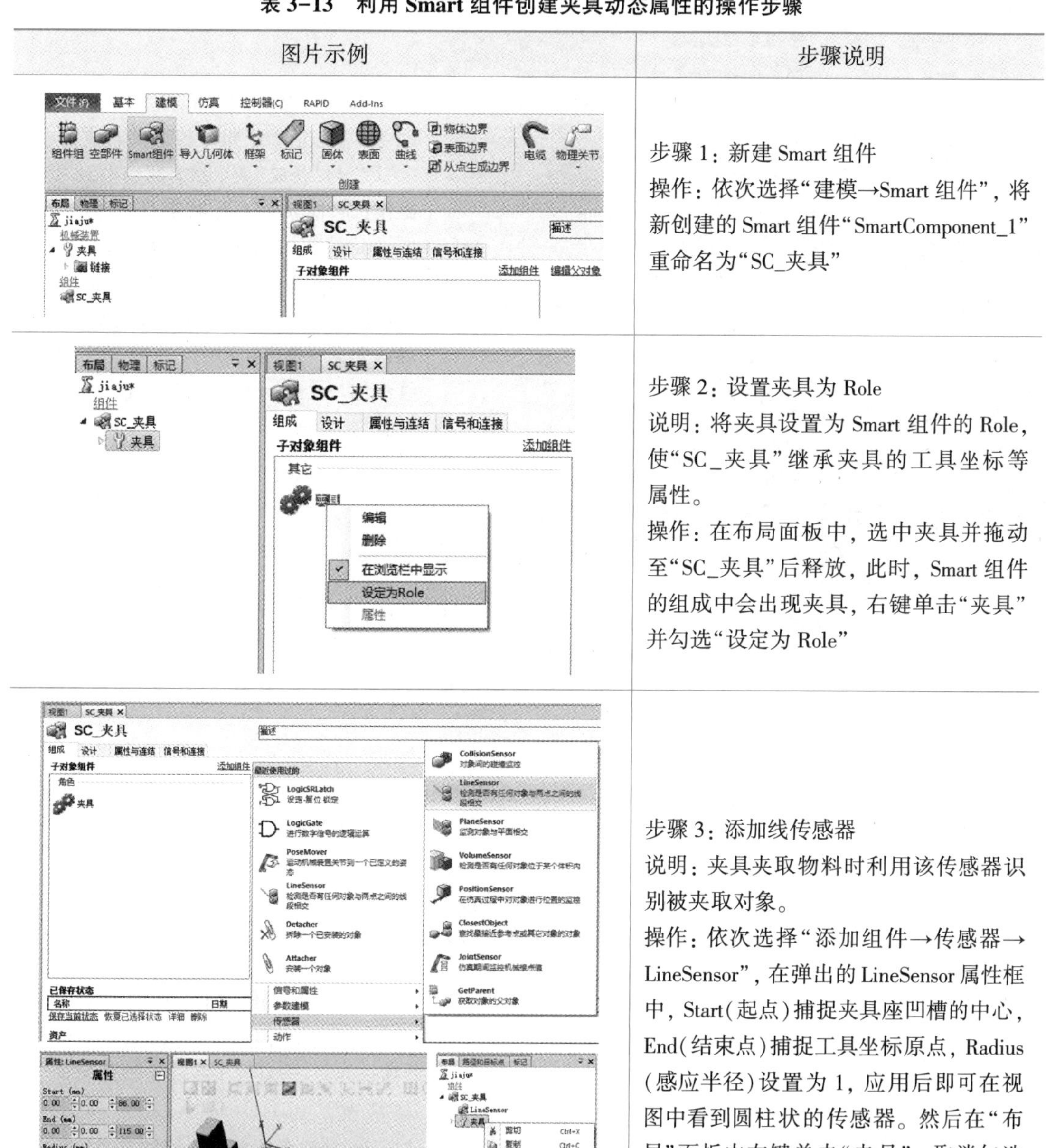

图片示例	步骤说明
	步骤 1：新建 Smart 组件 操作：依次选择“建模→Smart 组件”，将新创建的 Smart 组件“SmartComponent_1”重命名为“SC_夹具”
	步骤 2：设置夹具为 Role 说明：将夹具设置为 Smart 组件的 Role，使“SC_夹具”继承夹具的工具坐标等属性。 操作：在布局面板中，选中夹具并拖动至“SC_夹具”后释放，此时，Smart 组件的组成中会出现夹具，右键单击“夹具”并勾选“设定为 Role”
	步骤 3：添加线传感器 说明：夹具夹取物料时利用该传感器识别被夹取对象。 操作：依次选择“添加组件→传感器→LineSensor”，在弹出的 LineSensor 属性框中，Start（起点）捕捉夹具座凹槽的中心，End（结束点）捕捉工具坐标原点，Radius（感应半径）设置为 1，应用后即可在视图中看到圆柱状的传感器。然后在“布局”面板中右键单击“夹具”，取消勾选“可由传感器检测”

续表3-13

图片示例	步骤说明
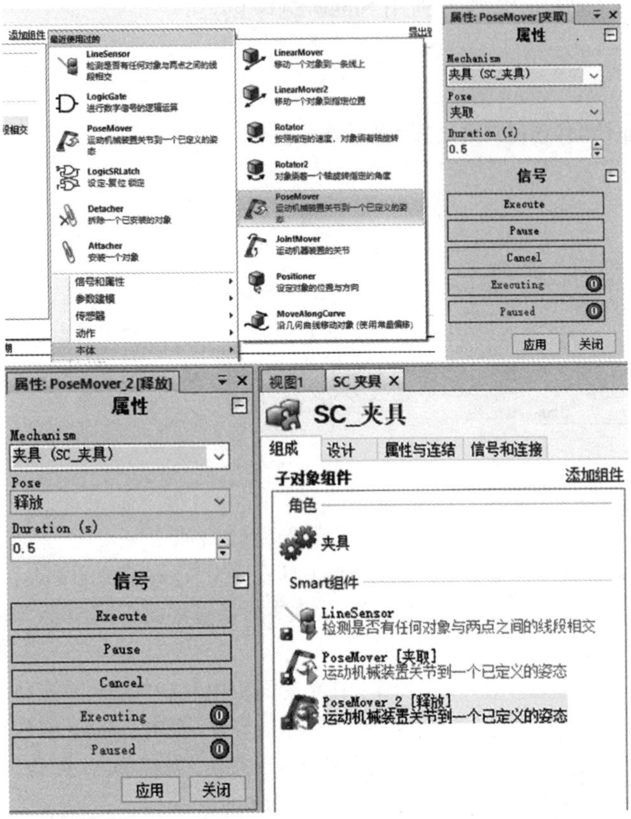	步骤 4：添加姿态运动子组件 说明：姿态运动子组件控制夹具夹爪在“夹取”与“释放”两个状态间切换。 操作：依次选择“添加组件→本体→PoseMover”，在弹出的 PoseMover 属性框中，“Mechanism”选择“夹具”，“Pose”选择“夹取”，“Duration(s)”设置为 0.5，确认无误后单击“应用”；同样的方法继续添加一个 PoseMover 子组件，“Pose”设置为“释放”
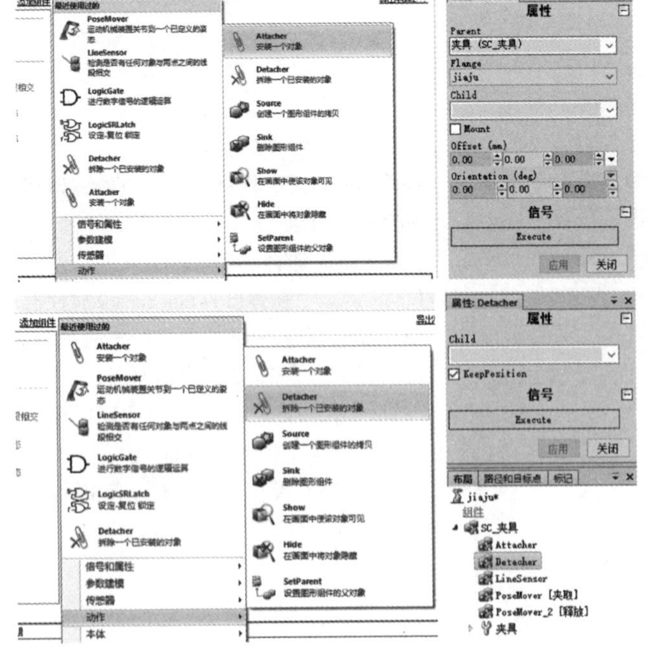	步骤 5：添加安装与拆除子组件 说明：夹具夹取物料实际是将物料安装于夹具上，释放物料则为拆除。 操作：依次选择“添加组件→动作→Attacher”，在弹出的 Attacher 属性框中，“Parent”选择“夹具”，“Flange”自动填充“jiaju”，然后单击“应用”；接着依次选择“添加组件→动作→Detacher”添加“Detacher”子组件，Detacher 组件属性无须修改，Attacher 与 Detacher 组件中“Child”属性是安装与拆除的对象，其值通过属性连接设置

续表3-13

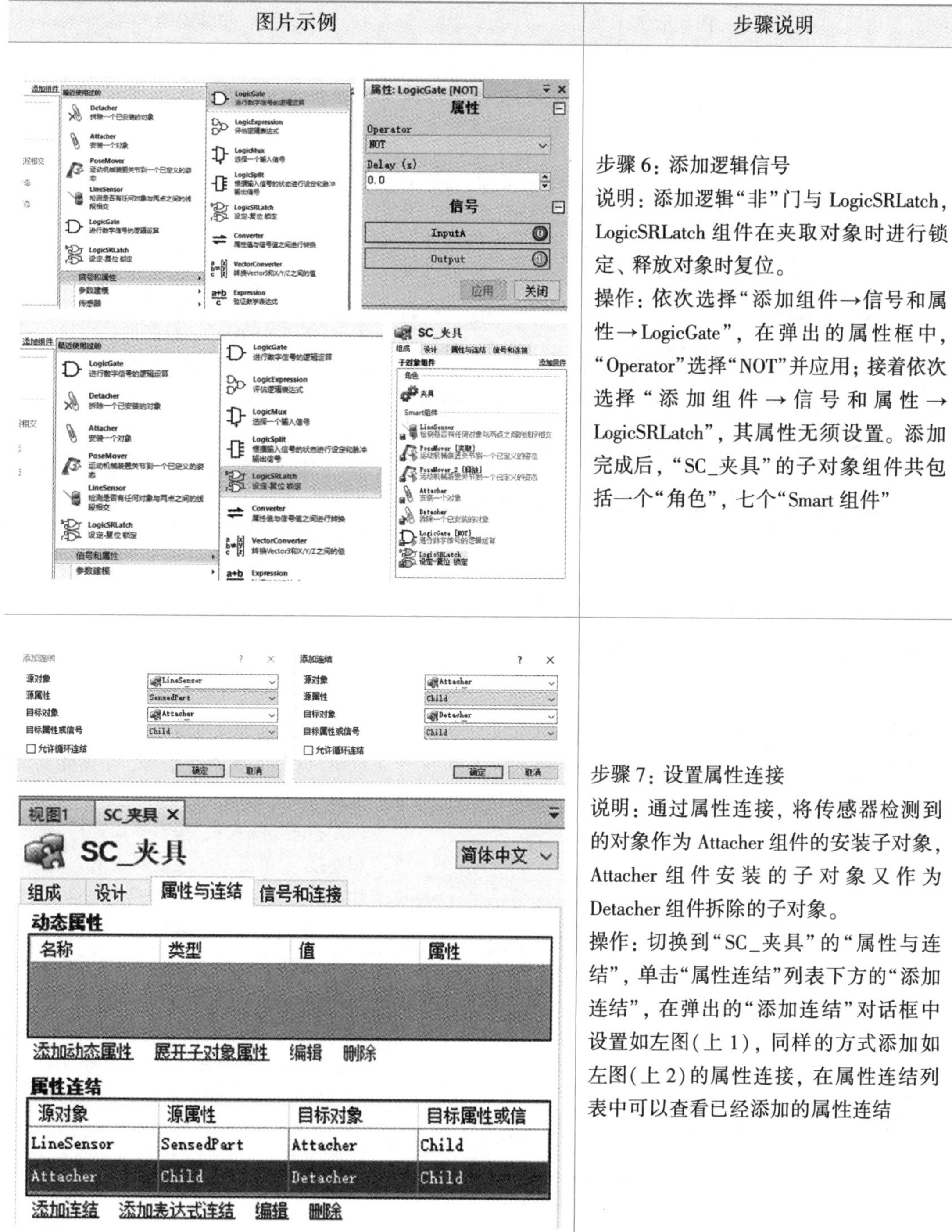

图片示例	步骤说明
	步骤6：添加逻辑信号 说明：添加逻辑“非”门与LogicSRLatch，LogicSRLatch组件在夹取对象时进行锁定、释放对象时复位。 操作：依次选择“添加组件→信号和属性→LogicGate”，在弹出的属性框中，“Operator”选择“NOT”并应用；接着依次选择“添加组件→信号和属性→LogicSRLatch”，其属性无须设置。添加完成后，“SC_夹具”的子对象组件共包括一个“角色”，七个“Smart组件”
	步骤7：设置属性连接 说明：通过属性连接，将传感器检测到的对象作为Attacher组件的安装子对象，Attacher组件安装的子对象又作为Detacher组件拆除的子对象。 操作：切换到“SC_夹具”的“属性与连结”，单击“属性连结”列表下方的“添加连结”，在弹出的“添加连结”对话框中设置如左图(上1)，同样的方式添加如左图(上2)的属性连接，在属性连结列表中可以查看已经添加的属性连结

续表3-13

<table>
<tr><th>图片示例</th><th>步骤说明</th></tr>
<tr><td>
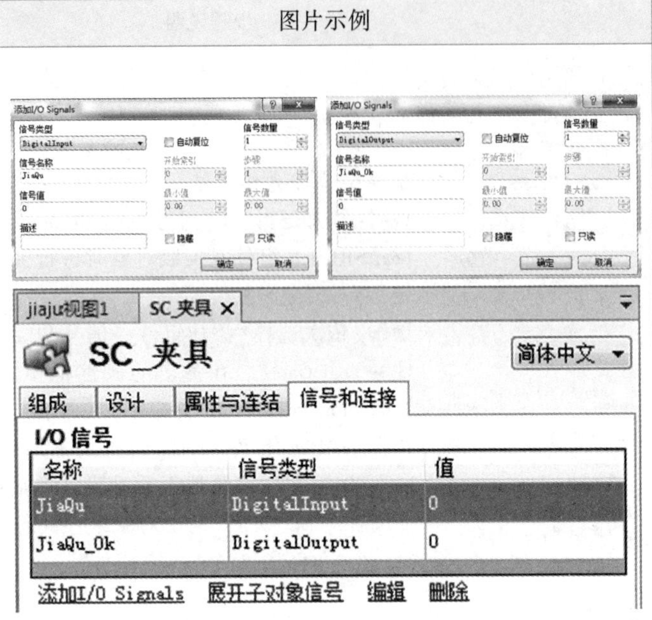

</td><td>步骤 8：添加 I/O 信号
说明：添加控制夹具和显示夹具状态的 I/O 信号。
操作：在“SC_夹具”编辑界面选择“信号和连接”，单击 I/O 信号列表下方的“添加 I/O Signals”，在弹出的对话框中，“信号类型”选择“DigitalInput”，“信号名称”输入“JiaQu”，如左图(上 1)，确认无误后单击“确定”；相同的方式添加名称为“JiaQu _ Ok”、类型为“DigitalOutput”的信号，如左图(上 2)所示，I/O 信号列表中可以查看已经添加的信号，如左图(下)所示，各信号的作用如表 3-14 所示</td></tr>
<tr><td>
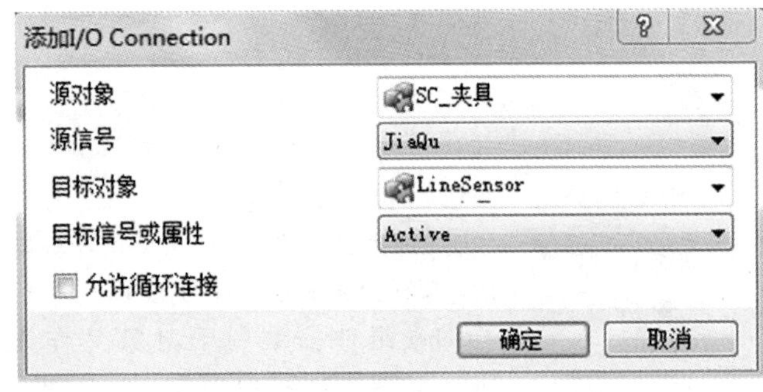

I/O连接
<table>
<tr><th>源对象</th><th>源信号</th><th>目标对象</th><th>目标信号或属性</th></tr>
<tr><td>SC_夹具</td><td>JiaQu</td><td>LineSensor</td><td>Active</td></tr>
<tr><td>SC_夹具</td><td>JiaQu</td><td>PoseMover [夹取]</td><td>Execute</td></tr>
<tr><td>LineSensor</td><td>SensorOut</td><td>Attacher</td><td>Execute</td></tr>
<tr><td>Attacher</td><td>Executed</td><td>LogicSRLatch</td><td>Set</td></tr>
<tr><td>LogicSRLatch</td><td>Output</td><td>SC_夹具</td><td>JiaQu_Ok</td></tr>
<tr><td>SC_夹具</td><td>JiaQu</td><td>LogicGate [NOT]</td><td>InputA</td></tr>
<tr><td>LogicGate [NOT]</td><td>Output</td><td>PoseMover_2 [释放]</td><td>Execute</td></tr>
<tr><td>LogicGate [NOT]</td><td>Output</td><td>Detacher</td><td>Execute</td></tr>
<tr><td>Detacher</td><td>Executed</td><td>LogicSRLatch</td><td>Reset</td></tr>
</table>
添加I/O Connection 编辑 删除 上移 下移
</td><td>步骤 9：添加 I/O 连接
说明：关联各子组件信号，使其能实现夹取与释放功能。
操作：在“SC_夹具”编辑界面选择“信号和连接”，单击 I/O 连接列表下方的“添加 I/O Connection”，在弹出的对话框中，“源对象”选择“SC_夹具”，“源信号”选择“JiaQu”，“目标对象”选择“LineSensor”，“目标信号或属性”选择“Active”，如左图(上)所示；相同的方式依次添加如左图(下)共 9 条 I/O 连接。各 I/O 连接的含义如表 3-15 所示</td></tr>
</table>

续表3-13

图片示例	步骤说明
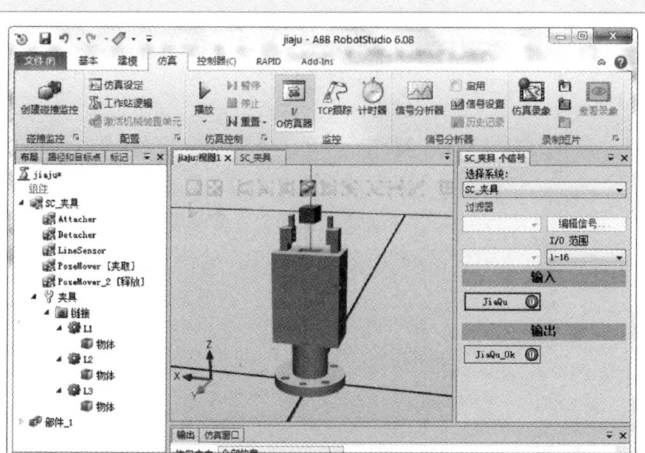 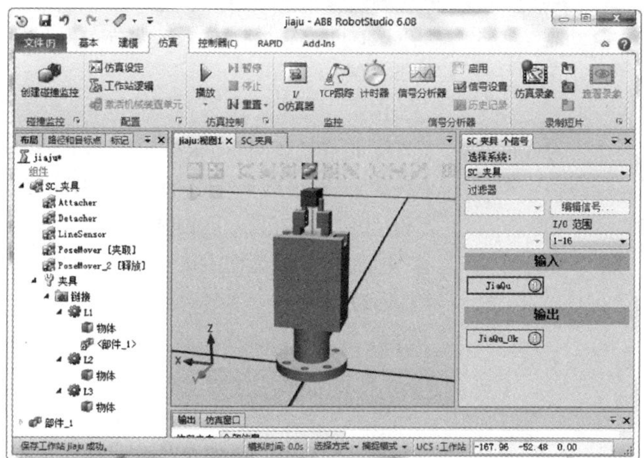	步骤 10：测试夹具功能 说明：测试基于 Smart 组件的夹具能否正常夹取和释放对象。 操作：新建一合适大小（如 15 mm×10 mm×10 mm）的矩形体，拖移至夹爪中间，使其能被传感器触及，如左图（上）所示。依次选择“仿真→I/O 仿真器”，在右侧面板中将选择系统切换至“SC_夹具”，此时输入信号“JiaQu”与输出信号“JiaQu_Ok”值均为 0。单击输入信号“JiaQu”，如果“JiaQu”与“JiaQu_Ok”信号均变为 1，视图中夹具夹爪夹紧，且布局列表中“SC_夹具”中“夹具”的“L1”链接下出现了所夹取的对象（此处为“部件_1”），或者使用移动工具移动“SC_夹具”时所夹取的对象跟着移动，则说明已经成功夹取对象，如左图（下）所示。然后单击“JiaQu”，将其置 0，如夹爪能松开并释放物料，则表示夹爪动态功能完成
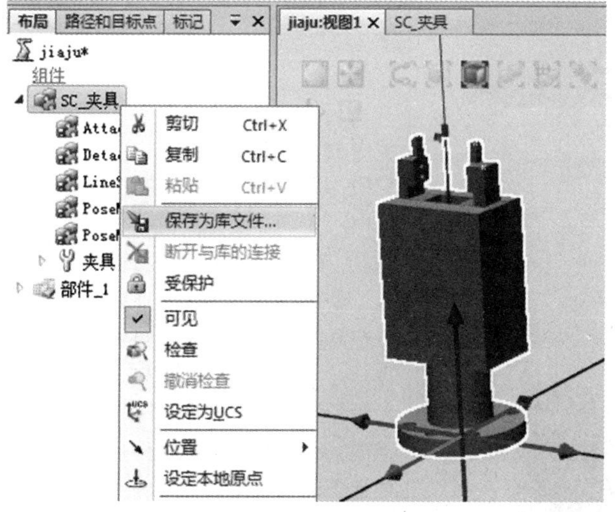	步骤 11：导出夹具 说明：将夹具导出为库文件，方便导入至已经完成布局的工作站中。 操作：在“布局”面板中右键单击“SC_夹具”，选择“保存为库文件”，在弹出的“另存为”对话框中选择适当的路径保存即可

续表3-13

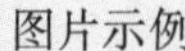

图片示例	步骤说明
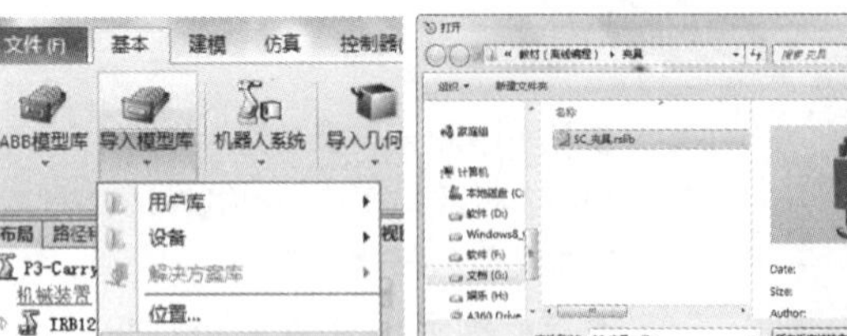	步骤 12：导入夹具 说明：将夹具导入已经完成布局的工作站中。 操作：打开已经布局完成的“P3-Carry”工作站，依次选择“基本→导入模型库→浏览库文件”，在弹出的“打开”对话框中定位至夹具存储位置，选择“SC_夹具. rslib”并单击“打开”
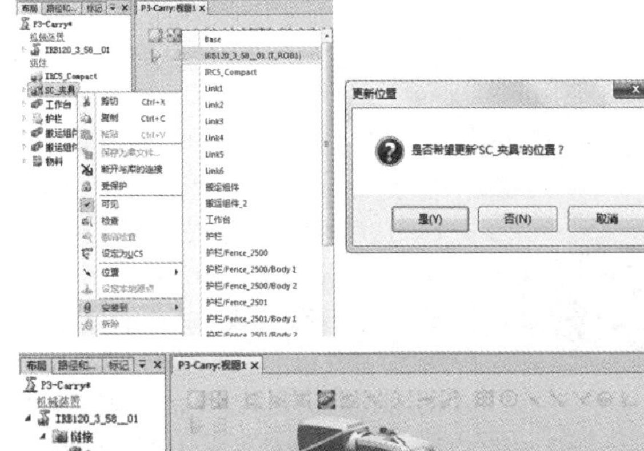 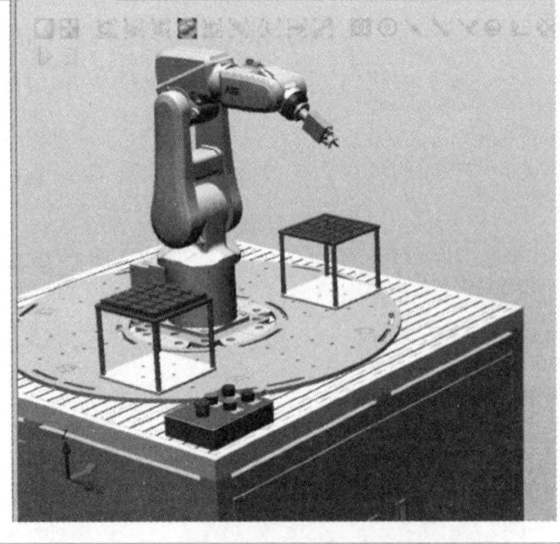	步骤 13：安装夹具 说明：将夹具安装于工业机器人第 6 轴法兰盘。 操作： 方法 1：在“布局”面板中右键单击“SC_夹具”，依次选择“安装到→IRB120_3_58__01”，如左图(上 1)所示，在弹出的“更新位置”对话框中选择“是”，如左图(上 2)所示； 方法 2：在“布局”面板中选中“SC_夹具”并按下鼠标左键不松，将其拖至工业机器人上后松开鼠标。 安装完成后的效果如左图(下)所示
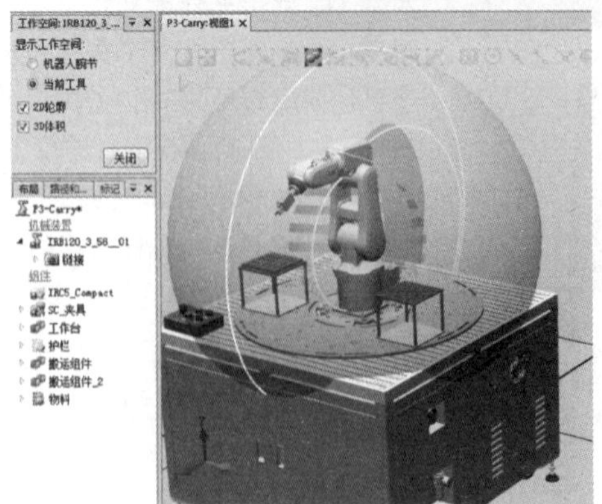	步骤 14：工作范围确认 说明：确认物料盘是否在机器人工作范围内。 操作：在“布局”面板中右键单击机器人，选中“显示机器人工业区域”，在“工作空间”设置窗口中，“显示工作空间”选择“当前工具”，并勾选“3D 体积”，浅色阴影区域即为当前工具可到达的工作范围，如果物料块超出了工作范围则需要适当调整物料盘与物料块的位置，在范围内则无须调整

表 3-14　夹具 Smart 组件中各 I/O 信号的作用

I/O 信号	信号类型	值	作用
JiaQu	数字输入	1	夹具夹取
		0	夹具松开
JiaQu_Ok	数字输出	1	夹具夹到物料
		0	夹具未夹取或夹取但未夹到物料

表 3-15　夹具 Smart 组件中各 I/O 连接的含义

源对象	源信号	目标对象	目标信号或属性	含义
SC_夹具	JiaQu	LineSensor	Active	夹具的夹取信号被置 1 时激活传感器
SC_夹具	JiaQu	PoseMover［夹取］	Execute	夹具的夹取信号被置 1 时执行夹紧动作
LineSensor	SensorOut	Attacher	Execute	传感器检测到拾取对象则执行安装操作
Attacher	Executed	LogicSRLatch	Set	安装操作执行后固定信号保持夹取状态
LogicSrLatch	Output	SC_夹具	JiaQu_Ok	信号固定后将夹具夹取成功指示信号置 1
SC_夹具	Jiaqu	LogicGate［NOT］	InputA	将夹具的夹取信号取反，即为释放触发信号
LogicGate［NOT］	Output	PoseMover_2［释放］	Execute	释放信号被置 1 时夹具执行松开动作
LogicGate［NOT］	Output	Detacher	Execute	释放信号被置 1 时拆除已安装的对象
Detacher	Executed	LogicSRLatch	Reset	拆除动作执行后解除信号固定

任务 4　工作站逻辑设定

扫码观看工作站逻辑设定操作视频

通过 Smart 组件创建的具有动态属性的夹具可以由其 I/O 信号控制夹具的夹取与释放操作，同时还可以监控其是否成功夹取对象，但是工业机器人程序不能直接控制 Smart 组件中的 I/O 信号，需要在机器人控制器中创建 I/O 信号并与 Smart 组件中的信号进行关联，从而实现程序对夹具等周边设备的控制，也就是工作站逻辑设定。

3.4.1 控制器 I/O 信号创建

本项目中需要创建两个 I/O 信号，其中一个数字输出信号用于控制夹具的夹取与释放，一个数字输入信号用于监控夹具是否夹取成功，新建或编辑信号后必须重启控制器，否则更改不会生效，具体操作步骤如表 3-16 所示。

表 3-16 创建控制器 I/O 信号的操作步骤

图片示例	步骤说明
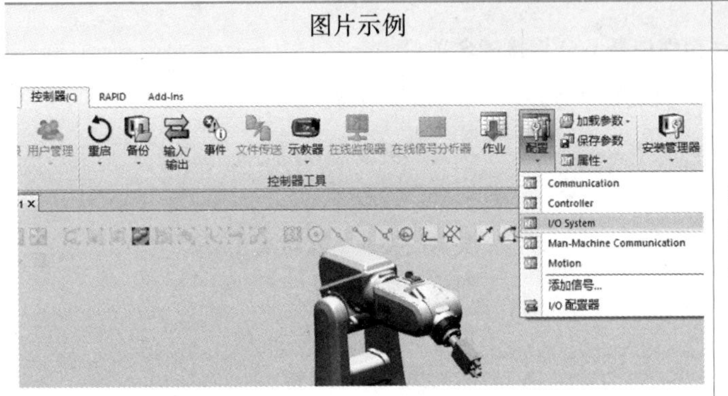	步骤 1：打开 I/O System 操作：依次选择“控制器→配置→I/O System”
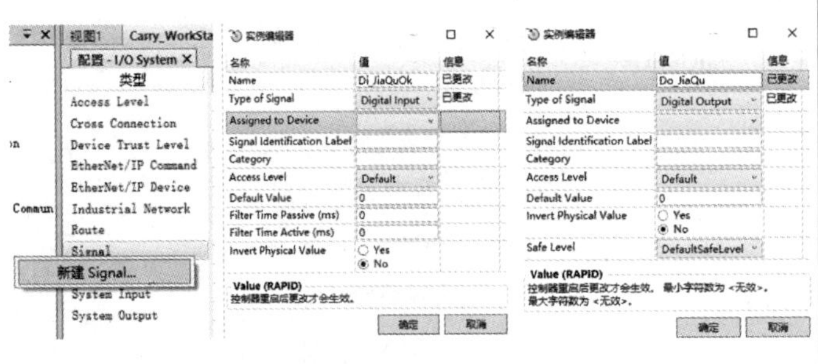	步骤 2 新建 I/O 信号 说明：新建数字输入信号“Di_JiaQuOk”与数字输出信号“Do_JiaQu”。 操作：在“配置-I/O System”面板中，右键单击“Signal”，选择“新建 Signal”，在弹出的“实例编程器”对话框中将“名称”设置为“Di_JiaQuOk”，“Type of Signal”选择“Digital Input”，确认无误后单击“确定”，同样的方式创建名称为“Do_JiaQu”、类型为“Digital Output”的信号
	步骤 3：重启控制器 说明：重启控制器，使新建的 I/O 信号生效。 操作：依次选择“控制器→重启→重启动(热启动)”，在弹出的对话框中单击“确定”

3.4.2　工作站信号逻辑关联

创建控制器信号后，其与工作站中 smart 组件的信号是相互独立的，而程序中只能控制控制器中的信号，如果要实现程序对夹具的控制，则需要将控制器中的信号与工作站中 Smart 组件的信号进行关联，具体关联操作如表 3-17 所示。

表 3-17　工作站信号逻辑关联操作步骤

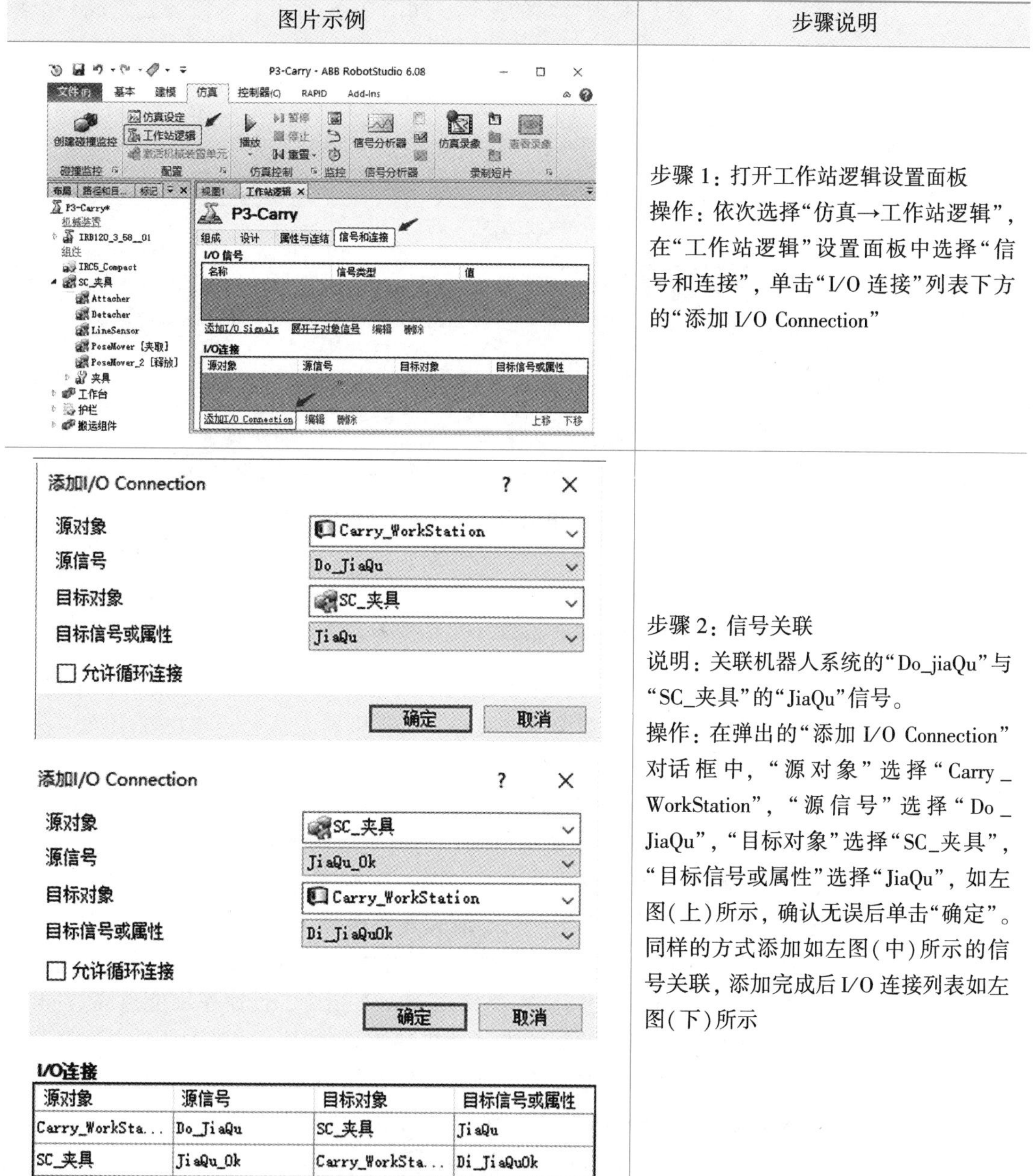

图片示例	步骤说明
	步骤 1：打开工作站逻辑设置面板 操作：依次选择“仿真→工作站逻辑”，在“工作站逻辑”设置面板中选择“信号和连接”，单击“I/O 连接”列表下方的“添加 I/O Connection”
	步骤 2：信号关联 说明：关联机器人系统的“Do_jiaQu”与“SC_夹具”的“JiaQu”信号。 操作：在弹出的“添加 I/O Connection”对话框中，“源对象”选择“Carry_WorkStation”，“源信号”选择“Do_JiaQu”，“目标对象”选择“SC_夹具”，“目标信号或属性”选择“JiaQu”，如左图(上)所示，确认无误后单击“确定”。同样的方式添加如左图(中)所示的信号关联，添加完成后 I/O 连接列表如左图(下)所示

任务5　搬运1个

编写搬运程序前，先要确定搬运顺序并对程序进行设计。本项目中依次从取料盘上按1→12的顺序夹取物料，并放置于放料盘上相同序号的位置上。在编程过程中，为了调试方便，可以先实现一个物料块的搬运，然后再完成一行，最后实现整盘的搬运，如图3-5所示。本任务先完成一个物料块的搬运。

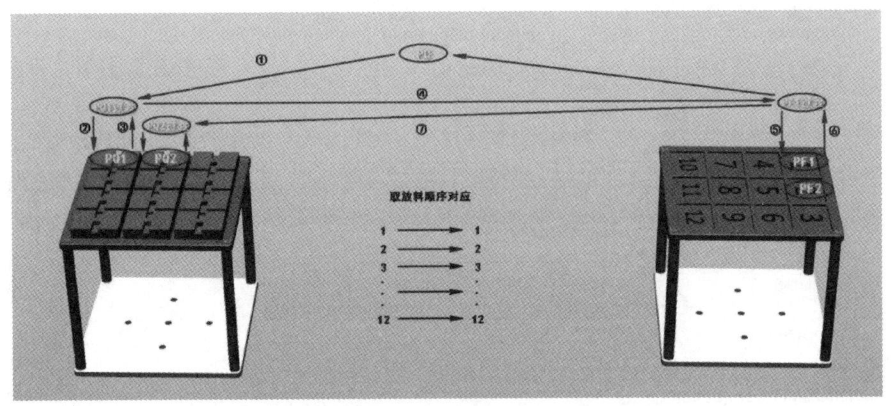

图3-5　物料块搬运整体思路

3.5.1　思路分析

在进行搬运操作时，为了避免工具与工件及其他周边设备发生碰撞，通常需要在合适的位置设置过渡点，工业机器人从起止点(P0)出发，先到达取料点正上方的过渡点(PQ过渡)，然后竖直向下到达取料点(PQ)夹取物料后回到其正上方的过渡点，接着前往放料点正上方的过渡点(PF过渡)，再竖直向下到达放料点并释放物料块后回到其过渡点，最后回到起止点，具体搬运过程如图3-6所示。图片中椭圆中的字符表示点位，圆圈中的数字表示机器人运动的顺序，箭头表示机器人运动的方向。其中过渡点与起止点、过渡点与过渡点之间可以使用MoveJ指令及较高的运行速率；而过渡点与取/放料点之间则需要使用MoveL指令，且速率不能过高。同时，过渡点可以设置合适的转弯半径以提高工作效率。此外，夹具夹取和释放动作需要基于I/O指令实现，且为确保操作可靠，在执行夹取与释放操作前需要设置短暂的延时等待，延时可以通过程序等待指令实现。

根据上述分析，搬运一个物料块需要设置5个目标点，分别是起止点、取料点、放料点、取料点过渡点与放料点过渡点。

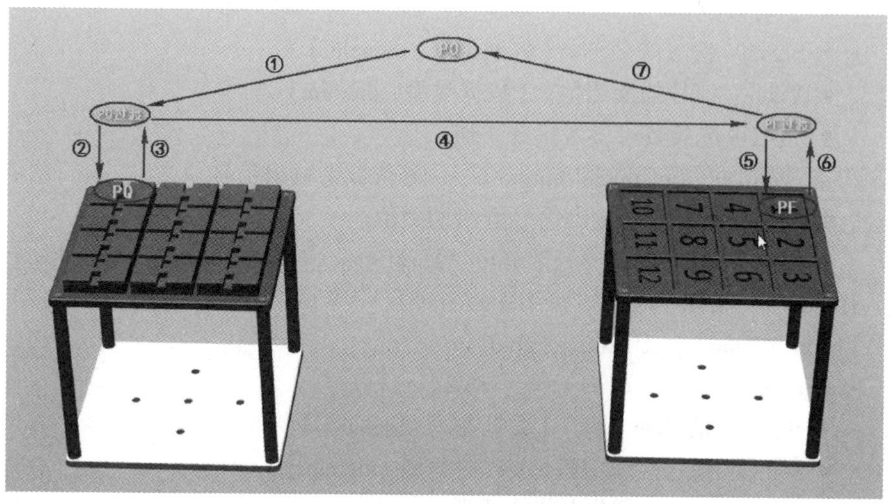

图 3-6　搬运一个物料块示意图

3.5.2　I/O 指令

扫码观看视频学习I/O指令与程序等待指令

I/O 指令用于控制 I/O 信号，从而实现机器人与工具及周边设备通信，如控制夹具、吸盘等。常用 I/O 指令包括 Set、Reset、WaitDI、WaitDO 等。

(1) Set——置位数字输出信号

◆ 功能：将数字输出信号(digital output)的值设置为 1。

◆ 格式：Set Signal

◆ 参数：

• Signal：有待设置为 1 的信号的名称。【数据类型：signaldo】

(2) Reset——复位数字输出信号

◆ 功能：将数字输出信号的值设置为 0。

◆ 格式：Reset Signal

◆ 参数：

• Signal：有待设置为 0 的信号的名称。【数据类型：signaldo】

> ◆ 范例
>
> Set do1；！将数字输出信号 do1 置位为 1
>
> Reset do1；！将数字输出信号 do1 复位为 0

(3) WaitDI(wait digital input)——等待数字输入信号

◆ 功能：等待数字输入信号输入期望值。

◆ 格式：WaitDI Signal，Value [\MaxTime] [\TimeFlag] [\Visualize] [\Header] [\Message] | [\MsgArray] [\Wrap] [\Icon] [\Image] [\VisualizeTime] [\UIActiveSignal]

◆ 主要参数：

• Signal：信号的名称。【数据类型：signaldi】

• Value：信号的期望值。【数据类型：dionum】

• 其他可选参数可参考指令手册。

(4) WaitDO(wait digital output)——等待数字输出信号

◆ 功能：等待数字输出信号输出期望值。

◆ 格式：WaitDO Signal, Value[\MaxTime] [\TimeFlag] [\Visualize] [\Header] [\Message] | [\MsgArray] [\Wrap] [\Icon] [\Image] [\VisualizeTime] [\UIActiveSignal]

◆ 主要参数：

• Signal：信号的名称。【数据类型：signaldo】

• Value：信号的期望值。【数据类型：dionum】

• 其他可选参数可参考指令手册。

> ◆ 范例
>
> WaitDI di1, 1;
>
> ！等待 di1 的值为 1。如果 di1 为 1，则程序继续往下执行；如果达到最大等待时间(300 s)以后，di1 的值还不为 1，则机器人报警或进入出错处理程序。
>
> WaitDo do1, 1; ！等待 do1 的值为 1。

3.5.3 程序等待指令

工业机器人在进行夹取、释放等操作时，为确保可靠夹取或完全释放，实现对工业机器人作业的精确控制，通常需要用到程序等待指令。RAPID 程序等待的方式较多，除了前述的 I/O 读写等待指令可以基于 I/O 信号来控制程序执行外，还可以通过定时、逻辑状态等程序等待指令来控制程序的执行。主要程序等待指令及其功能如表 3-18 所示。其中，WaitTime、WaitUntil 指令较为常用。

表 3-18 主要程序等待指令及其功能

指令	功能	说明
WaitTime	定时等待	等待给定的时间
WaitUntil	逻辑状态等待	等待直至满足逻辑条件
WaitLoad	程序加载等待	将加载的模块与任务相连
WaitRob	移动到位等待	等待直至达到停止点或零速度
WaitSyncTask	程序同步等待	在同步点等待其他程序任务
WaitSensor	同步监控等待	等待传感器连接
WaitTestAndSet	永久数据等待	等待指定 bool 永久变量值成为 FALSE
WaitWObj	工件等待	等待传送带上的工件

(1) WaitTime

◆ 功能：等待给定的时间。

◆ 格式：WaitTime [\InPos] Time

◆ 参数：

• [\InPos](in position)：如果使用该参数，则机械臂和外轴必须在继续执行之前达到停止点。【数据类型：switch】

• Time：程序执行等待的时间。最短时间(以秒计)为 0，最长时间不受限制，分辨率为 0.001 s。【数据类型：num】

◆ 范例

```
WaitTime 0.5;
! 程序执行等待 0.5 秒。
WaitTime \InPos, 0;
! 程序执行进入等待，直至机械臂和外轴已静止。
```

(2) WaitUntil

◆ 功能：等待直至满足逻辑条件。

◆ 格式：WaitUntil [\InPos] Cond [\MaxTime] [\TimeFlag] [\PollRate] [\Visualize] [\Header] [\Message] | [\MsgArray] [\Wrap] [\Icon] [\Image] [\VisualizeTime] [\UIActiveSignal]

◆ 参数：

• [\InPos](in Position)：如果使用该参数，则机械臂和外轴必须在继续执行之前达到停止点(当前移动指令的 ToPoint)。【数据类型：switch】

• Cond：将等待的逻辑表达式。【数据类型：bool】

• [\MaxTime]：允许的最长等待时间，以秒计。如果在设置条件之前耗尽该时间，则将调用错误处理器，如果不存在错误处理器，则将停止执行。【数据类型：num】

◆ 范例

```
WaitUntil di1 = 1; ! 当 di4 输入 1 后，继续程序执行。
WaitUntil \Inpos, di2 = 1; ! 程序执行进入等待，直至机械臂已静止，且 di2 输入 1。
WaitUntil di3 = 1 \MaxTime: =5; ! 程序执行进入等待，直至 di3 输入 1。如果已禁用 I/O 设备，或等待时间已到 5 s，则通过错误处理器继续执行。
```

3.5.4 工件坐标与点位创建

扫码观看夹具安装与工件坐标创建操作视频

在创建目标点位和编程前，要定义三个必要的关键程序数据：工具数据、负荷数据与工件坐标。工具数据在创建工具时已经定义，本任务完成工作坐标创建，并基于工作坐标创建目标点位。

(1)工作坐标创建

工件坐标是用户自定义坐标，表示工件相对大地坐标系的位置。工业机器人可以拥有多个工件坐标，表示不同的工件，或表示同一工件的不同位置。工业机器人编程时就是在工件坐标系中创建目标点和路径。当路径创建完成后如果工件进行了整体移动，只需重新标定工件坐标即可完成轨迹的调整，而无须重新示教目标点位与路径。

在创建工件坐标时，为了保证定位精度并方便创建或重新标定工件坐标，通常将工件坐标设置于工件表面两相邻棱边垂直的位置，或创建于工件表面专用的定位坐标处，且坐标方向尽量保持与大地坐标方向相同。本项目的物料盘模型上设置有专用的参考坐标，因此可以基于该坐标创建工作坐标。

工件坐标创建有两种方法：位置法与三点法。此处采用位置法，三点法大同小异。由于两个物料盘独立，因此需要在两个物料盘处分别创建工件坐标，创建过程如表 3-19 所示。

表 3-19　创建工作坐标操作步骤

图片示例	步骤说明
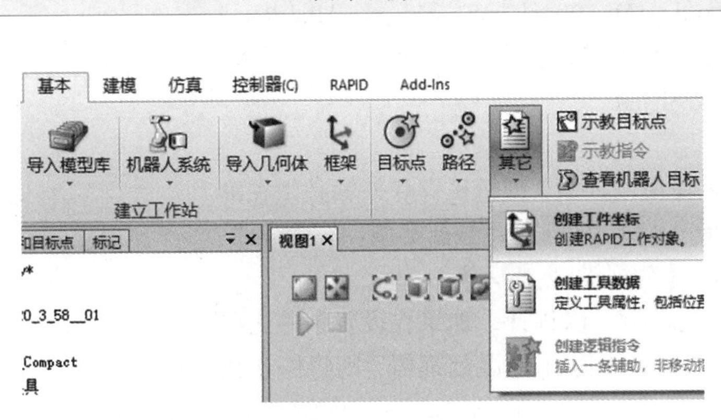	步骤 1：创建工件坐标 1 说明：启动取料盘工件坐标创建并设置名称。 操作：依次选择“基本→其它→创建工件坐标”
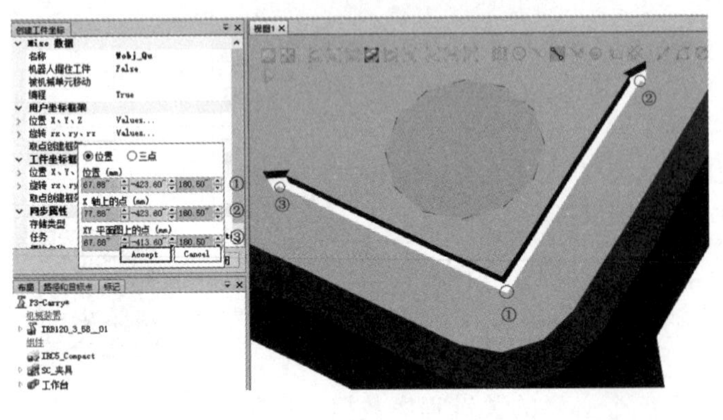	步骤 2 取点创建坐标 说明：在工件台 4 号工位物料盘取点创建工件坐标，工作坐标基于 1 号物料块位置旁的参考坐标。 操作：在“创建工件坐标”面板中，将“Mise 数据”下“名称”的值修改为“Wobj_Qu”，然后选择“用户坐标框架”下的“取点创建框架”，并点击右侧的下拉箭头，选择“位置”，取点如左图所示，确认无误后依次点击“Accept→创建”

续表3-19

图片示例	步骤说明
	步骤3：确认坐标系 说明：工件坐标创建完成后将视图局部放大，确认坐标系原点与坐标方向是否正确，其中红色坐标轴为 X 轴，绿色坐标轴为 Y 轴，蓝色坐标轴为 Z 轴。
	步骤4 创建工件坐标2 说明：以相同的方式，在工件台2号工位物料盘上创建另一个工件坐标，命名为“Wobj_Fang”，该工件坐标可以基于10号物料位旁的参考坐标创建

(2)点位示教

本任务中需要创建5个目标点，分别是起止点、取料点、放料点、取料点过渡点与放料点过渡点，其中起止点基于工作坐标“wobj0”，取料点及其过渡点基于工件坐标“Wobj_Qu”，放料点及其过渡点基于工件坐标“Wobj_Fang”，点位示教操作步骤如表3-20所示。

表3-20 点位示教操作步骤

图片示例	步骤说明
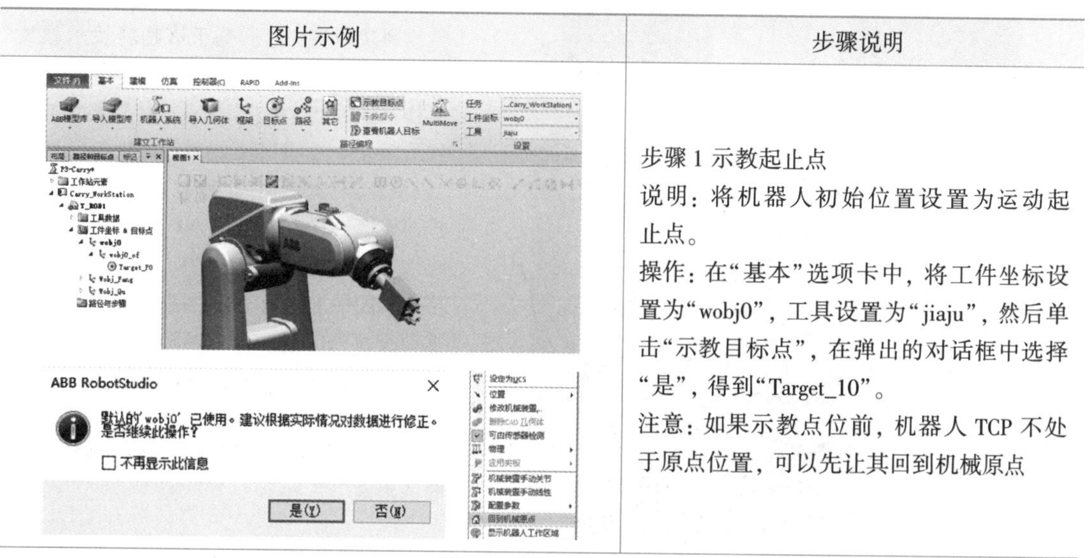	步骤1 示教起止点 说明：将机器人初始位置设置为运动起止点。 操作：在“基本”选项卡中，将工件坐标设置为“wobj0”，工具设置为“jiaju”，然后单击“示教目标点”，在弹出的对话框中选择“是”，得到“Target_10”。 注意：如果示教点位前，机器人TCP不处于原点位置，可以先让其回到机械原点

续表3-20

图片示例	步骤说明
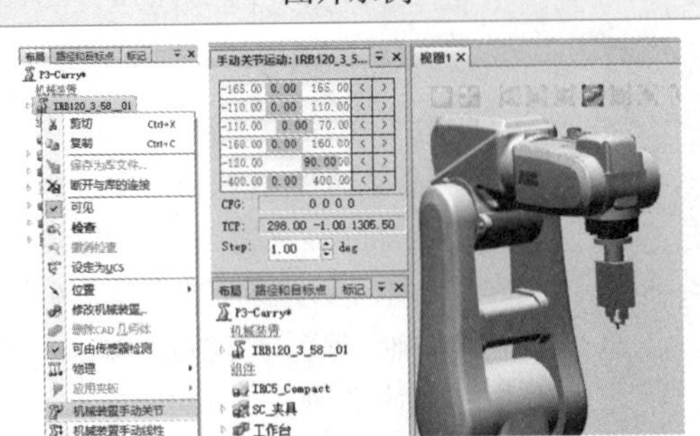	步骤 2：调整机器人姿态 说明：调整机器人姿态使夹具竖直向下。 操作：在“布局”面板中右键单击机器人，选择“机械装置手动关节”，在弹出的“手动关节运动”面板中调整第 5 轴(J5，从上至下依次为 J1~J6)至 90°
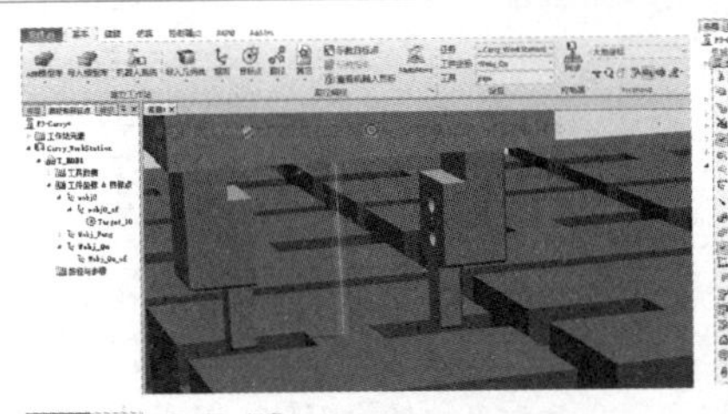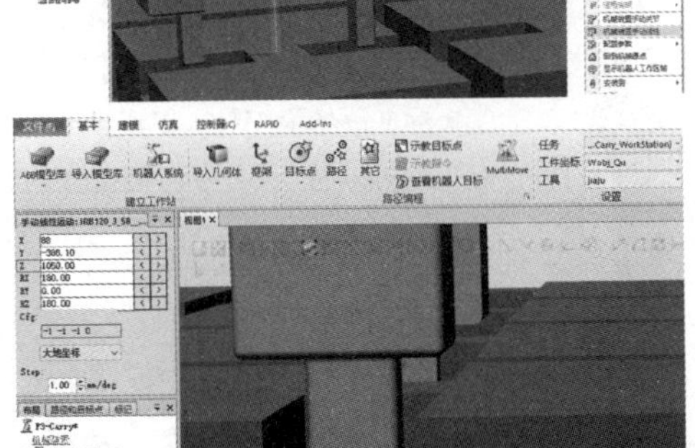	步骤 3：示教取料点 说明：在工作台 4 号工位物料盘上 1 号物料块的位置示教取料点，在其正上方示教取料点过渡点。 操作：在“基本”选项卡中，将工件坐标设置为“Wobj_Qu”，工具设置为“jiaju”，然后激活“捕捉中心”，用“手动线性”方式将机器人 TCP 捕捉至 1 号物料块的上表面中心，然后在布局面板中右键单击机器人并选择“机械装置手动线性”，将 TCP 的“Z”值调小 5 mm，确认夹具的位置无误后单击“示教目标点”，得到“Target_20”
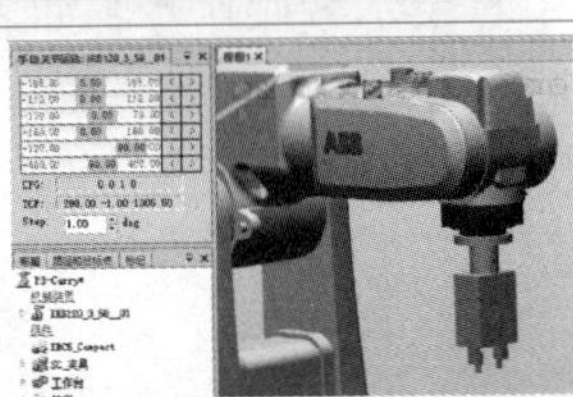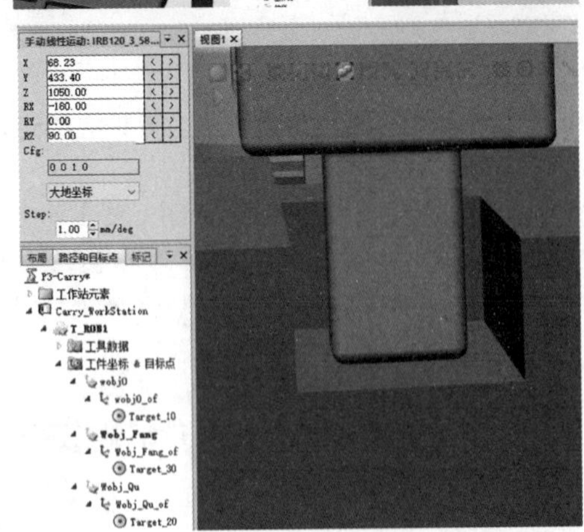	步骤 4 示教放料点 说明：复制物料块并放置于放料盘上的 1 号物料块位置，然后基于该物料块示教放料点。 操作：复制物料块，用两点法将物料块放置到放料盘 1 号物料块位置；让机器人回到“机械原点”并利用“机械装置手动关节”将机器人第 5、6 轴调整为 90°；然后用“手动线性”方式并激活“捕捉中心”将 TCP 捕捉至物料块的上表面中心，再利用“机械装置手动线性”方式沿 *Z* 轴向下移动 5 mm，将工件坐标设置为“Wobj_Fang”，工具设置为“jiaju”，确认无误后单击“示教目标点”，得到“Target_30”，最后将复制的物料块删除或隐藏

续表3-20

图片示例	步骤说明
	步骤 5 添加过渡点 说明：添加取/放料点的过渡点。 操作：在左侧操作面板中切换至“路径和目标点”，然后依次展开“Carry_WorkStation→T_ROB1→工件坐标 & 目标点”，最后展开各工件坐标即可看到已经示教的目标点。选中“Target_20”并用快捷键“Ctrl+C”复制，然后选中“Wobj_Qu_of”并使用快捷键“Ctrl+V”粘贴，得到“Target_20_2”，然后选中该目标点并单击右键，选择“修改目标→偏移位置”，在“偏移位置”参数面板中参考设置为“本地”，Translation 的“Z”值(第 3 个框)设置为-50，此时视图中可以预览到点位向上偏移了 50mm，确认无误后单击“应用”。同样的方式创建放料点过渡点“Target_30_2”。最后将目标点重命名，起止点为“Target_P0”、取料点为“Target_PQ”、取料点过渡点为“Target_PQ_GD”、放料点为“Target_PF”、放料点过渡点为“Target_PQ_GD”

3.5.5　路径程序创建

扫码观看点位示教与路径程序创建操作视频

物料块搬运路径程序创建具体步骤如表 3-21 所示。

表 3-21　创建 1 个物料块搬运路径程序操作步骤

图片示例	步骤说明
	步骤 1：创建空路径 说明：将机器人初始位置设置为运动起止点。 操作：依次选择“基本→路径→空路径”，此时，会自动创建名称为“Path_10”的空路径

续表3-21

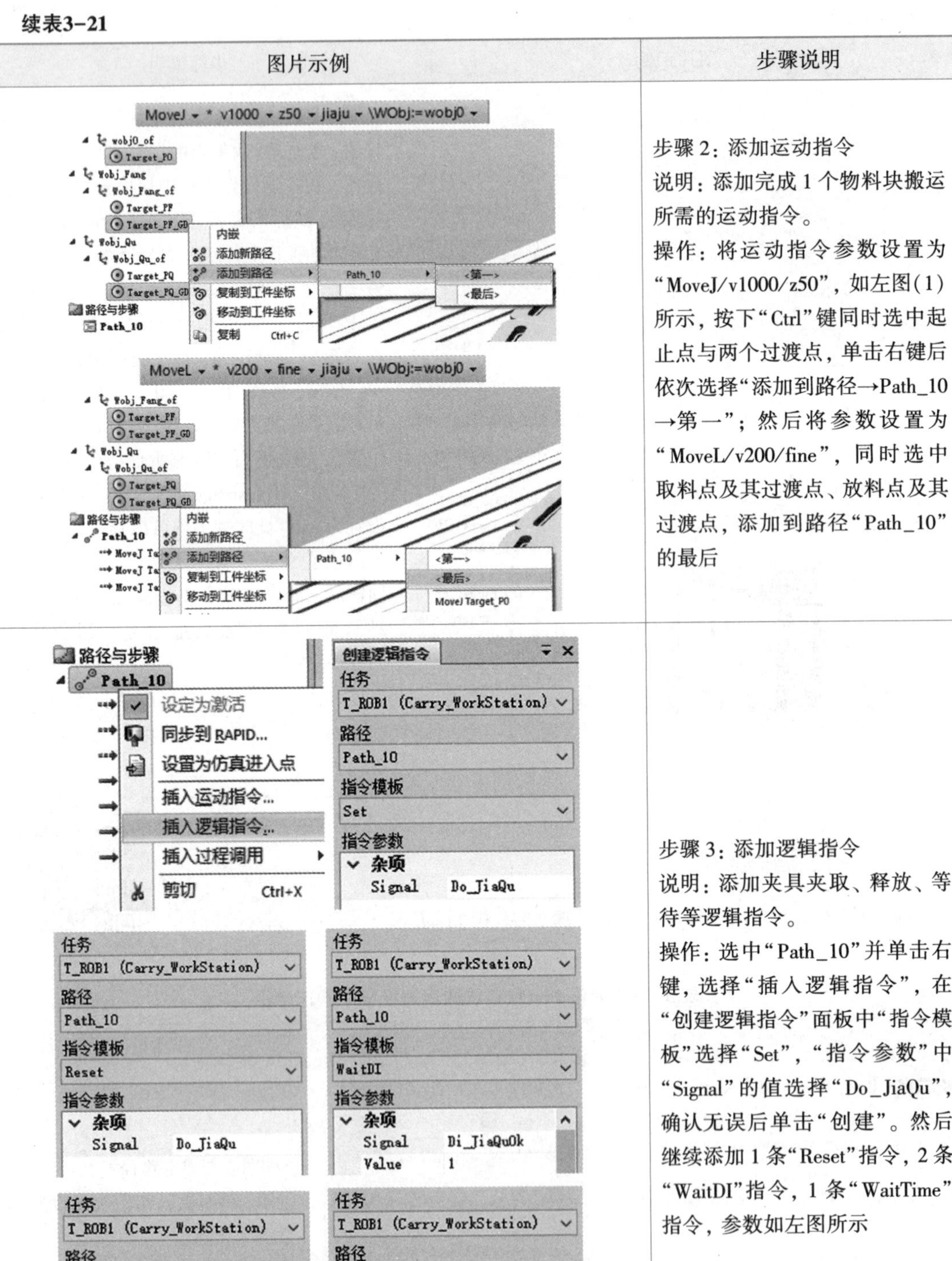

图片示例	步骤说明
	步骤 2：添加运动指令 说明：添加完成 1 个物料块搬运所需的运动指令。 操作：将运动指令参数设置为“MoveJ/v1000/z50”，如左图(1)所示，按下“Ctrl”键同时选中起止点与两个过渡点，单击右键后依次选择“添加到路径→Path_10→第一”；然后将参数设置为“MoveL/v200/fine”，同时选中取料点及其过渡点、放料点及其过渡点，添加到路径“Path_10”的最后
	步骤 3：添加逻辑指令 说明：添加夹具夹取、释放、等待等逻辑指令。 操作：选中“Path_10”并单击右键，选择“插入逻辑指令”，在“创建逻辑指令”面板中“指令模板”选择“Set”，“指令参数”中“Signal”的值选择“Do_JiaQu”，确认无误后单击“创建”。然后继续添加 1 条“Reset”指令，2 条“WaitDI”指令，1 条“WaitTime”指令，参数如左图所示

续表3-21

<table>
<tr><th>图片示例</th><th>步骤说明</th></tr>
<tr><td>
路径与步骤
Path_10
MoveJ Target_P0
Reset Do_JiaQu
MoveJ Target_PQ_GD
MoveL Target_PQ
WaitTime 0.5
Set Do_JiaQu
WaitDI Di_JiaQuOk,1
MoveL Target_PQ_GD
MoveJ Target_PF_GD
MoveL Target_PF
WaitTime 0.5
Reset Do_JiaQu
WaitDI Di_JiaQuOk,0
MoveL Target_PF_GD
MoveJ Target_P0

</td><td>
步骤 4：调整指令顺序
说明：复制部分指令并调整指令顺序。
操作：选中程序指令后按下鼠标左键不放，移动鼠标即可调整指令位置，其中某些重复使用的指令可以先选中，然后用快捷键“Ctrl+C”复制，“Ctrl+V”粘贴，复制运动指令提示是否创建新目标点时选择“否”，最终得到如左图所示的程序。视图中黄色线段即为程序路径指示，其中虚线并不是确定路径，只示意了运动起止点(如 MoveJ 指令)，实线则表示确定路径(如 MoveL 指令)，箭头表示路径方向
</td></tr>
<tr><td>
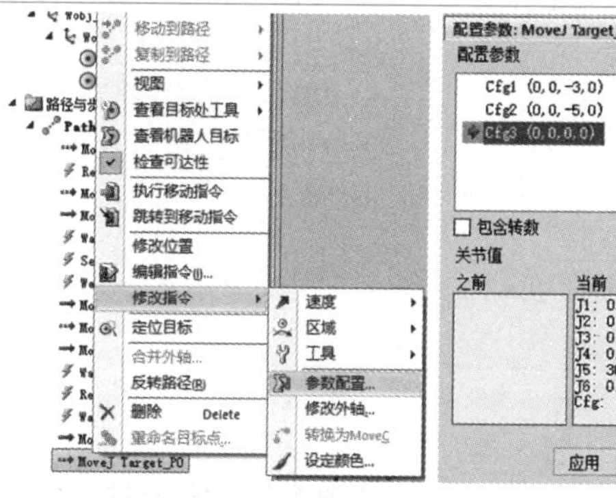

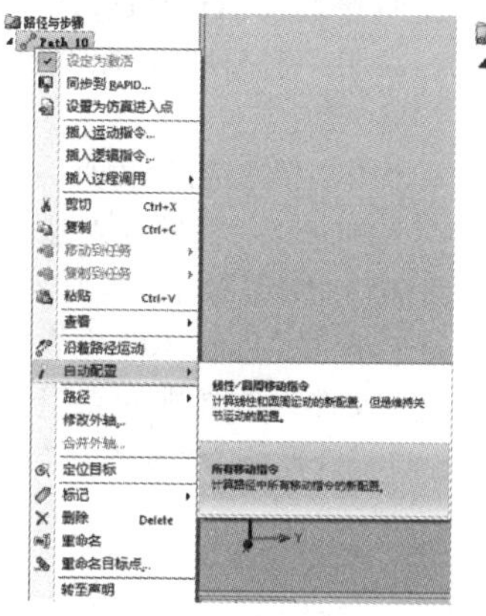

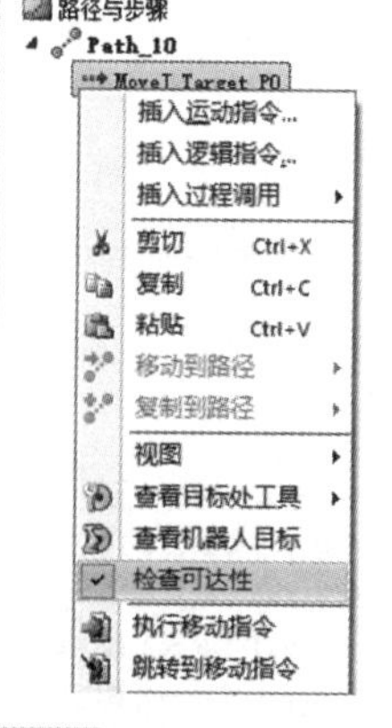

MoveL Target_P0_2 无法到达

MoveL Target_P0_2,v200,fine,jiaju\WObj:=wobj0
采用当前配置，可能无法实现目标。
</td><td>
步骤 5：配置指令参数
说明：配置运动指令参数，并确定路径可以正常到达。
操作：选中某条运动指令后单击右键，选择“修改指令→参数配置”，在“配置参数”界面中选择所需的参数并应用，手动配置该条指令的参数。也可选中路径“Path_10”并单击右键，选择“自动配置→所有移动指令”，即可自动配置所有运动指令参数。最后，选中一条运动指令并单击右键，确认“检查可达性”被勾选(默认已勾选)，如果所有运动指令没有出现红色标识(如左边最下方图片)即说明所有目标点均可达到
</td></tr>
</table>

3.5.6 同步 Rapid 与仿真运行

当前程序数据与程序指令都只存在于工件站中，为了实现动态仿真运行，需要将工作站中的数据同步到虚拟控制器中。同步数据后将编制的程序“Path_10”设置为仿真进入点即可进行仿真，具体操作过程如表 3-22 所示。

表 3-22 同步 Rapid 与仿真运行操作步骤

图片示例	步骤说明
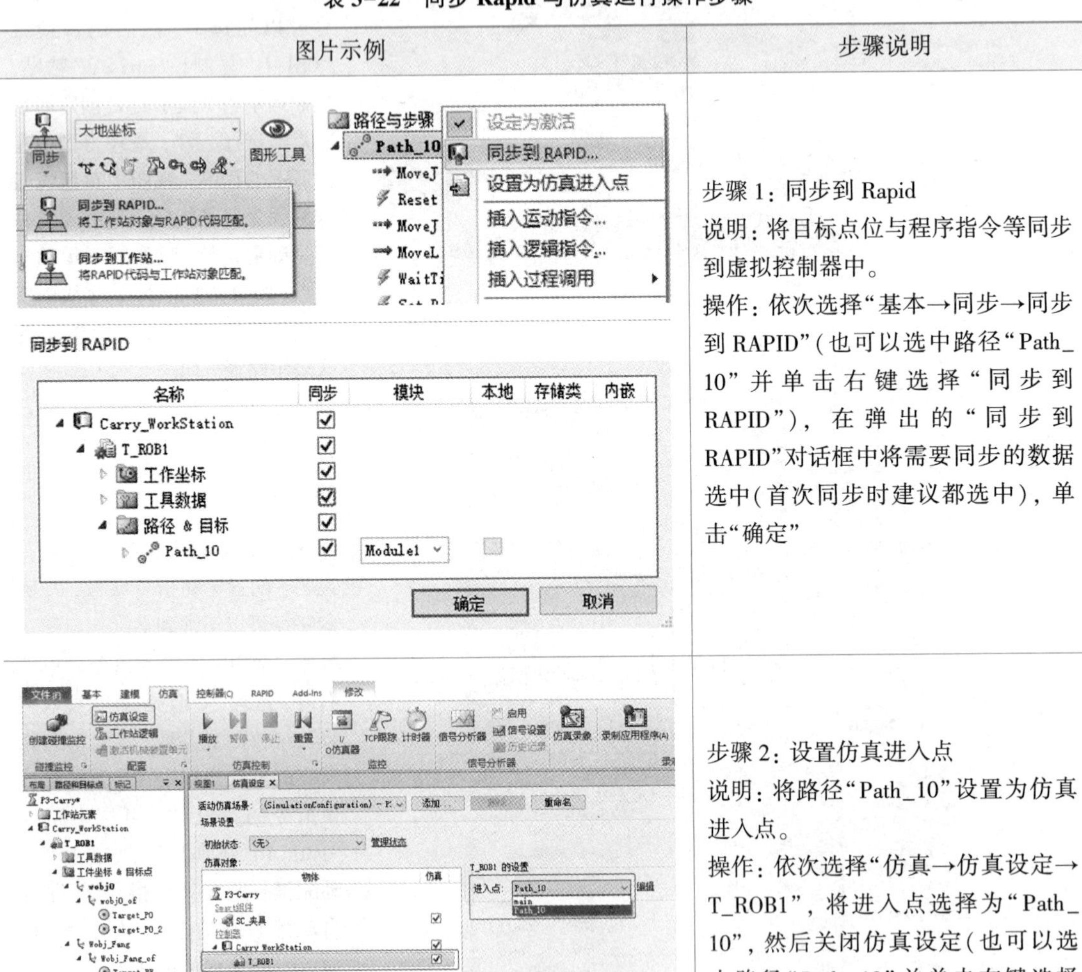	步骤 1：同步到 Rapid 说明：将目标点位与程序指令等同步到虚拟控制器中。 操作：依次选择“基本→同步→同步到 RAPID”(也可以选中路径“Path_10”并单击右键选择“同步到 RAPID”)，在弹出的“同步到 RAPID”对话框中将需要同步的数据选中(首次同步时建议都选中)，单击“确定”
	步骤 2：设置仿真进入点 说明：将路径“Path_10”设置为仿真进入点。 操作：依次选择“仿真→仿真设定→T_ROB1”，将进入点选择为“Path_10”，然后关闭仿真设定(也可以选中路径“Path_10”并单击右键选择“设置为仿真进入点”)，当“Path_10”被标注为“进入点”即表示设置成功

续表3-21

图片示例	步骤说明
	步骤 3：仿真运行 说明：仿真运行并完成 1 个物料块的搬运任务。 操作：依次选择“仿真→播放”，机器人即按照程序规划的轨迹完成搬运物料块 1 的任务。为了方便后面任务的调试，仿真结束后点击“撤销”（或使用快捷键 Ctrl+Z），使布局撤回至搬运前状态

任务6　搬运 1 行

3.6.1　思路分析

取料盘上 1 行共有 3 个物料块，因此 1 行的搬运其实就是搬运 1 个物料块的操作重复 3 次。为了提高工作效率，在完成第 1 个物料块搬运并回到放料点正上方过渡点后，直接去第 2 个物料块的取料过渡点，完成第 2 个物料块搬运后直接前往搬运第 3 个物料块，取/放物料块的编号一一对应，完成整行的搬运后再回到起止点，搬运思路如图 3-7 所示。

根据上述思路分析，并结合任务 5 中的搬运程序，除去共用的起止点，1 个物料块需要设置 4 个目标点（取、放料点及其各自过渡点），因此完成 1 行的搬运还需要示教 8 个点位，而如果要完成整盘的搬运则还需要创建更多的点位，显然示教点位的工作会很烦琐。在放置物料块时已经知道各物料块位置存在一定规律，行列方向均间隔 5 mm，物料块长 55 mm、宽 40 mm，很容易计算出各物料块夹持位置在列方向上间隔 60 mm，行方向上间隔 45 mm。因此根据其布局规律，可以使用偏移功能与循环指令，基于物料块 1 的位置进行循环偏移完成其他物料块的搬运，而且过渡点也可以基于取料点向上偏移 50 mm。本任务中，假设列值用 m 表示，且首列为 0，则每一列相对于首列的偏移值为 60 m。

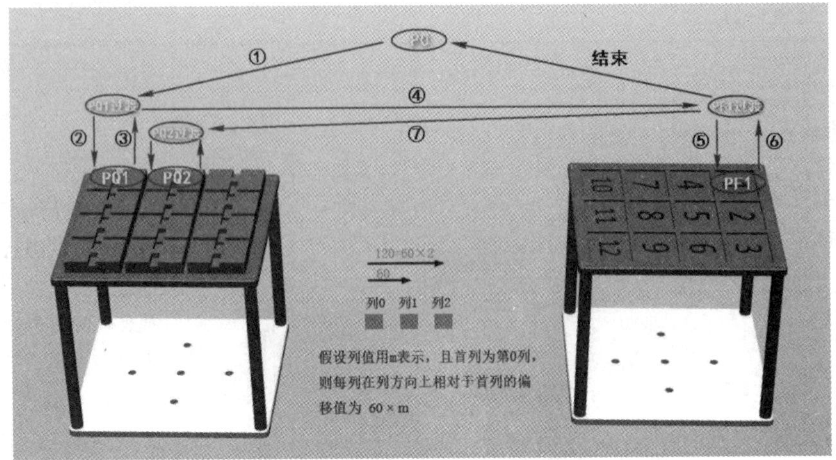

图 3-7 搬运 1 行物料思路示意图

3.6.2 Offs——偏移功能函数

扫码观看视频学习偏移功能函数与逻辑控制指令

◆ 功能：在一个机械臂位置的工件坐标系中添加一个偏移量。

◆ 格式：Offs（Point，XOffset，YOffset，ZOffset）

◆ 参数：

- Point 有待移动的位置数据。【数据类型：robtarget】
- XOffset 工件坐标系中 X 方向的位移。【数据类型：num】
- YOffset 工件坐标系中 Y 方向的位移。【数据类型：num】
- ZOffset 工件坐标系中 Z 方向的位移。【数据类型：num】

◆ 范例

MoveL Offs(P1, 3, 5, 10), v100, z0, tool1;

！将机械臂移动至 P1 点 X 轴正方向 3 mm，Y 轴正方向 5 mm，Z 轴正方向 10 mm 的一个点。

P3:=Offs(P2, 5, -10, 15);

！将位置 P2 沿 X 方向移动 5 mm，沿 Y 负方向移动 10 mm，且沿 Z 方向移动 15 作为 P3 的位置。

3.6.3 逻辑控制指令

(1) if 指令

◆ 功能：根据是否满足条件，执行不同的指令。

◆ 格式：

- 单分支格式

```
IF <EXP> THEN
    <SMT>
ENDIF
```

◆ 范例

```
IF reg1 > 5 THEN
    Set do1;
ENDIF
! 当 reg1 大于 5 时，将信号 do1 置位
IF counter > 100 THEN
    counter：=100;
ELSEIF counter < 0 THEN
    counter：=0;
ELSE
    counter：=counter + 1;
ENDIF
! 当 counter 的值大于 100 时将其赋值为 100，如果小于 0 则赋值为 0，否则将其值加
```

- 双分支格式

```
IF <EXP> THEN
    <SMT>
ELSE
    <SMT>
ENDIF
```

- 多分支格式

```
IF<EXP> THEN
    <SMT>
ELSEIF <EXP> THEN
    <SMT>
ELSE
    <SMT>
ENDIF
```

(2) compact if 指令

◆ 功能：紧凑型 if 指令，当单个指令仅在满足给定条件的情况下执行时使用。

◆ 格式：IF <EXP> <SMT>

◆ 范例

```
IF reg1 > 5 Set do1;
! 当 reg1 大于 5 时，将信号 do1 置位，与下面的程序功能相同。
IF reg1 > 5 THEN
    Set do1;
ENDIF
```

(3) test 指令

◆ 功能：根据表达式或数据的值选择执行相应的指令，如图 3-8 所示。

◆ 格式：

```
TEST <EXP>
  CASE <Value1>:
      <SMT1>
  CASE <Value2>:
      <SMT2>
  ......
  DEFAULT:
      <SMTn>
ENDTEST
```

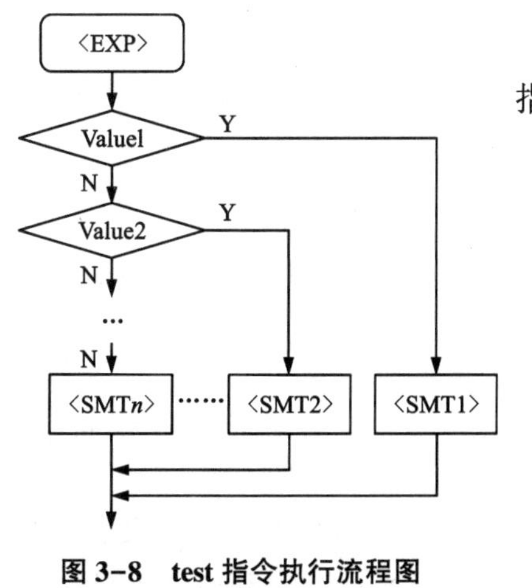

图 3-8　test 指令执行流程图

◆ 范例

```
TEST reg1
    CASE 1:
        routine1;
    CASE 2,3:
        routine2;
    DEFAULT:
        routine3;
ENDTEST
```

！如果 reg1 的值为 1，则执行 routine1；如果其值为 2 或 3 时，则执行 routine2；否则执行 routine3。

(4) for 指令

◆ 功能：根据循环变量在指定范围内递增或递减而重复执行语句块，主要用于一个或多个指令需要重复执行数次（执行次数确定）的情况。

◆ 格式：

FOR <循环变量> FROM <初始值> TO <终止值> [STEP<步长>] DO
    <语句块>
ENDFOR

◆ 说明：指令中的循环变量会自动声明，无须单独定义，且初始值、终止值与步长值通常都为整数值。循环开始时，循环变量从初始值开始，如果未指定 STEP 步长值，则默认 STEP 值为 1；如果是递减的情况，STEP 值可设为负数。每次循环时，都要重新计算循环变量，只要变量不在循环范围内，循环即结束，继续执行后续语句。

◆ 范例

```
FOR i FROM 1 TO 10 DO
        routine1;
ENDFOR
```

！程序 routine1 重复执行 10 次。

(5) while 指令

◆ 功能：用于在给定条件满足的情况下重复执行某些指令语句。

◆ 格式：

WHILE <条件表达式> DO
    <语句块>
ENDWHILE

◆ 说明：条件满足（条件表达式为真）时，程序会一直重复执行语句块。一旦条件不满足（表达式求值为假），循环结束，继续执行后续指令。

◆ 范例

```
WHILE reg1 < reg2 DO
        reg1 : = reg1 + 1;
ENDWHILE
! 只要 reg1 < reg2, reg1 的值循环加 1。
```

3.6.4　Rapid 程序与管理

扫码观看视频学习Rapid程序与管理

当程序功不断完善，程序代码也会越来越长，控制逻辑也会更复杂，在工作站中以插入指令的形式编写复杂程序会相对困难，同时修改和调试程序也会相对麻烦。通常编写复杂程序时会直接在 Rapid 程序编辑器中进行，进入 Rapid 程序编辑器的操作如图 3-9 所示，依次选择“RAPID→RAPID→T_ROB1→Module1”，双击“main”或“Path_10”即可进入 Rapid 程序编辑器界面。

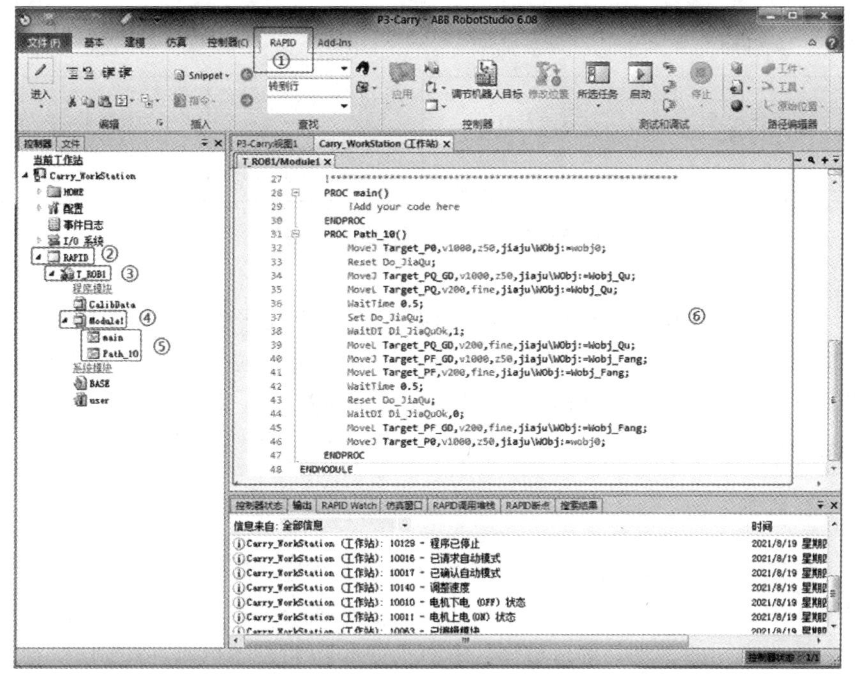

图 3-9　Rapid 程序编辑器界面

RAPID 语言是 ABB 工业机器人平台的编程语言，利用 RAPID 语言编制的程序简称 RAPID 程序，一个 RAPID 程序称为一个任务，一个任务是由一系列模块组成，包括程序模块与系统模块，其组成如图 3-10 所示。一般地，我们只通过新建程序模块来构建机器人程序，而系统模块多用于系统方面的控制。

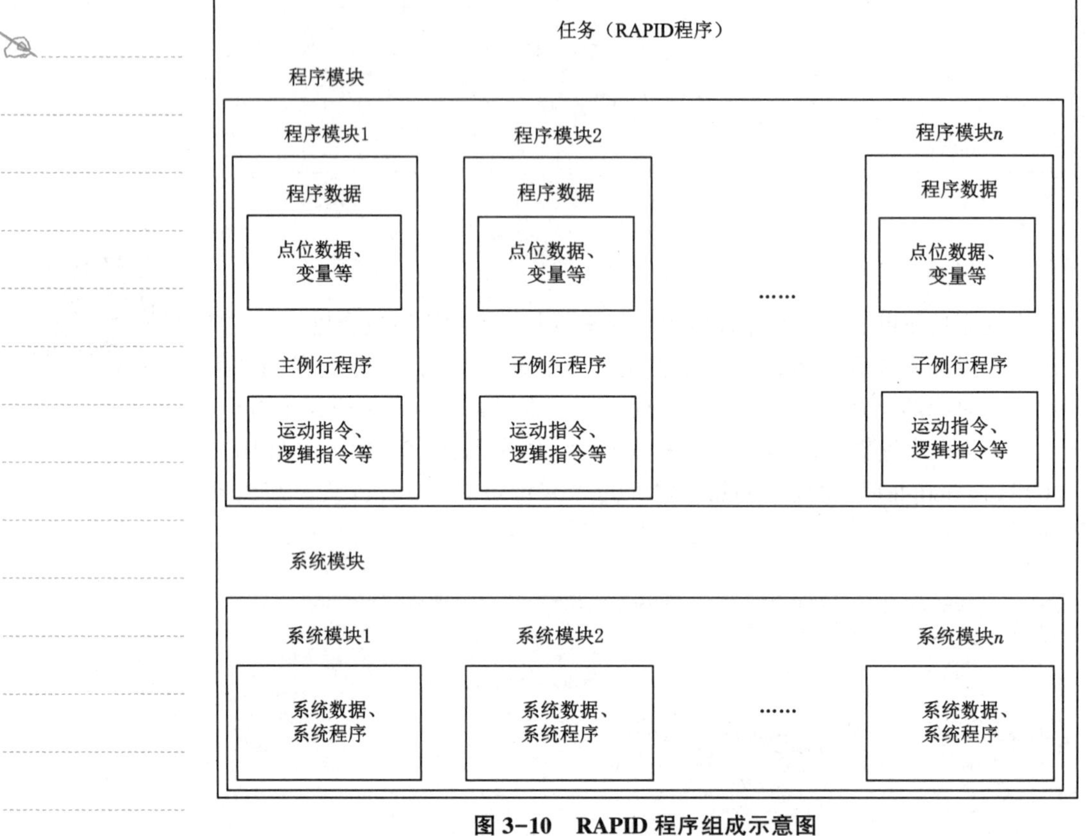

图 3-10 RAPID 程序组成示意图

在实际应用中可以根据不同的用途创建多个程序模块，如专门用于主控制的程序模块，用于存放数据的程序模块和用于位置计算的程序模块，这样可以方便归类管理不同用途的例行程序与数据。每个程序模块由程序数据和程序两部分组成。

1. 程序

根据功能与用途的不同，程序又分为普通程序(例行程序)PROC、中断程序 TRAP 和功能程序 FUNC，一个模块中并不一定同时包含这 3 种程序。程序模块之间的数据、例行程序、中断程序和功能程序可以互相调用。

通常例行程序又分为主例行程序与子例行程序。在 RAPID 程序中，只能有一个主例行程序 main，可以存在于任意一个程序模块中，主例行程序作为整个 RAPID 程序执行的起点。子例行程序则可以有多个，用于实现特定的控制功能，通常被主例行程序调用，从而实现模块化编程。

(1)例行程序(PROC)

RAPID 主程序以及大多数子程序均为例行程序(PROC)，例行程序可以被其他模块或程序调用，但不能向主调程序返回数据，故又称为无返回值程序。例行程序以 PROC 开始，ENDPROC 结束，可以定义参数，不使用参数时也需保留“()”，其结构与格式如下：

PROC 程序名称(参数表)

　　程序指令

　　……

ENDPROC

(2)中断程序(TRAP)

中断程序通常用于事件(信号)的优先处理，ABB 工业机器人程序是逐行执行的，不同于 PLC(实时扫描)，所以在遇到一些需要即时响应的状态时就要使用中断程序来触发。触发中断时，机器人会停止目前执行的程序，转而执行中断程序，中断程序执行完毕后回到原程序继续执行，其执行流程如图 3-11 所示。

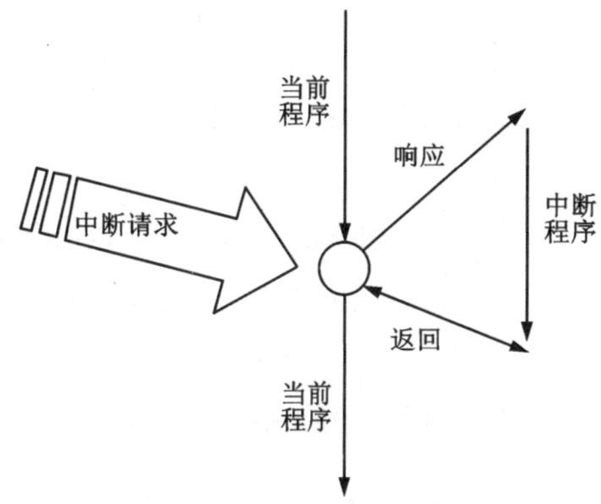

图 3-11　中断执行流程

(3)功能程序(FUNC)

功能程序(FUNC)又称有返回值程序，这是一种具有运算、比较等功能，能向调用该程序的模块、程序返回结果的参数化编程模块；调用功能程序时，不仅需要指定程序名称，且必须有程序参数。

全局功能程序直接以程序类型 FUNC 开始，用 ENDFUNC 结束，程序结构与格式如下：

FUNC 数据类型 功能名称

　　程序数据定义

　　程序指令

　　……

　　RETURN 返回数据

ENDFUNC

2. 程序数据

程序数据是在程序模块或系统模块中设定的值和定义的一些环境数据，创建的程序数据由同一个模块或其他模块中的指令调用。了解程序数据是 ABB 机器人编程的基础。

在声明程序数据时，必须设置其所属任务、模块、范围、数据类型与存储类型等属性，其中需要重点了解程序数据类型与存储类型。

(1)程序数据类型

ABB 机器人程序数据类型有 100 余种，可以分为基本数据、I/O 数据、运动相关数据等几个大类，其中常用的数据类型如表 3-23 所示。

表 3-23 常用数据类型

大类	数据类型	说明
基本数据	bool	逻辑值。False 或 0 表示逻辑假，True 或 1 表示逻辑真
	byte	字节值。表示一个整数字节值，取值范围为(0~255)
	num	数值。存储整数、小数等，取值范围(-8388607~+8388608)
	String	字符串。可由字母、数字、符号等组成，必须包含于双引号中，最多 80 个字符
I/O 数据	dionum	数字值。用于数字 I/O 信号，取值为 0 或 1
	signaldi/do	数字量输入/输出信号。取值为 0 或 1，低电平为 0，高电平为 1
	signalgi/go	数字量输入/输出信号组。多个数字输入或输出信号组合使用
运动相关数据	robtarget	位置数据。用于定义机械臂和附加轴的位置，通常包括 TCP 基于工件坐标的空间位置(*X*/*Y*/*Z*)、工具方位、机械臂的轴配置等数据
	jointtarget	接头位置数据(关节位置数据)。机械臂轴的轴位置以度数计。轴位置定义为各轴(臂)从轴校准位置沿正方向或反方向旋转的度数
	tooldata	工具数据。用于描述工具的特征，包括 TCP 的位置、方位以及工具负载的物理特征
	wobjdata	工件数据。用于定义工件的位置及状态
	zonedata	区域数据。用于规定如何结束一个位置，即在朝下一个位置移动前，轴必须如何接近编程位置。系统中定义了一系列区域数据，如停止点 fine 或飞越点(z0、z1、z10 等)
	loaddata	负载数据。描述附于机械臂机械界面(机械臂安装法兰)的负载，同时将 loaddata 作为 tooldata 的组成部分，以描述工具负载

(2)存储类型

在定义程序数据时，除了要确定数据类型，还要指定其存储类型。ABB机器人数据存储类型有 3 种，分别如表 3-24 所示。

表 3-24　存储类型

存储类型	名称	说明
VAR	变量	在程序执行的过程中和停止时，会保持当前的值。但在程序指针复位后，将恢复为初始值
PERS	可变量	无论程序的指针如何改变位置，可变量型程序数据都会保持其最后赋予的值
CONST	常量	数据在定义的时候已经被赋予了数值，且不能在程序中进行数据的修改，除非手动进行修改，否则数据会一直保持不变

3. 运算符与表达式

在 RAPID 程序中，程序数据的值可以直接通过赋值指令获得，也可以利用表达式、运算指令或函数命令进行数学、逻辑运算得到。简单四则运算和比较操作可使用基本运算符，复杂运算则需要使用函数命令。基本运算符如表 3-25 所示。

表 3-25　基本运算符

运算符		运算	运算数类型	举例
算术运算符	：=	赋值	任意	a：=2；b：=c
	+	加	num、dnum、pos、String	1+2；a+3；a+b
	-	减	num、dnum、pos	5-2；6-a；a-b
	*	乘	num、dnum、pos、orient	a：=2*3；
	/	除	num、dnum	a：=6/2
比较运算符	<	小于	num、dnum	a<b；(1<2)= True
	<=	小于等于	num、dnum	a<=b；(2<=1)= False
	>	大于	num、dnum	a>b；(1>2)= False
	>=	大于等于	num、dnum	a>=b；(1>=2)= False
	=	等于	任意同类型	(1=2)= False；a=b
	<>	不等于	任意同类型	a<>b；(1<>2)= True

扫码观看搬运1行的分析与操作视频

3.6.5 编程与调试

(1)基于 FOR 搬运 1 行的程序

```
PROC Path_10()
    Reset Do_JiaQu;
    MoveJ Target_P0,v1000,z50,jiaju\WObj:=wobj0;
    FOR m FROM 0 TO 2 DO
      MoveJ offs(Target_PQ,0,60 * m,50),v1000,z50,jiaju\WObj:=Wobj_Qu;
      MoveL offs(Target_PQ,0,60 * m,0),v200,fine,jiaju\WObj:=Wobj_Qu;
          WaitTime 0.5;
          Set Do_JiaQu;
          WaitDI Di_JiaQuOk,1;
          MoveL offs(Target_PQ,0,60 * m,50),v200,fine,jiaju\WObj:=Wobj_Qu;
          MoveJ offs(Target_PF,60 * m,0,50),v1000,z50,jiaju\WObj:=Wobj_Fang;
          MoveL offs(Target_PF,60 * m,0,0),v200,fine,jiaju\WObj:=Wobj_Fang;
          WaitTime 0.5;
          Reset Do_JiaQu;
          WaitDI Di_JiaQuOk,0;
          MoveL offs(Target_PF,60 * m,0,50),v200,fine,jiaju\WObj:=Wobj_Fang;
      ENDFOR
      MoveJ Target_P0,v1000,z50,jiaju\WObj:=wobj0;
ENDPROC
```

(2)基于 While 循环搬运 1 行的程序

```
PROC Path_10()
    VAR num num1:=0;
    Reset Do_JiaQu;
    MoveJ Target_P0,v1000,z50,jiaju\WObj:=wobj0;
    while num1<=2 DO
        MoveJ offs(Target_PQ,0,60 * num1,50),v1000,z50,jiaju\WObj:=Wobj_Qu;
        MoveL offs(Target_PQ,0,60 * num1,0),v200,fine,jiaju\WObj:=Wobj_Qu;
        WaitTime 0.5;
        Set Do_JiaQu;
        WaitDI Di_JiaQuOk,1;
        MoveL offs(Target_PQ,0,60 * num1,50),v200,fine,jiaju\WObj:=Wobj_Qu;
        MoveJ offs(Target_PF,60 * num1,0,50),v1000,z50,jiaju\WObj:=Wobj_Fang;
        MoveL offs(Target_PF,60 * num1,0,0),v200,fine,jiaju\WObj:=Wobj_Fang;
        WaitTime 0.5;
        Reset Do_JiaQu;
        WaitDI Di_JiaQuOk,0;
        MoveL offs(Target_PF,60 * num1,0,50),v200,fine,jiaju\WObj:=Wobj_Fang;
        num1:=num1+1;
    ENDWHILE
    MoveJ Target_P0,v1000,z50,jiaju\WObj:=wobj0;
ENDPROC
```

任务7　搬运整盘

扫码观看搬运整盘的分析与操作视频

3.7.1　思路分析

搬运整盘其实就是搬运1行并重复4次，已知每行间隔45 mm，因此每完成1行的搬运后在行方向上进行45 mm偏移，即可继续下一行搬运，假设行值用n表示，且首行为第0行，则每行在行方向上相对于首行的偏移值为45 n，如图3-12所示。前一任务中已经实现了一层循环控制搬运程序在列方向上进行循环偏移，整盘搬运时还需要在行方向上进行偏移，因此需要两层循环，即循环嵌套。

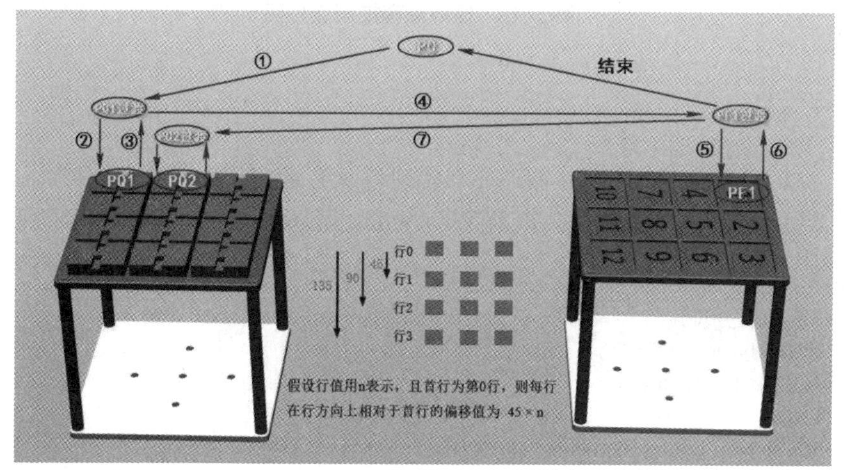

图3-12　整盘搬运思路示意图

3.7.2　循环嵌套

循环嵌套，即在一个循环体语句中又包含另一个循环语句。循环嵌套可以是两层循环，也可以是多层循环，可以是FOR循环与FOR循环嵌套、While循环与While循环嵌套，也可以是FOR循环与While循环嵌套。下面以两层FOR循环嵌套为例说明循环嵌套的使用与程序执行流程。

(1)循环嵌套格式

```
FOR x FROM a TO b DO
  FOR y FROM c TO d DO
    循环体语句;
  ENDFOR
ENDFOR
```

(2)控制流程

假定循环嵌套中a<b，c<d，则其执行流程如图3-13所示。

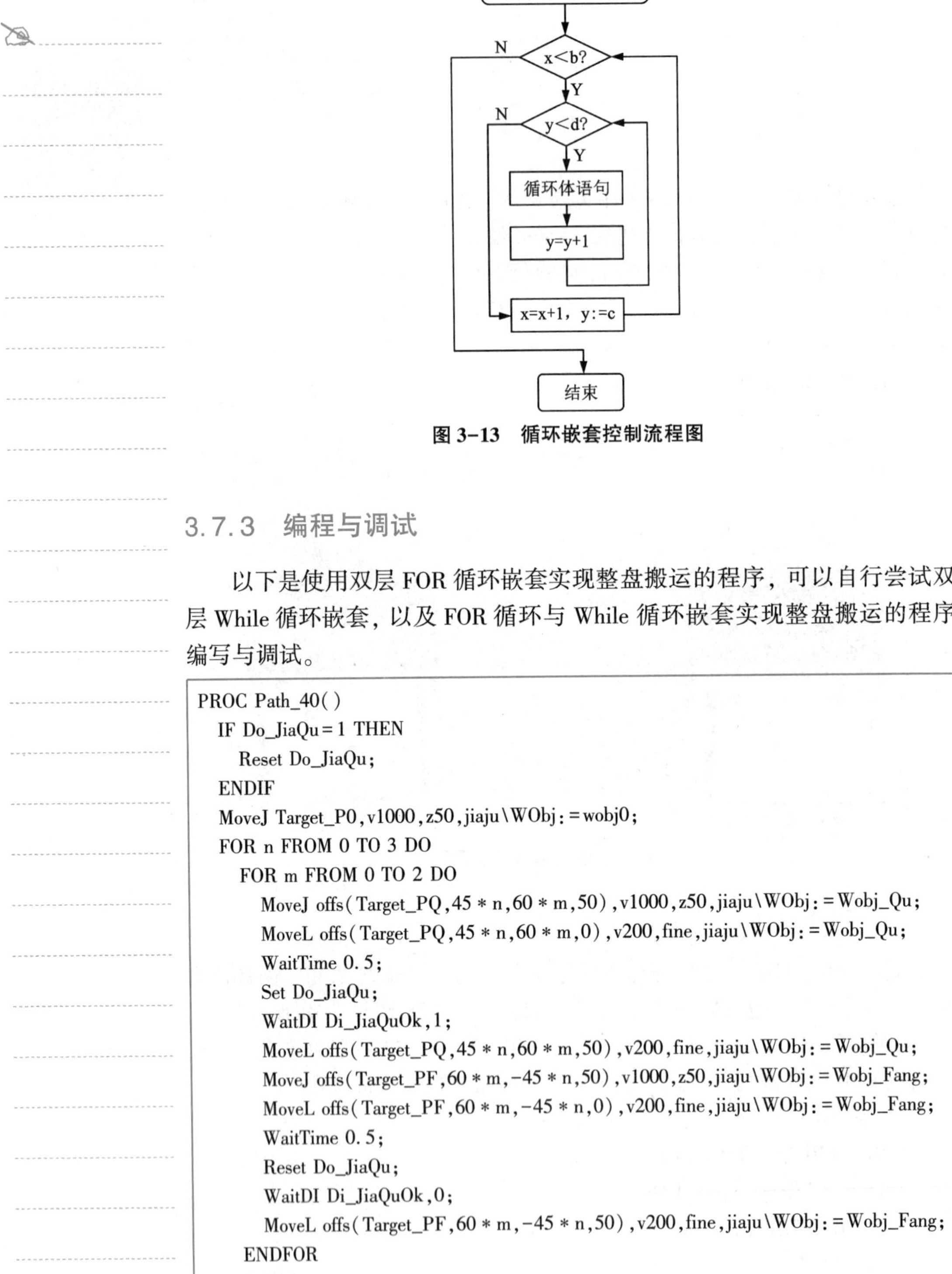

图 3-13　循环嵌套控制流程图

3.7.3　编程与调试

以下是使用双层 FOR 循环嵌套实现整盘搬运的程序，可以自行尝试双层 While 循环嵌套，以及 FOR 循环与 While 循环嵌套实现整盘搬运的程序编写与调试。

```
PROC Path_40()
  IF Do_JiaQu=1 THEN
    Reset Do_JiaQu;
  ENDIF
  MoveJ Target_P0,v1000,z50,jiaju\WObj:=wobj0;
  FOR n FROM 0 TO 3 DO
    FOR m FROM 0 TO 2 DO
      MoveJ offs(Target_PQ,45 * n,60 * m,50),v1000,z50,jiaju\WObj:=Wobj_Qu;
      MoveL offs(Target_PQ,45 * n,60 * m,0),v200,fine,jiaju\WObj:=Wobj_Qu;
      WaitTime 0.5;
      Set Do_JiaQu;
      WaitDI Di_JiaQuOk,1;
      MoveL offs(Target_PQ,45 * n,60 * m,50),v200,fine,jiaju\WObj:=Wobj_Qu;
      MoveJ offs(Target_PF,60 * m,-45 * n,50),v1000,z50,jiaju\WObj:=Wobj_Fang;
      MoveL offs(Target_PF,60 * m,-45 * n,0),v200,fine,jiaju\WObj:=Wobj_Fang;
      WaitTime 0.5;
      Reset Do_JiaQu;
      WaitDI Di_JiaQuOk,0;
      MoveL offs(Target_PF,60 * m,-45 * n,50),v200,fine,jiaju\WObj:=Wobj_Fang;
    ENDFOR
  ENDFOR
  MoveJ Target_P0,v1000,z50,jiaju\WObj:=wobj0;
ENDPROC
```

任务8　往返搬运

扫码观看往返搬运的分析与操作视频

3.8.1　思路分析

为了仿真的方便，可以在完成整盘物料的搬运后再将其搬回，方便下一次的搬运仿真。往返搬运主要包括正常的搬运与搬回两步操作，而搬回其实就是正常搬运的逆操作，只需将点位与偏移参数进行互换即可。为了使程序结构更清晰易读，可以使用子程序。

3.8.2　子程序应用

在模块化编程中，通常将某些功能程序，尤其是需要多次重复执行的程序编制为子程序，然后在主程序中调用各子程序，提高程序代码的复用率，使程序结构更加清晰，且方便阅读与修改。本任务中将初始化程序、搬运程序、搬回程序分别定义为子程序，然后在主程序中调用完成往返搬运。此外还可以利用传参数的方式将搬运和搬回两个子程序整合为一个子程序，供学习者参考。

3.8.3　编程与调试

(1)无参程序

```
MODULE Module1
  ! 此处省略了从工作站同步到虚拟控制器的 Target_P0、Target_PQ、Target_PF 等目标点位数据
  ! 初始化子程序
  PROC init()
    Reset Do_JiaQu;
    MoveJ Target_P0, v1000, z50, jiaju\WObj: =wobj0;
  ENDPROC
  ! 搬运子程序
  PROC carryTo()
    FOR n FROM 0 TO 3 DO
      FOR m FROM 0 TO 2 DO
        MoveJ offs(Target_PQ, 45 * n, 60 * m, 50), v1000, z50, jiaju\WObj: =Wobj_Qu;
        MoveL offs(Target_PQ, 45 * n, 60 * m, 0), v200, fine, jiaju\WObj: =Wobj_Qu;
        WaitTime 0.5;
        Set Do_JiaQu;
        WaitDI Di_JiaQuOk, 1;
        MoveL offs(Target_PQ, 45 * n, 60 * m, 50), v200, fine, jiaju\WObj: =Wobj_Qu;
        MoveJ offs(Target_PF, 60 * m, -45 * n, 50), v1000, z50, jiaju\WObj: =Wobj_Fang;
        MoveL offs(Target_PF, 60 * m, -45 * n, 0), v200, fine, jiaju\WObj: =Wobj_Fang;
        WaitTime 0.5;
```

```
            Reset Do_JiaQu;
            WaitDI Di_JiaQuOk, 0;
            MoveL offs(Target_PF, 60 * m, -45 * n, 50), v200, fine, jiaju\WObj: =Wobj
_Fang;
         ENDFOR
      ENDFOR
      MoveJ Target_P0, v1000, z50, jiaju\WObj: =wobj0;
   ENDPROC
   ! 搬回子程序
   PROC carryBack()
      FOR n FROM 0 TO 3 DO
         FOR m FROM 0 TO 2 DO
            MoveJ offs(Target_PF, 60 * m, -45 * n, 50), v1000, z50, jiaju\WObj: =
Wobj_Fang;
            MoveL offs(Target_PF, 60 * m, -45 * n, 0), v200, fine, jiaju\WObj: =Wobj_
Fang;
            WaitTime 0.5;
            set Do_JiaQu;
            WaitDI Di_JiaQuOk, 1;
            MoveL offs(Target_PF, 60 * m, -45 * n, 50), v200, fine, jiaju\WObj: =Wobj
_Fang;
         MoveJ offs(Target_PQ, 45 * n, 60 * m, 50), v1000, z50, jiaju\WObj: =Wobj_Qu;
            MoveL offs(Target_PQ, 45 * n, 60 * m, 0), v200, fine, jiaju\WObj: =Wobj_Qu;
            WaitTime 0.5;
            reSet Do_JiaQu;
            WaitDI Di_JiaQuOk, 0;
            MoveL offs(Target_PQ, 45 * n, 60 * m, 50), v200, fine, jiaju\WObj: =Wobj_Qu;
         ENDFOR
      ENDFOR
      MoveJ Target_P0, v1000, z50, jiaju\WObj: =wobj0;
ENDPROC
! 主程序
PROC main()
      init;   ! 调用初始化子程序
      carryTo;   ! 调用搬运子程序
      carryBack;   ! 调用搬回子程序
   ENDPROC
ENDMODULE
```

(2)有参程序

```
MODULE Module1
  ! 此处省略了从工作站同步到虚拟控制器的 Target_P0、Target_PQ、Target_PF 等目
标点位数据
   PERS wobjdata Wobj_Pick;
   PERS wobjdata Wobj_Release;
   ! 初始化子程序
   PROC init()
```

```
    Reset Do_JiaQu;
    MoveJ Target_P0, v1000, z50, jiaju\WObj: =wobj0;
  ENDPROC
  ! 搬运子程序
  PROC carry(num a)  ! 搬运子程序的参数为 1 时表示正常搬运，为其他值时则表示往回搬运
    VAR robtarget target_Pick;
    VAR robtarget target_Release;
    VAR num symbol1: =0;
    VAR num symbol2: =0;
    VAR num offs1: =0;
    VAR num offs2: =0;
    IF a=1 THEN
      target_Pick: =Target_PQ;
      target_Release: =Target_PF;
      Wobj_Pick: =Wobj_Qu;
      Wobj_Release: =Wobj_Fang;
      symbol1: =1;
      symbol2: =-1;
    ELSE
      target_pick: =Target_PF;
      target_Release: =Target_PQ;
      Wobj_Pick: =Wobj_Fang;
      Wobj_Release: =Wobj_Qu;
      symbol1: =-1;
      symbol2: =1;
    ENDIF
    FOR n FROM 0 TO 3 DO
      FOR m FROM 0 TO 2 DO
        IF a=1 THEN
          offs1: =45 * n;
          offs2: =60 * m;
        ELSE
          offs1: =60 * m;
          offs2: =45 * n;
        ENDIF
        MoveJ offs(target_pick, offs1, offs2 * symbol1, 50), v1000, z50, jiaju\WObj: =Wobj_Pick;
        MoveL offs(target_pick, offs1, offs2 * symbol1, 0), v200, fine, jiaju\WObj: =Wobj_Pick;
        WaitTime 0.5;
        Set Do_JiaQu;
        WaitDI Di_JiaQuOk, 1;
        MoveL offs(target_pick, offs1, offs2 * symbol1, 50), v200, fine, jiaju\WObj: =Wobj_Pick;
        MoveJ offs(target_Release, offs2, offs1 * symbol2, 50), v1000, z50, jiaju\WObj: =Wobj_Release;
        MoveL offs(target_Release, offs2, offs1 * symbol2, 0), v200, fine, jiaju\WObj: =Wobj_Release;
        WaitTime 0.5;
```

```
            Reset Do_JiaQu;
            WaitDI Di_JiaQuOk, 0;
            MoveL offs(target_Release, offs2, offs1 * symbol2, 50), v200, fine, jiaju\
WObj: =Wobj_Release;
        ENDFOR
      ENDFOR
      MoveJ Target_P0, v1000, z50, jiaju\WObj: =wobj0;
    ENDPROC
    ! 主程序
    PROC main()
      init;   ! 调用初始化子程序
      carry(1);   ! 调用搬运子程序完成初始搬运
      carry(2);   ! 调用搬运子程序将物料搬回
    ENDPROC
ENDMODULE
```

项目总结

本项目以工业机器人搬运工作站为任务载体，主要包括搬运工作站布局、动态夹具创建、工作站逻辑设定、搬运程序编写与调试等工作任务，其中在项目实施过程中，将动态夹具创建细分为夹具工具创建与夹具夹取属性创建两个任务，搬运程序编写与调试则细分为搬运 1 个、搬运 1 行、搬运整盘、往返搬运四个任务。

项目涉及的主要理论知识都融入到了各个任务中，本项目中需要重点掌握 Smart 组件、I/O 指令、程序等待指令、逻辑控制指令、偏移功能函数(Offs)的功能与使用方法。

扫码观看视频了解区域数据(zonedata)

任务拓展

◆ 区域数据-zonedata

(1) 区域数据(zonedata)概述

区域数据(zonedata)用于规定如何结束一个位置，即在朝下一个位置移动之前，轴必须如何接近当前位置。ABB 工业机器人可以用停止点或飞越点的形式来终止一个位置，如图 3-14 所示。

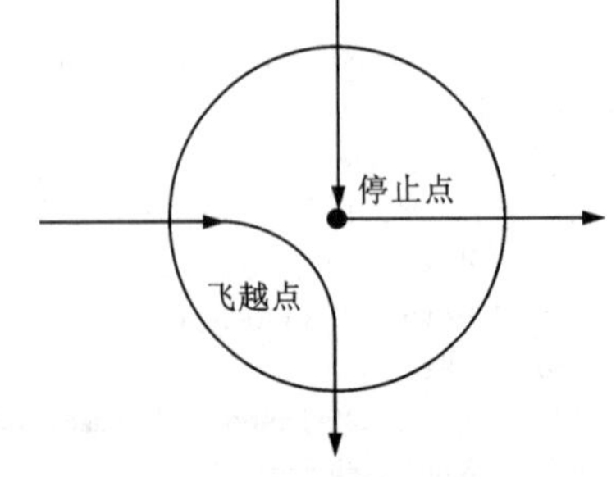

图 3-14 停止点与飞越点效果示意图

停止点：指在继续执行下一个程序指令前，机器人和附加轴必须完全到达指定位置并短暂停止。

飞越点：意味着机器人并未达到当前位置，而是在达到该位置前改变运动方向，平滑过渡并前往下一个目标位置。

运动指令中停止点使用参数 fine，飞越点使用参数“z”。“z”表示转弯半径，后面使用具体的数值，数值越大转弯半径越大(如 z10、z50 分别表示转弯半径为 10 mm、50 mm)。ABB 机器人系统预定义转弯半径数据如表 3-26 所示。

表 3-26　预定义转弯半径数据

路径区域			
名称	TCP 路径/mm	方向/mm	外轴/mm
z0	0.3	0.3	0.3
z1	1	1	1
z5	5	8	8
z10	10	15	15
z15	15	23	23
z20	20	30	30
z30	30	45	45
z40	40	60	60
z50	50	75	75
z60	60	90	90
z80	80	120	120
z100	100	150	150
z150	150	225	225
z200	200	300	300

(2)z0 与 fine 的区别

由表 3-26 可知 z0 也有转弯半径，但转弯半径很小，为 0.3 mm，并不是 0，而 fine 转弯半径为 0。

转弯区数据为 z 时，系统会预读下一条指令，根据下一条运动指令提交规划过渡路径，实际执行的效果不会精确经过当前点位，而是平滑过渡，机器人没有停顿，因此 TCP 运动的平滑性更好。

转弯区数据为 fine 时，系统不会预读程序，等当前指令运行结束后，程序指针才跳到下一条指令。所以执行 fine 时，机器人会精确到达目标位置，且有短暂停顿，但人眼可能分辨不了。

当运动指令后面使用 I/O 指令时，如果使用 z0，则程序预读后会提前执行 I/O 指令，而使用 fine 则当 TCP 完全到达目标位置后才会执行 I/O 指令。如果 I/O 指令用于控制夹具夹取物料等动作时，转弯区数据使用 z0 时，可能会出现 TCP 到达目标位置前已经完成了夹紧动作，导致夹取失败。

因此需要根据实际情况灵活选择使用 z0 与 fine。

思考与练习

1. 简述 Smart 组件的功能。
2. 已知变量 score 与 grade，利用 if 指令编程实现如下功能：
   当 score≥90 时，grade 的值为 A；
   当 80≤score≤89 时，grade 的值为 B；
   当 70≤score≤79 时，grade 的值为 C；
   当 60≤score≤69 时，grade 的值为 D；
   当 score<60 时，grade 的值为 E。
3. 利用 test 指令编程实现第 2 题的功能。
4. 利用 for 指令计算 1+2+……+100 的和。
5. 利用 while 指令计算 2+4+……+100 的和。
6. 将本项目的搬运顺序调整为 12→1，同样保持位置一一对应，请编程实现。
7. 将本项目的物料位对应规则调整为 1—12、2—11、……、12—1，即取料盘上从 1 号位开始拾取，放料盘上则从 12 号位开始放置，搬运顺序根据取料盘从 1→12 依次搬运，请编程实现。

项目四　工业机器人码垛工作站离线编程

相关知识

人工进行码垛时，劳动强度大，效率低，生产成本高，削弱了企业的市场竞争力。码垛机器人工作站是一种集成化的系统，它包括码垛机器人、控制器、编程器、机器人手爪、自动拆/叠盘机、托盘输送及定位设备和码垛模式软件。它还配置自动称重、贴标签和检测及通信系统，并与生产控制系统相连接，以形成一个完整的集成化包装生产线。码垛工作站的类型大致有以下几种：

①生产线末端码垛的简单工作站：这种柔性码垛系统从输送线上下料并将工件码垛、加层垫等，并有一条输送线将码好的托盘送走。

②码垛/拆垛工作站：这种柔性码垛系统可将三垛不同货物码成一垛，机器人还可抓取托盘和层垫，一垛码满后由输送线自动输出。

③生产线中码垛：工件在输送线定位点被抓取并放到两个不同托盘上，层垫也被机器人抓取。托盘和满垛通过输送线自动输出或输入。

项目描述

生产线将产品输送至指定产品抓取处，工件到达抓取位置后，机器人采用吸盘工具进行产品抓取，将产品抓到托盘上进行码垛。码垛根据具体的产品尺寸和码垛的排列顺序要求进行，整垛完成后，由专门的转运车将托盘及整垛送入仓库，机器人再对新的托盘进行重复自动码垛，本项目效果如图 4-1 所示。

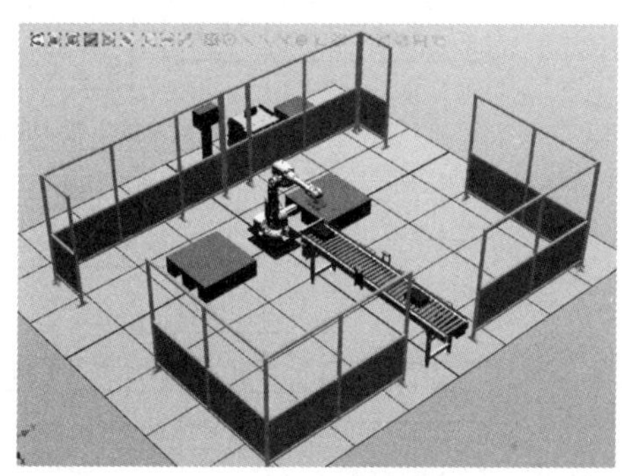

图 4-1　项目效果图

学习目标

通过本项目的学习，掌握码垛工作站的典型布局，掌握带感知功能吸盘工具的创建，掌握动态传送线的创建，掌握工件坐标系和点位的创建，掌握工作站信号机逻辑设定，了解 RAPID 中与码垛有关的典型程序编程与调试。

知识图谱

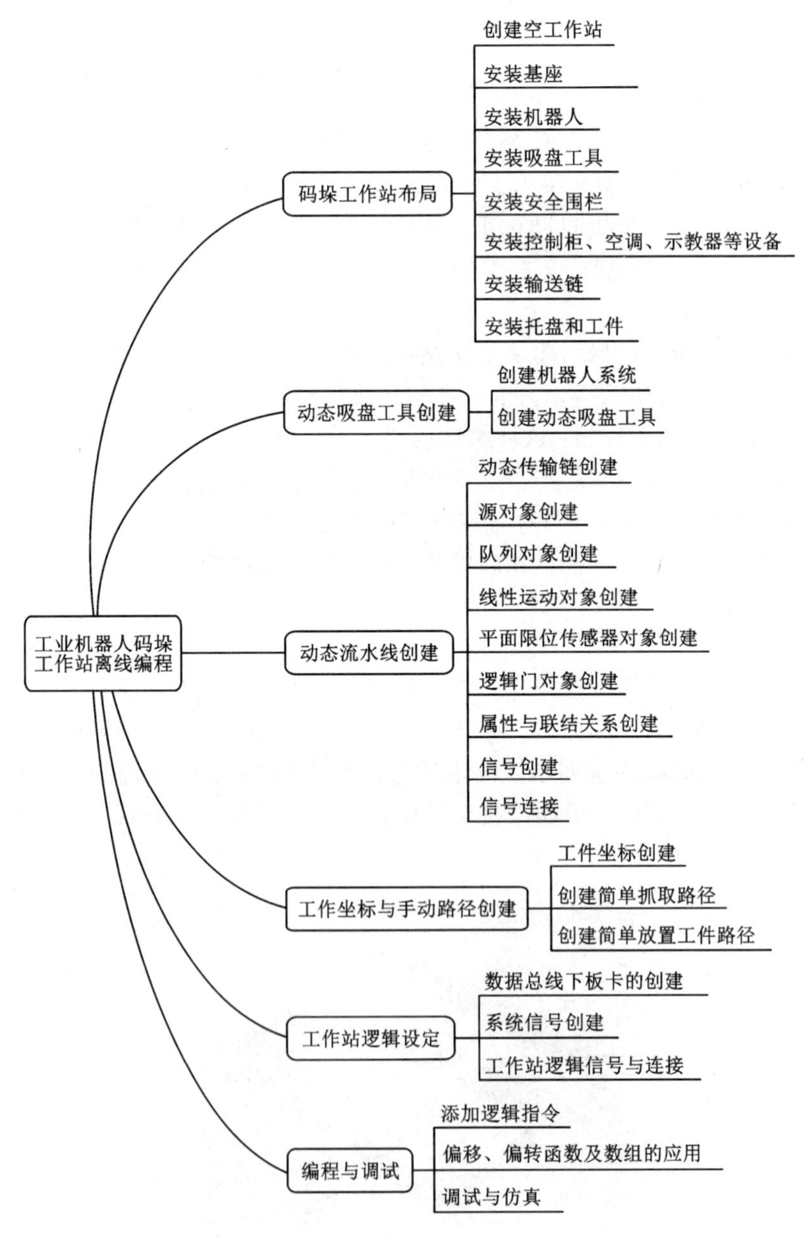

项目实施

任务 1　码垛工作站布局

扫码下载本项目所需组件模型

工作站组成：工业机器人、基座、控制柜、示教器、输送线、左右托盘、产品、吸盘工具、安全围栏、空气调节器、工作站操作台。

4.1.1　创建空工作站

创建空工作站的具体操作步骤如表 4-1 所示。

表 4-1　空工作站创建步骤

序号	图片示例	操作步骤
1		创建空工作站
2	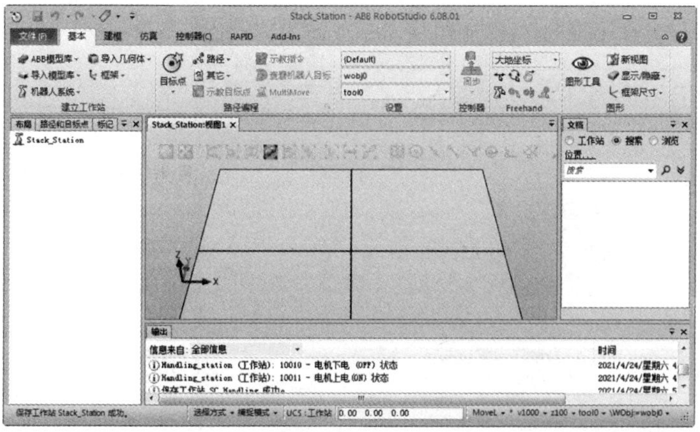	将工作站另存为“Stack_Station”

4.1.2 安装基座

安装基座具体步骤如表 4-2 所示。

表 4-2 安装基座具体步骤

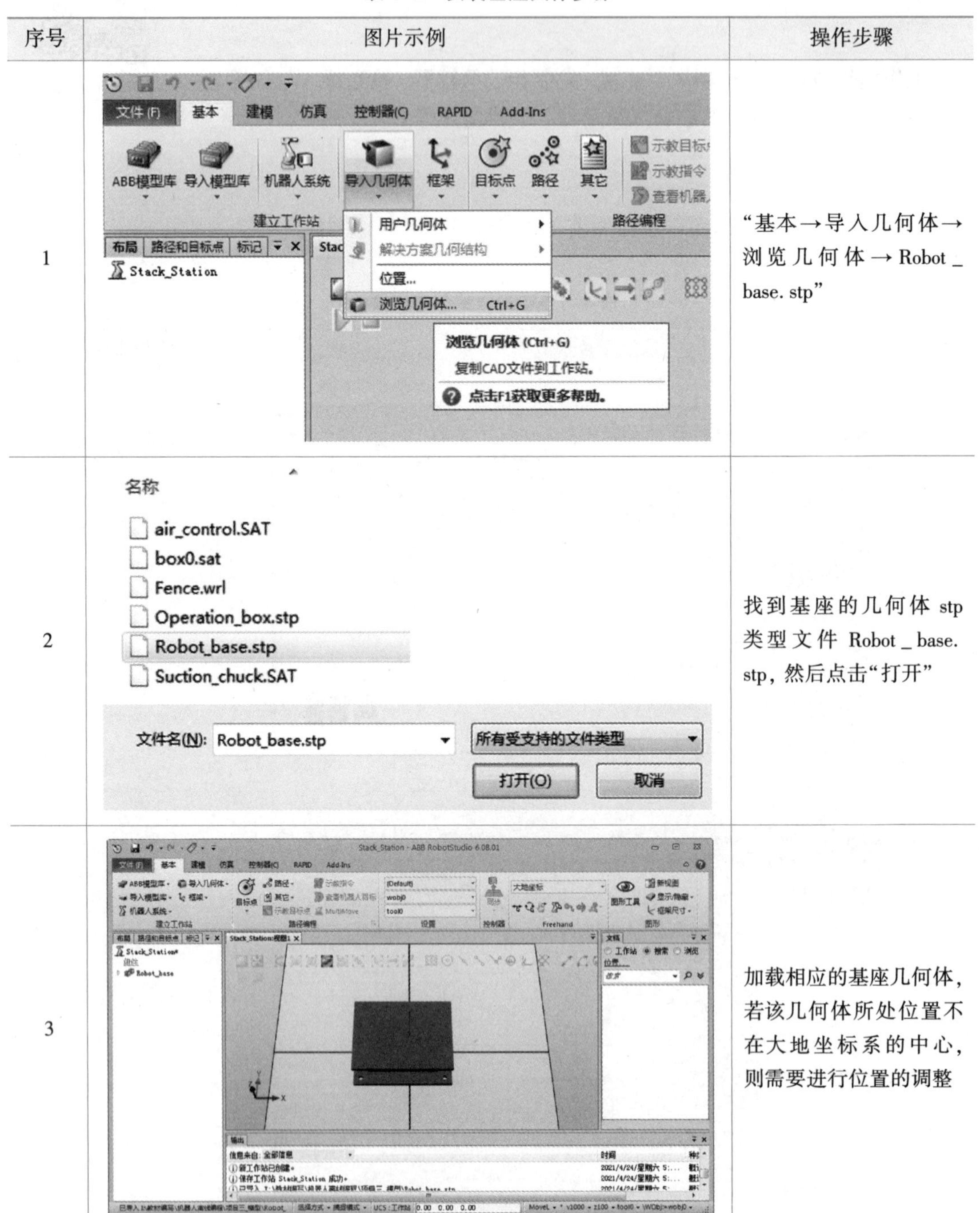

序号	图片示例	操作步骤
1		“基本→导入几何体→浏览几何体→Robot_base. stp”
2		找到基座的几何体 stp 类型文件 Robot_base. stp，然后点击“打开”
3		加载相应的基座几何体，若该几何体所处位置不在大地坐标系的中心，则需要进行位置的调整

续表4-2

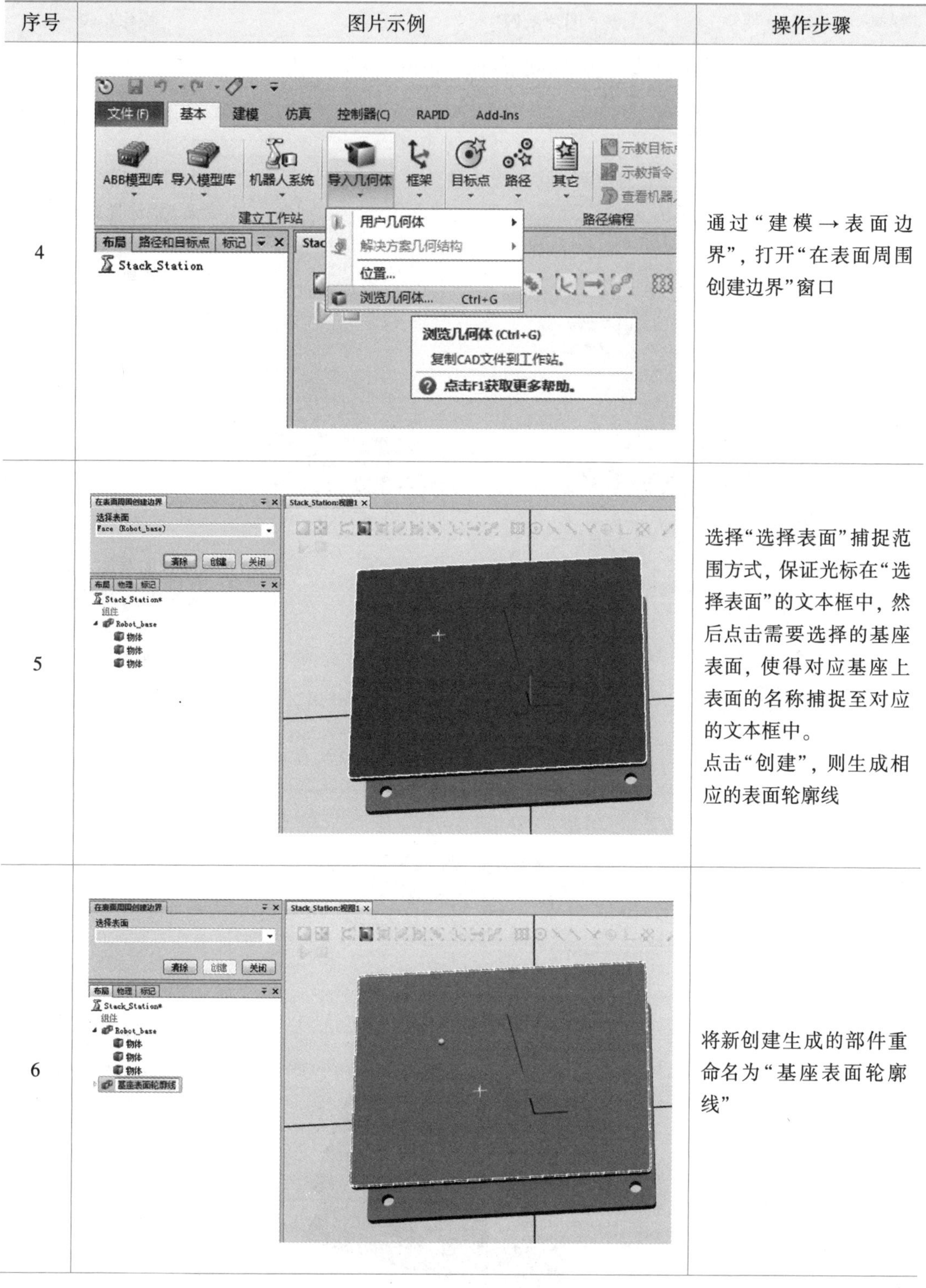

序号	图片示例	操作步骤
4		通过“建模→表面边界”，打开“在表面周围创建边界”窗口
5		选择“选择表面”捕捉范围方式，保证光标在“选择表面”的文本框中，然后点击需要选择的基座表面，使得对应基座上表面的名称捕捉至对应的文本框中。 点击“创建”，则生成相应的表面轮廓线
6		将新创建生成的部件重命名为“基座表面轮廓线”

续表4-2

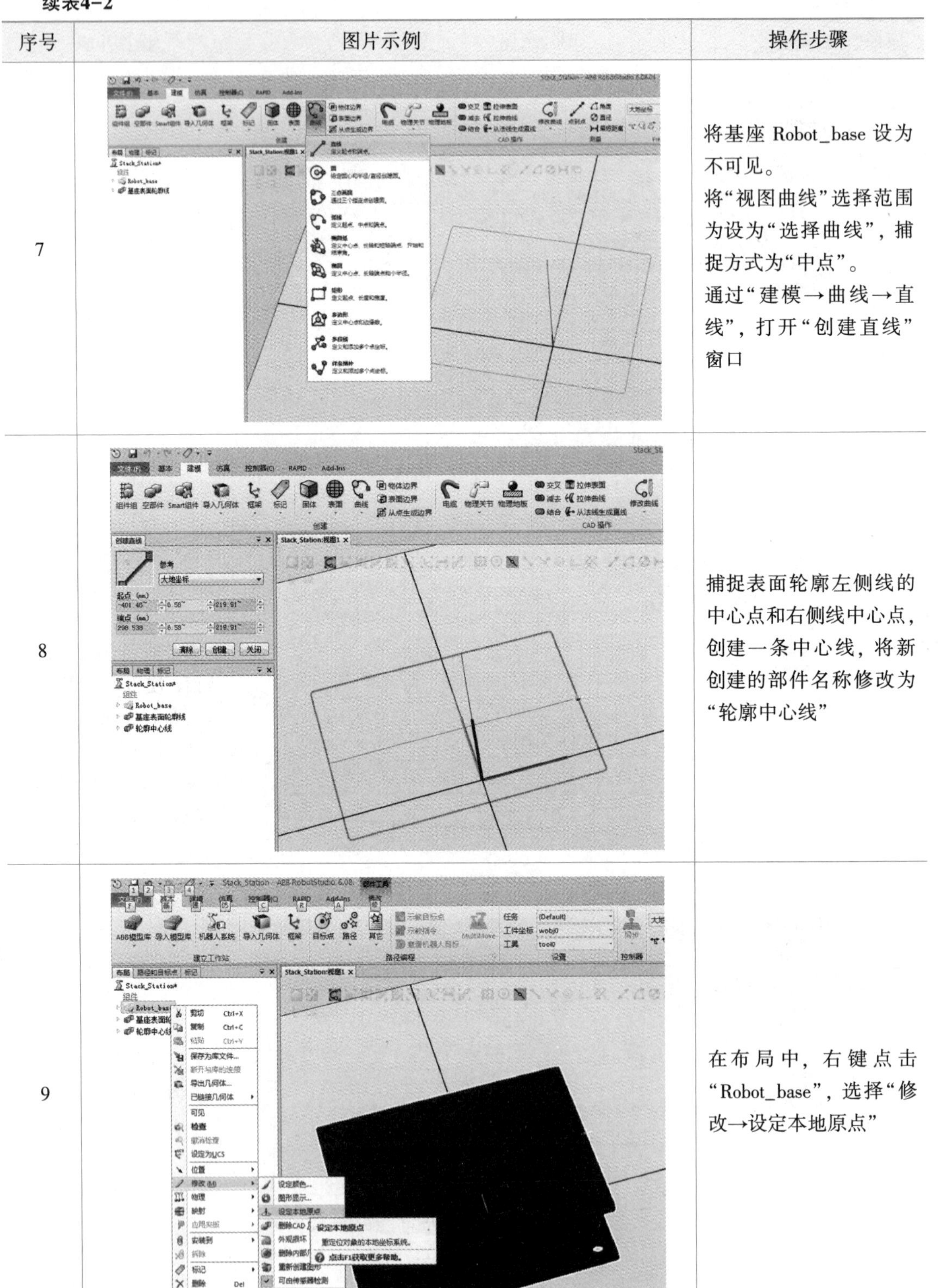

序号	图片示例	操作步骤
7		将基座 Robot_base 设为不可见。 将“视图曲线”选择范围为设为“选择曲线”，捕捉方式为“中点”。 通过“建模→曲线→直线”，打开“创建直线”窗口
8		捕捉表面轮廓左侧线的中心点和右侧线中心点，创建一条中心线，将新创建的部件名称修改为“轮廓中心线”
9		在布局中，右键点击“Robot_base”，选择“修改→设定本地原点”

续表4-2

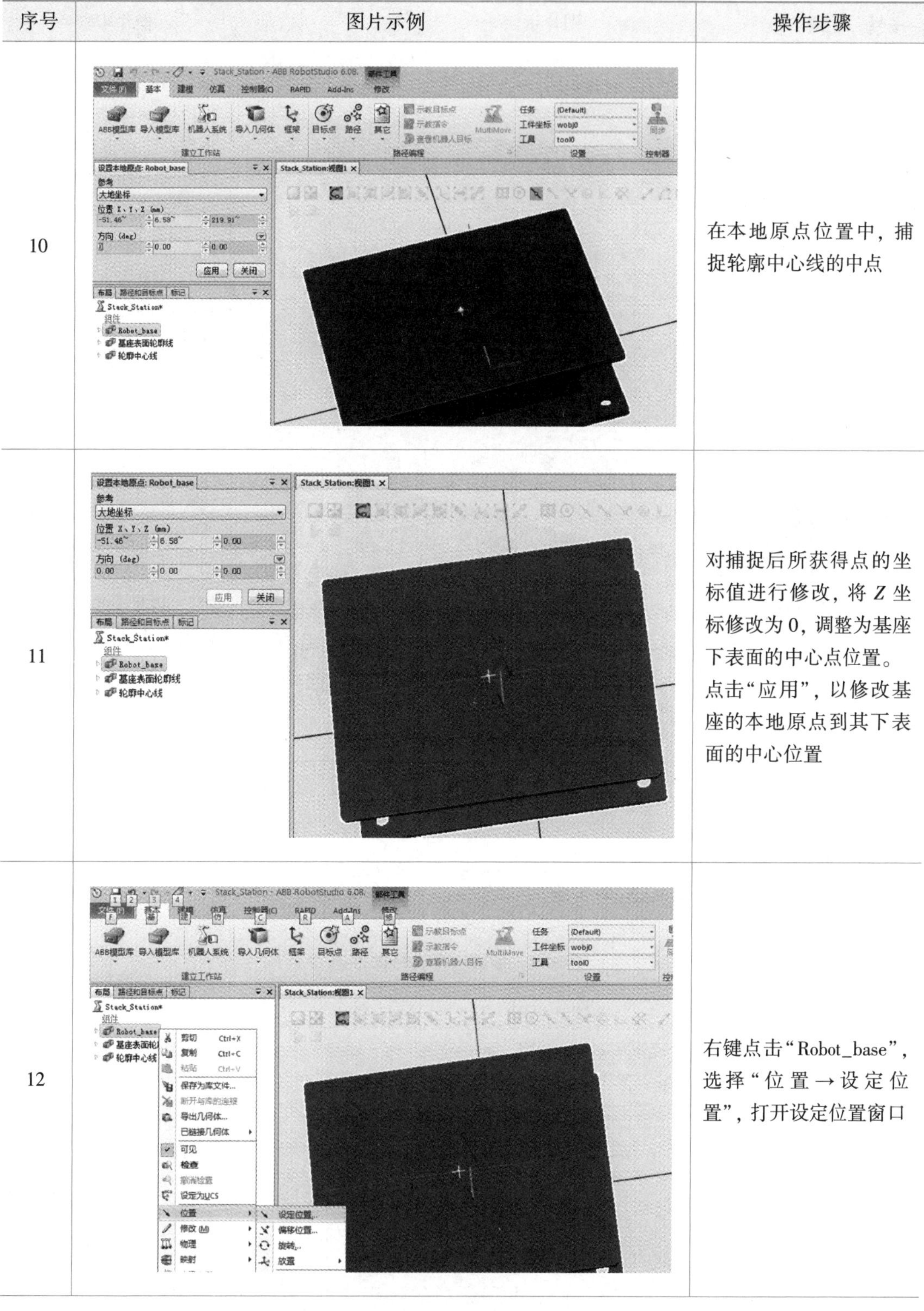

序号	图片示例	操作步骤
10		在本地原点位置中，捕捉轮廓中心线的中点
11		对捕捉后所获得点的坐标值进行修改，将 Z 坐标修改为0，调整为基座下表面的中心点位置。点击“应用”，以修改基座的本地原点到其下表面的中心位置
12		右键点击“Robot_base”，选择“位置→设定位置”，打开设定位置窗口

续表4-2

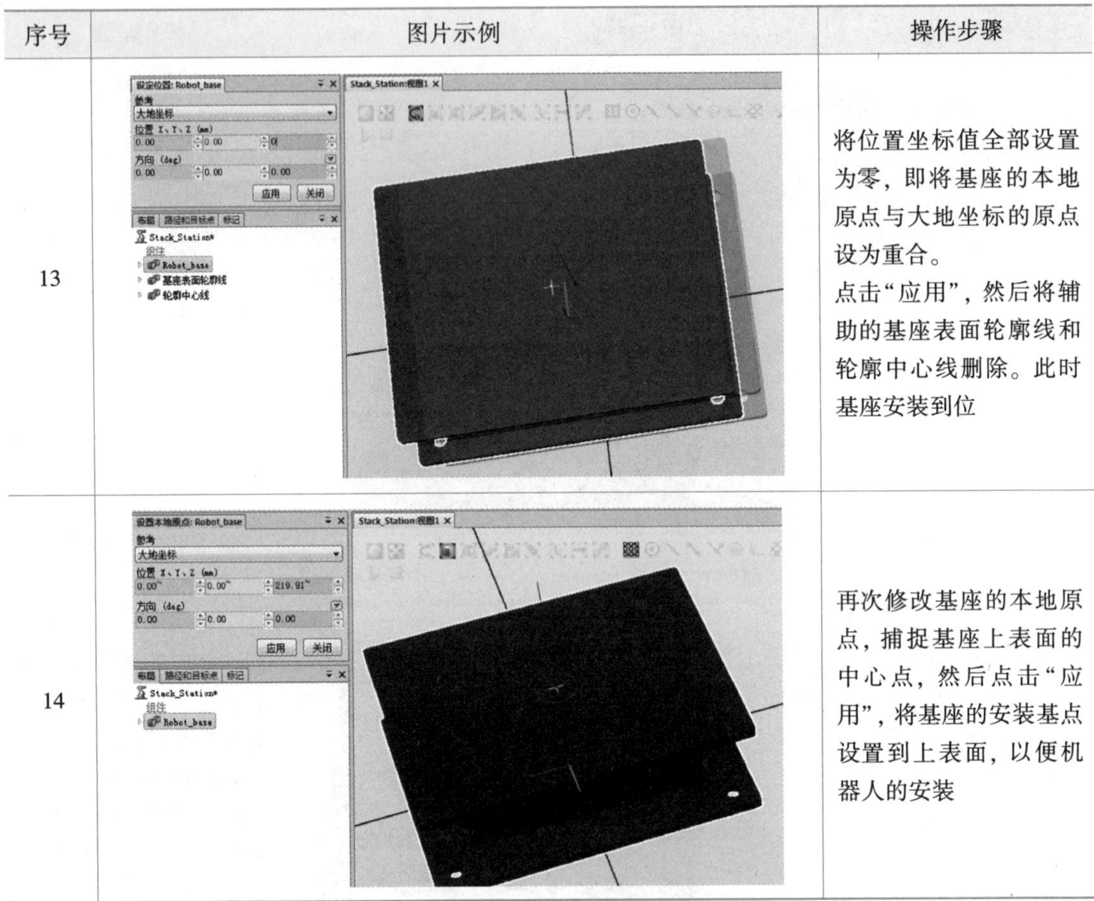

序号	图片示例	操作步骤
13		将位置坐标值全部设置为零，即将基座的本地原点与大地坐标的原点设为重合。 点击“应用”，然后将辅助的基座表面轮廓线和轮廓中心线删除。此时基座安装到位
14		再次修改基座的本地原点，捕捉基座上表面的中心点，然后点击“应用”，将基座的安装基点设置到上表面，以便机器人的安装

4.1.3 安装机器人

安装机器人具体步骤如表4-3所示。

表4-3 安装机器人具体步骤

序号	图片示例	操作步骤
1		通过“基本→ABB模型库→IRB 2600”，设置“容量”为12 kg，“到达”为1.65 m，点击“确定”，加载相应的工业机器人

续表4-3

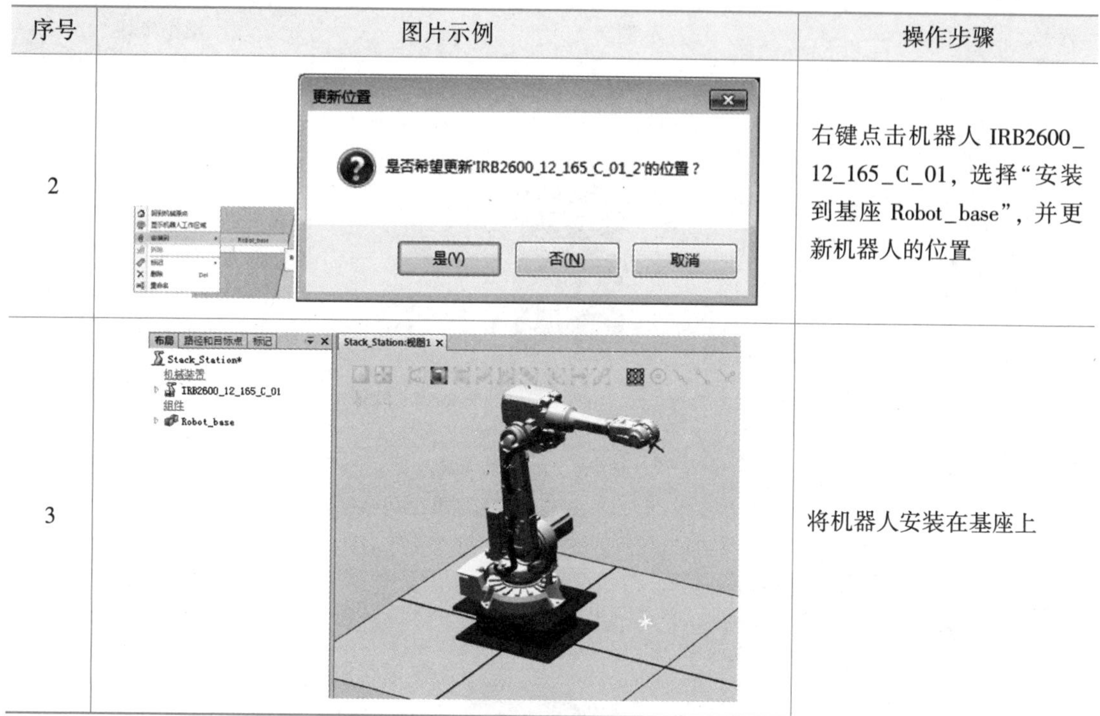

序号	图片示例	操作步骤
2		右键点击机器人 IRB2600_12_165_C_01，选择“安装到基座 Robot_base”，并更新机器人的位置
3		将机器人安装在基座上

4.1.4　安装吸盘工具

安装吸盘工具具体步骤如表 4-4 所示。

表 4-4　安装吸盘工具具体步骤

序号	图片示例	操作步骤
1		通过“基本→导入几何体→浏览几何体→Suction_chuck. SAT”，加载相应的吸盘工具
2		将机器人 IRB2600_12_165_C_01 和基座 Suction_chuck 设置为不可见

续表4-4

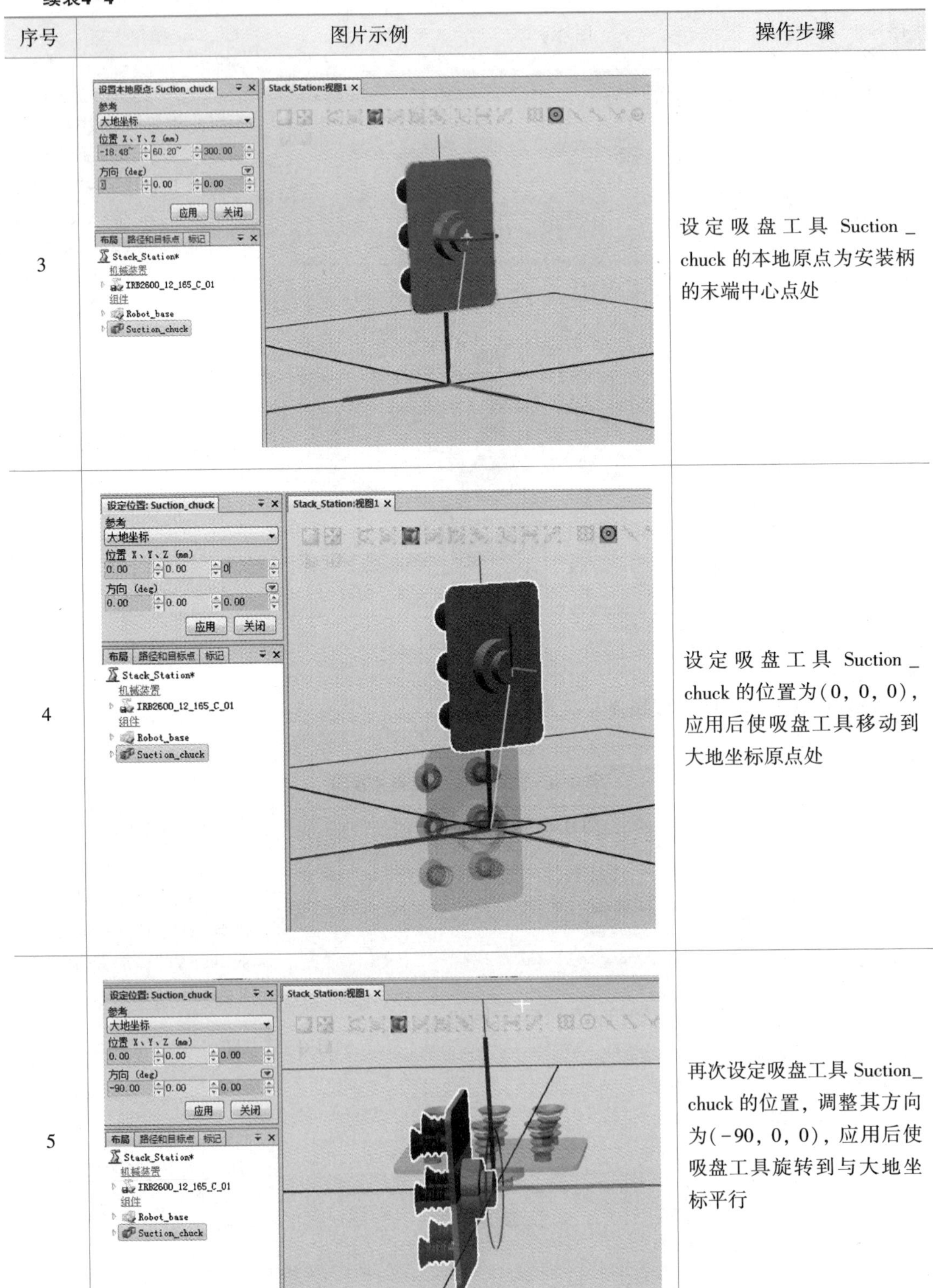

序号	图片示例	操作步骤
3		设定吸盘工具 Suction_chuck 的本地原点为安装柄的末端中心点处
4		设定吸盘工具 Suction_chuck 的位置为(0, 0, 0), 应用后使吸盘工具移动到大地坐标原点处
5		再次设定吸盘工具 Suction_chuck 的位置, 调整其方向为(-90, 0, 0), 应用后使吸盘工具旋转到与大地坐标平行

续表4-4

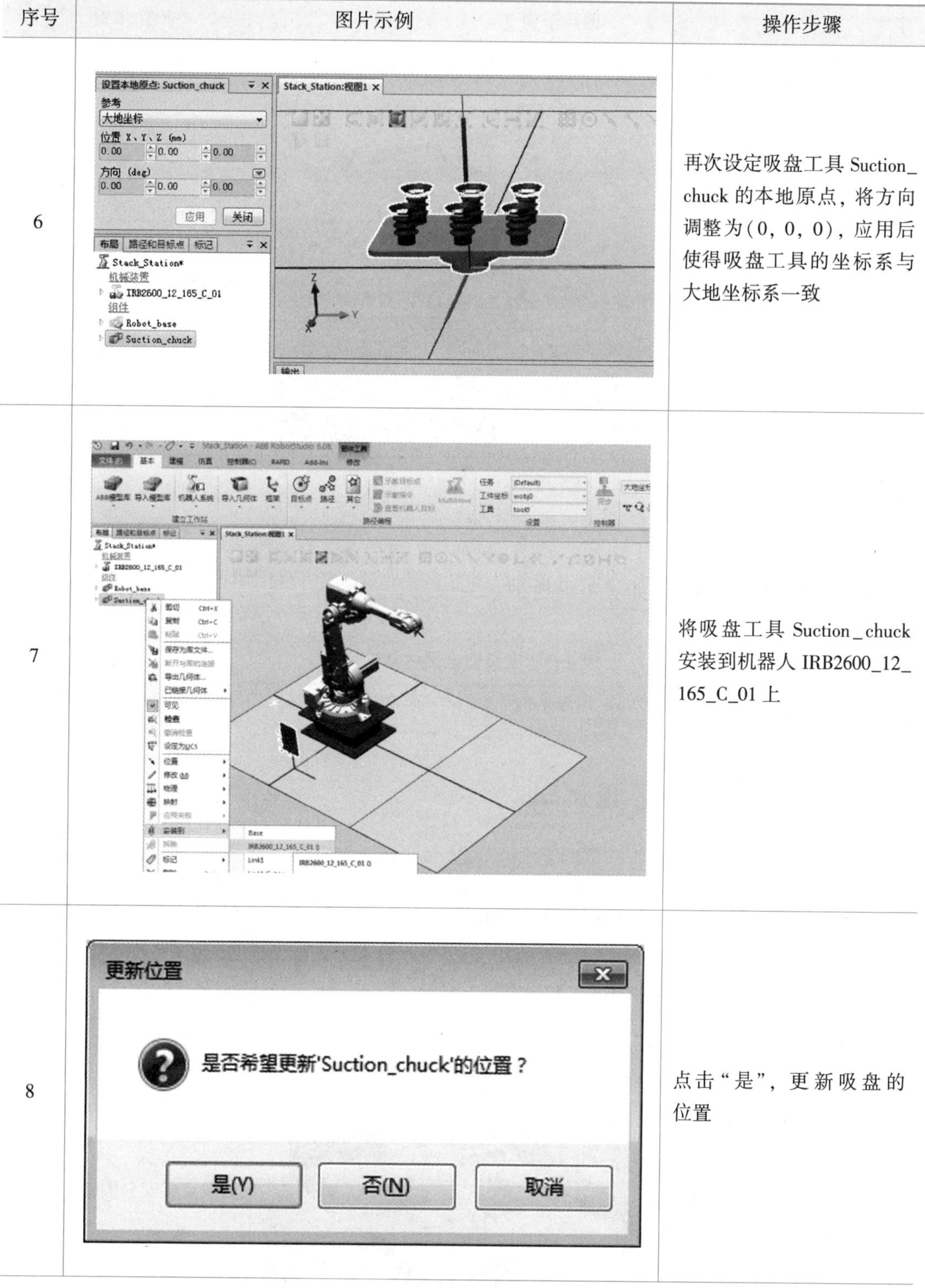

序号	图片示例	操作步骤
6		再次设定吸盘工具 Suction_chuck 的本地原点，将方向调整为(0，0，0)，应用后使得吸盘工具的坐标系与大地坐标系一致
7		将吸盘工具 Suction_chuck 安装到机器人 IRB2600_12_165_C_01 上
8		点击“是”，更新吸盘的位置

续表4-4

序号	图片示例	操作步骤
9	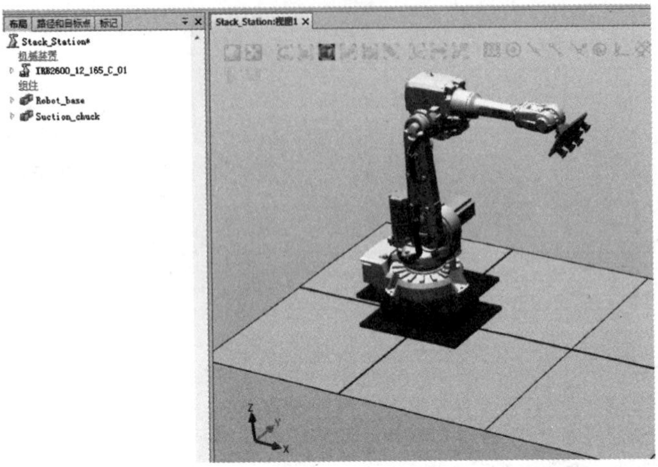Stack_Station* IRB2600_12_165_C_01 Robot_base Suction_chuck	将基座和机器人恢复可见，完成吸盘工具 Suction _ chuck 的安装

4.1.5 安装安全围栏

安装安全围栏具体步骤如表 4-5 所示。

表 4-5 安装安全围栏具体步骤

序号	图片示例	操作步骤
1	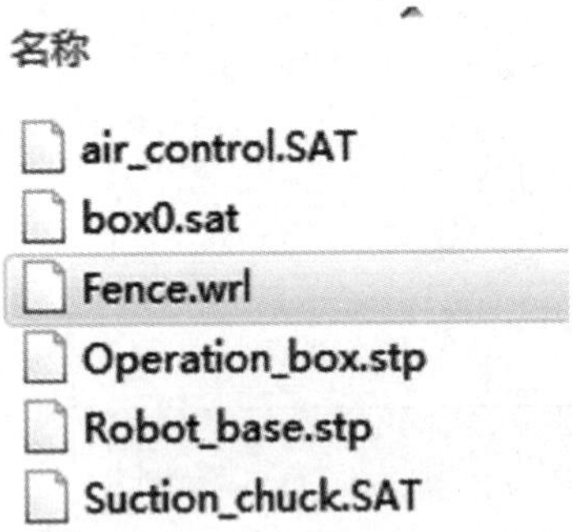名称 air_control.SAT box0.sat Fence.wrl Operation_box.stp Robot_base.stp Suction_chuck.SAT	通过“基本→导入几何体→浏览几何体→Fence. wrl”，加载相应的安全围栏
2	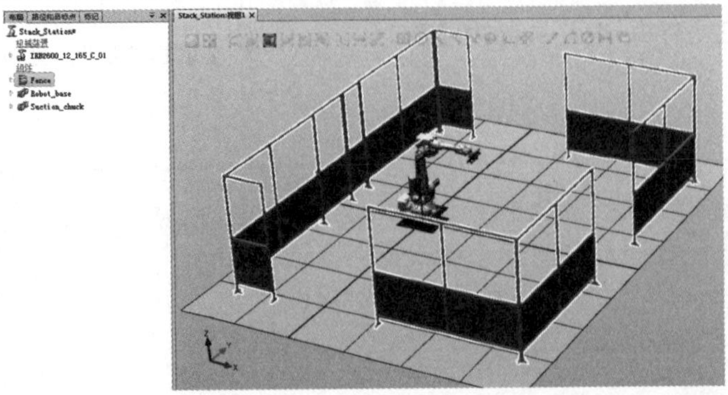	加载完成安全围栏 Fence

4.1.6　安装控制柜、空调、示教器等设备

安装控制柜、空调、示教器等设备具体步骤如表 4-6 所示。

表 4-6　安装控制柜、空调、示教器等设备具体步骤

序号	图片示例	操作步骤
1	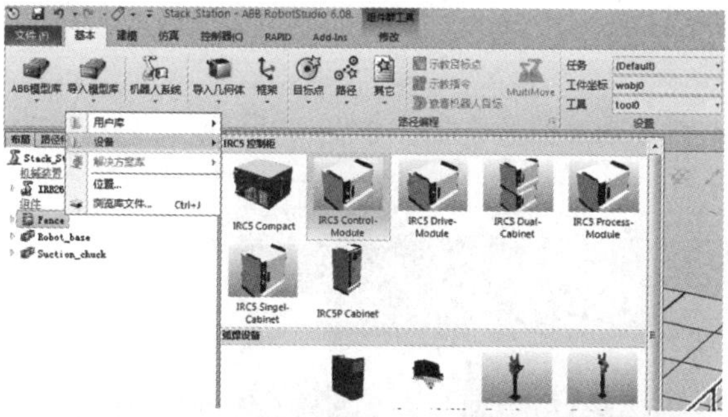	通过“基本→导入模型库→设备→IRC5 控制柜”下的“IRC5_Control-Module”，加载相应的工业机器人控制柜
2	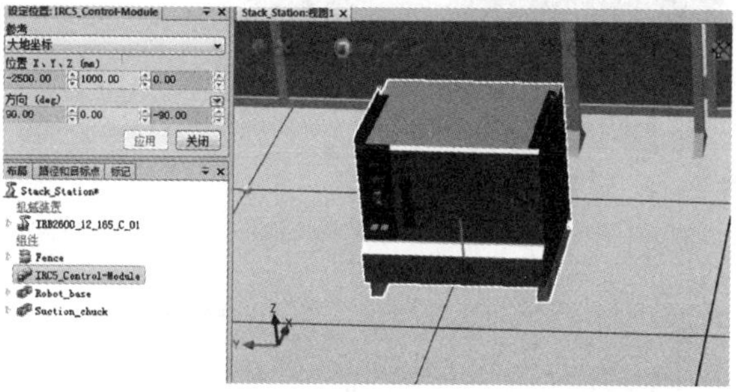	右键点击控制柜，设置其位置，采用捕捉网格方式，选择地面合适的位置安放
3		通过“基本→导入模型库→设备→其它”下的示教器“FlexPendant”，加载
4	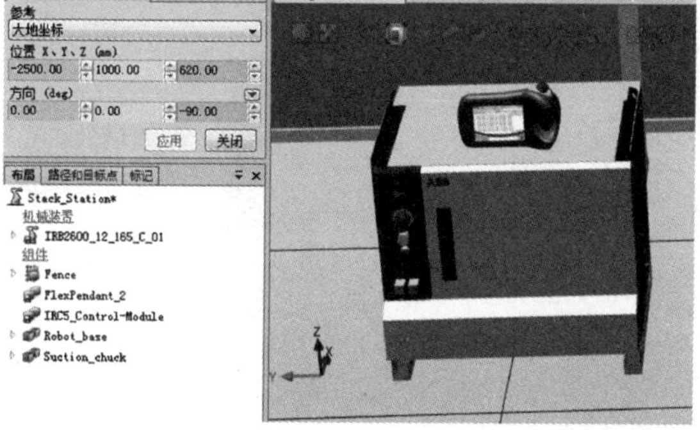	将示教器“FlexPendant”的位置放置到控制顶部合适的位置处

续表4-6

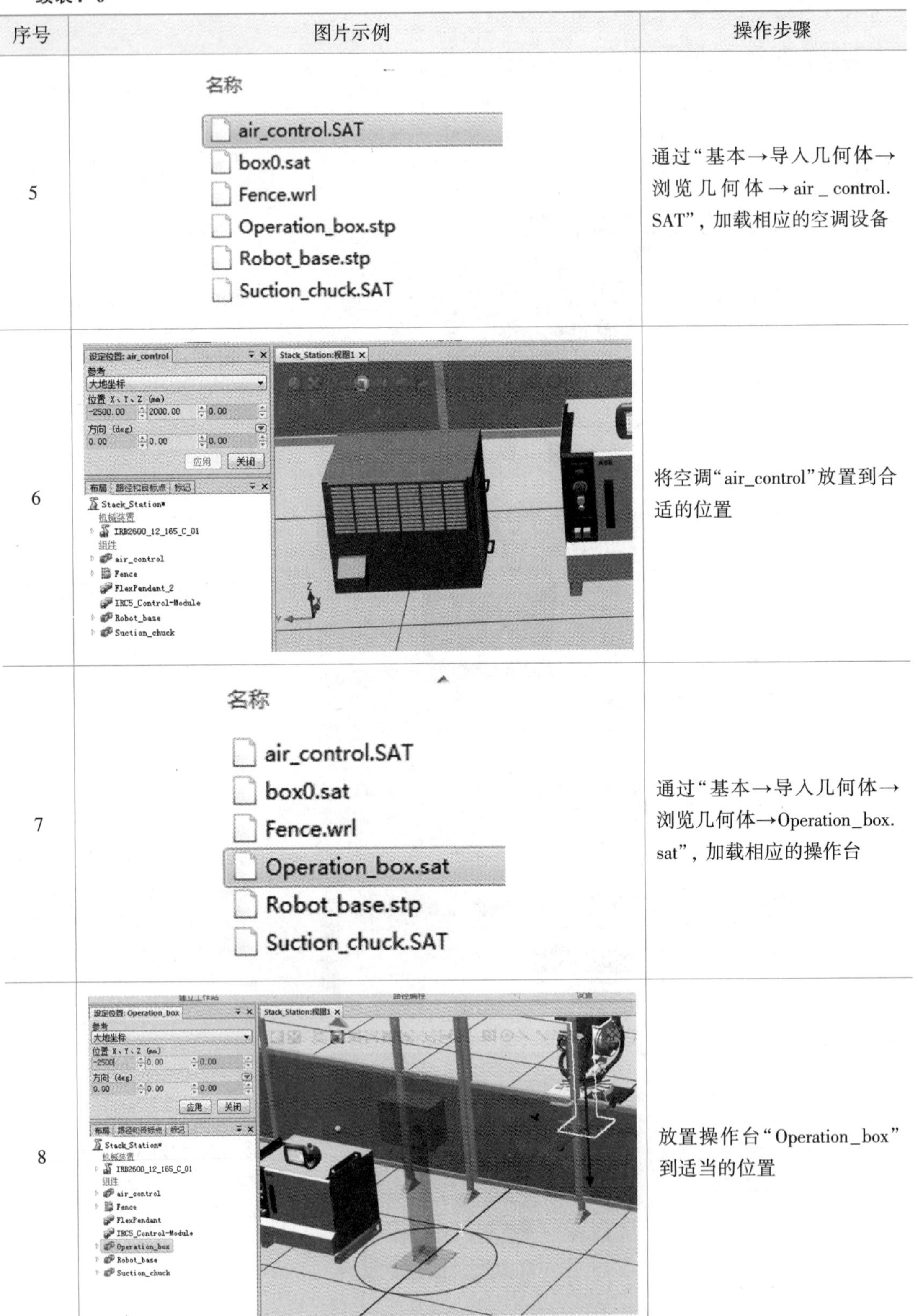

序号	图片示例	操作步骤
5	名称 air_control.SAT box0.sat Fence.wrl Operation_box.stp Robot_base.stp Suction_chuck.SAT	通过"基本→导入几何体→浏览几何体→air_control.SAT",加载相应的空调设备
6	设定位置: air_control 参考 大地坐标 位置 X、Y、Z (mm) -2500.00 2000.00 0.00 方向 (deg) 0.00 0.00 0.00 应用 关闭 Stack_Station:视图1	将空调"air_control"放置到合适的位置
7	名称 air_control.SAT box0.sat Fence.wrl Operation_box.sat Robot_base.stp Suction_chuck.SAT	通过"基本→导入几何体→浏览几何体→Operation_box.sat",加载相应的操作台
8	设定位置: Operation_box 参考 大地坐标 位置 X、Y、Z (mm) -2500 0.00 0.00 方向 (deg) 0.00 0.00 0.00 应用 关闭 Stack_Station:视图1	放置操作台"Operation_box"到适当的位置

4.1.7　安装输送链

安装输送链如表 4-7 所示。

表 4-7　安装输送链具体步骤

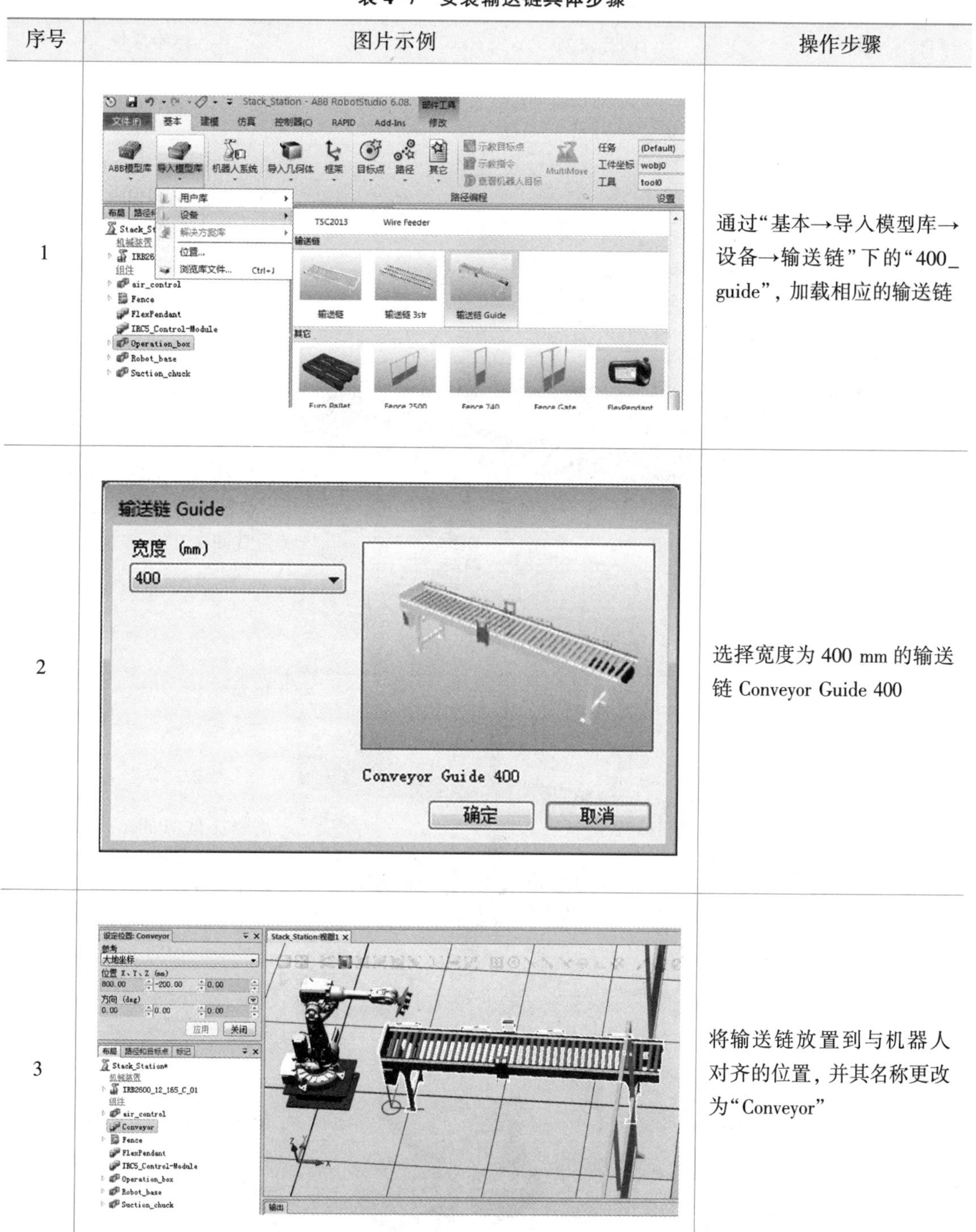

序号	图片示例	操作步骤
1		通过“基本→导入模型库→设备→输送链”下的“400_guide”，加载相应的输送链
2		选择宽度为 400 mm 的输送链 Conveyor Guide 400
3		将输送链放置到与机器人对齐的位置，并其名称更改为“Conveyor”

4.1.8 安装托盘和工件

安装托盘和工件具体步骤如表 4-8 所示。

表 4-8 安装托盘和工件具体步骤

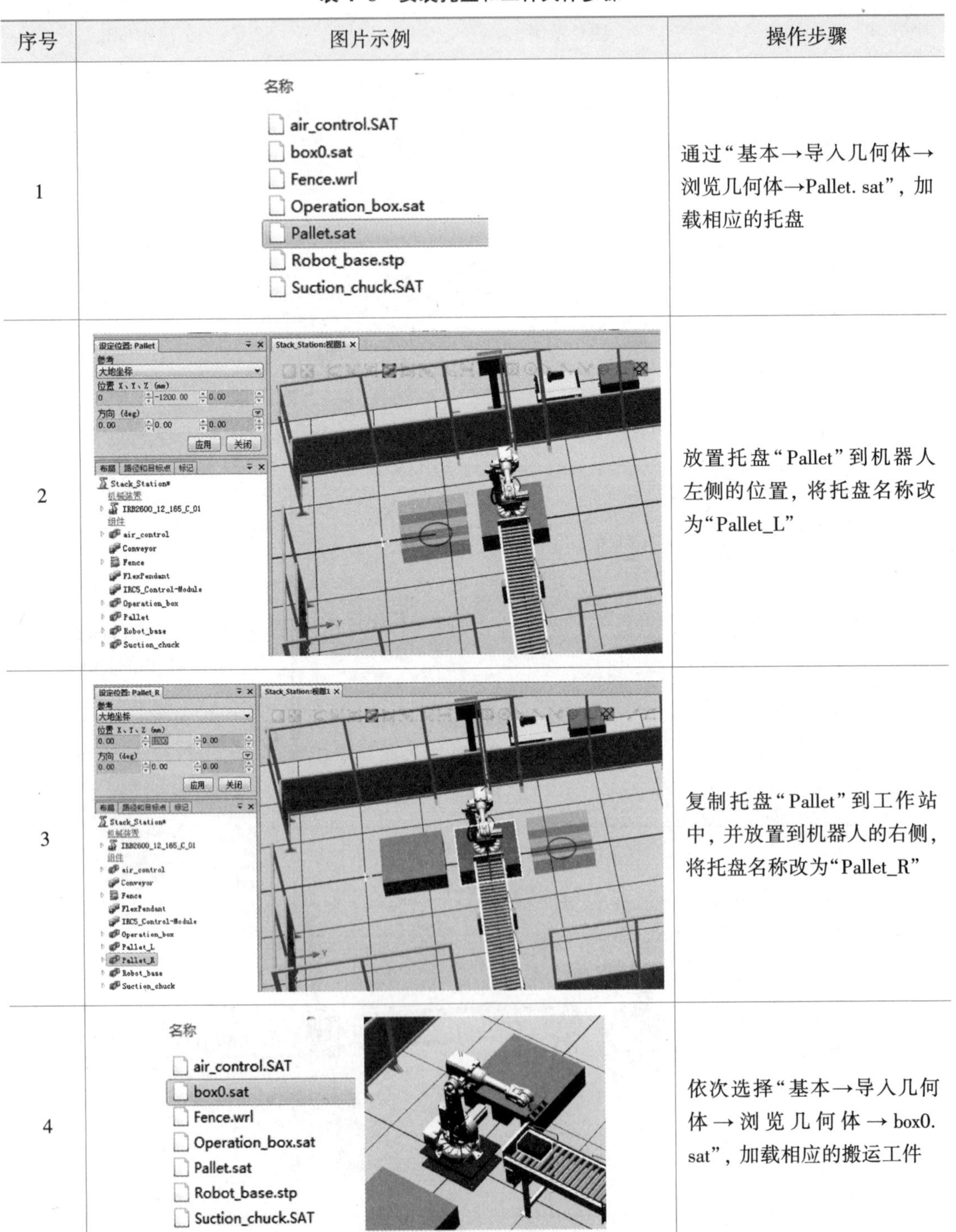

序号	图片示例	操作步骤
1	名称 air_control.SAT box0.sat Fence.wrl Operation_box.sat Pallet.sat Robot_base.stp Suction_chuck.SAT	通过“基本→导入几何体→浏览几何体→Pallet. sat”，加载相应的托盘
2		放置托盘“Pallet”到机器人左侧的位置，将托盘名称改为“Pallet_L”
3		复制托盘“Pallet”到工作站中，并放置到机器人的右侧，将托盘名称改为“Pallet_R”
4	名称 air_control.SAT box0.sat Fence.wrl Operation_box.sat Pallet.sat Robot_base.stp Suction_chuck.SAT	依次选择“基本→导入几何体→浏览几何体→box0. sat”，加载相应的搬运工件

最后完成完整的工作站如图 4-1 所示。

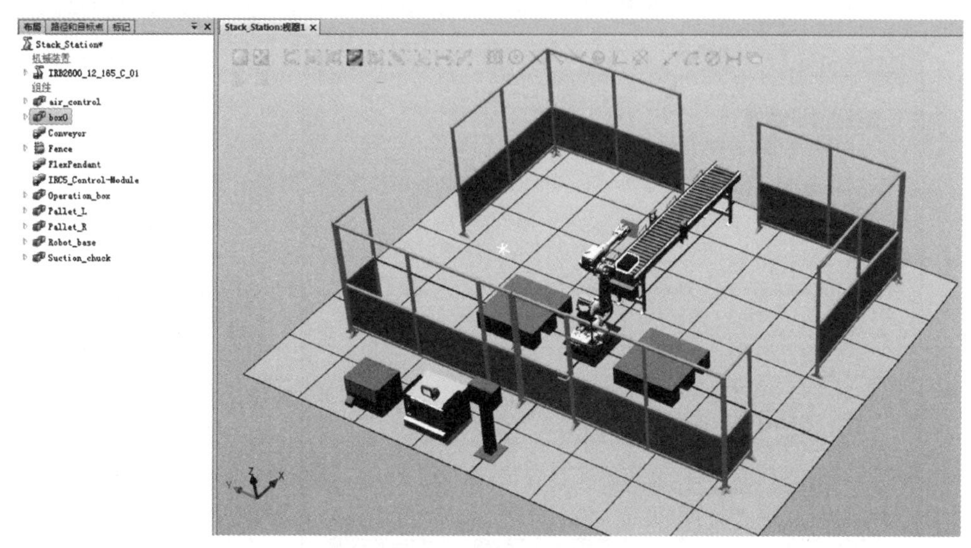

图 4-1　创建完成后的工作站

任务 2　动态吸盘工具创建

搭建好了码垛工作站，就需要创建相应的工业机器人系统。

4.2.1　创建机器人系统

创建机器人系统具体操作步骤如表 4-9 所示。

表 4-9　创建机器人系统具体步骤

序号	图片示例	操作步骤
1		通过“基本→机器人系统→从布局”，创建相应的机器人系统

续表4-9

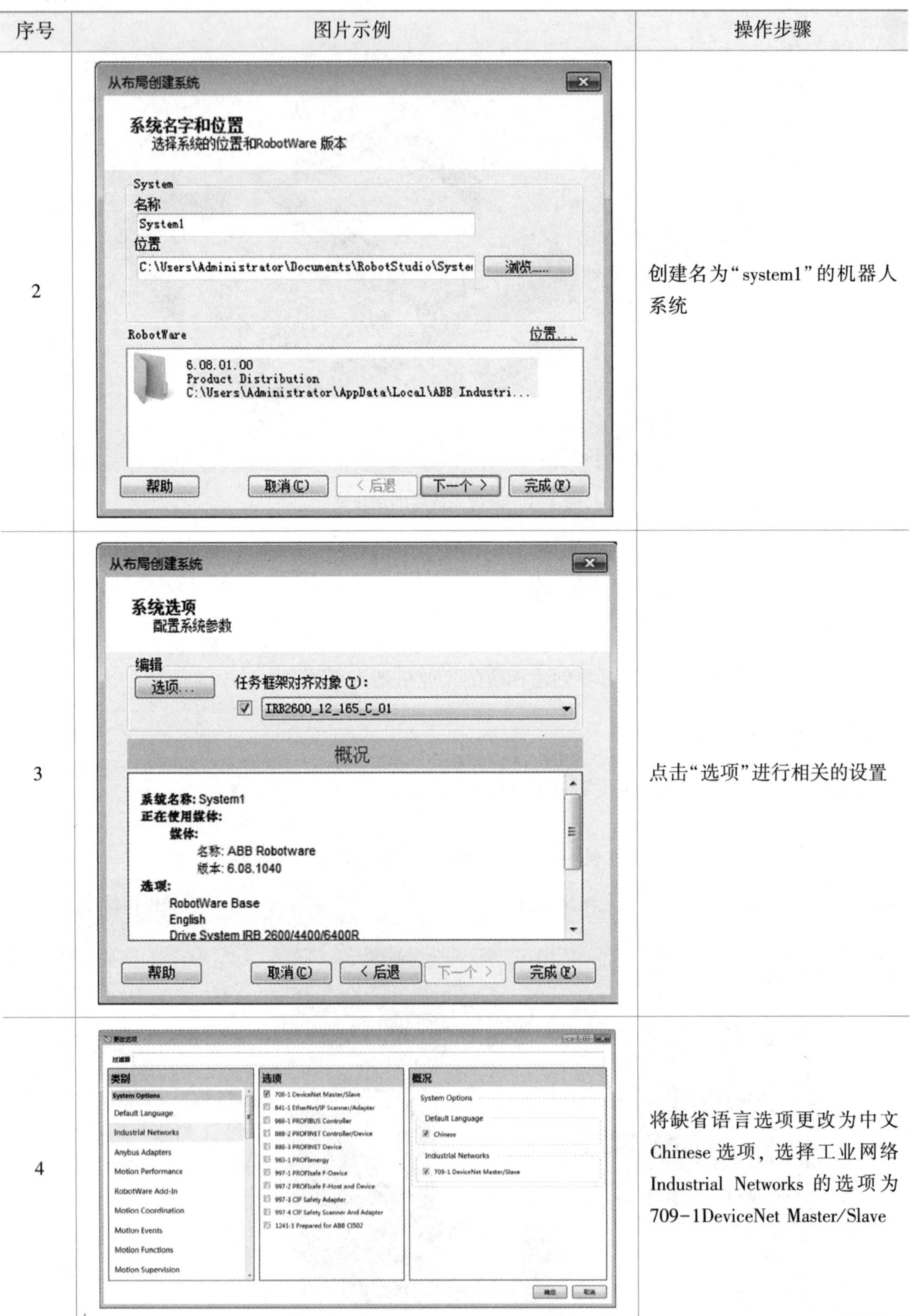

序号	图片示例	操作步骤
2		创建名为“system1”的机器人系统
3		点击“选项”进行相关的设置
4		将缺省语言选项更改为中文Chinese选项，选择工业网络Industrial Networks的选项为709-1DeviceNet Master/Slave

续表4-9

序号	图片示例	操作步骤
5		点击“完成”创建机器人系统

4.2.2　创建动态吸盘工具

为了方便和准确的抓取工件，需要设置相应的吸盘工具，并且使吸盘工具具有感知功能，能够按照系统指令自动抓取和放置工件。

(1)创建坐标框架(表4-10)

表4-10　创建坐标框架具体步骤

序号	图片示例	操作步骤
1	更新位置 是否希望恢复'Suction_chuck'的位置？ 是(Y)　否(N)　取消	右键点击Suction_chuck，将吸盘从机器人上拆除，点击是恢复吸盘的默认位置。 将机器人和机器人基座设置为不可见

续表4-10

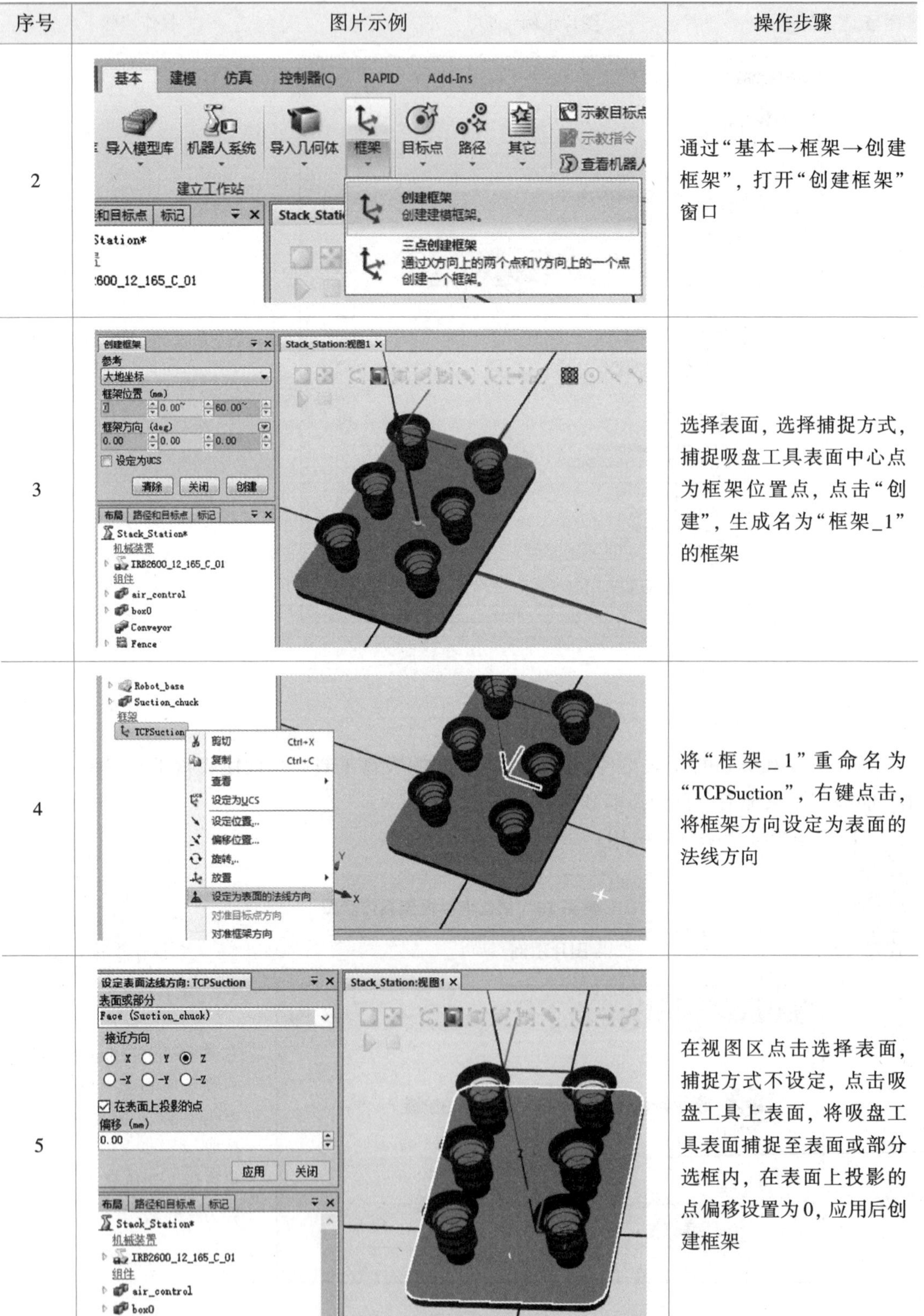

序号	图片示例	操作步骤
2		通过“基本→框架→创建框架”，打开“创建框架”窗口
3		选择表面，选择捕捉方式，捕捉吸盘工具表面中心点为框架位置点，点击“创建”，生成名为“框架_1”的框架
4		将“框架_1”重命名为“TCPSuction”，右键点击，将框架方向设定为表面的法线方向
5		在视图区点击选择表面，捕捉方式不设定，点击吸盘工具上表面，将吸盘工具表面捕捉至表面或部分选框内，在表面上投影的点偏移设置为0，应用后创建框架

续表4-10

序号	图片示例	操作步骤
6	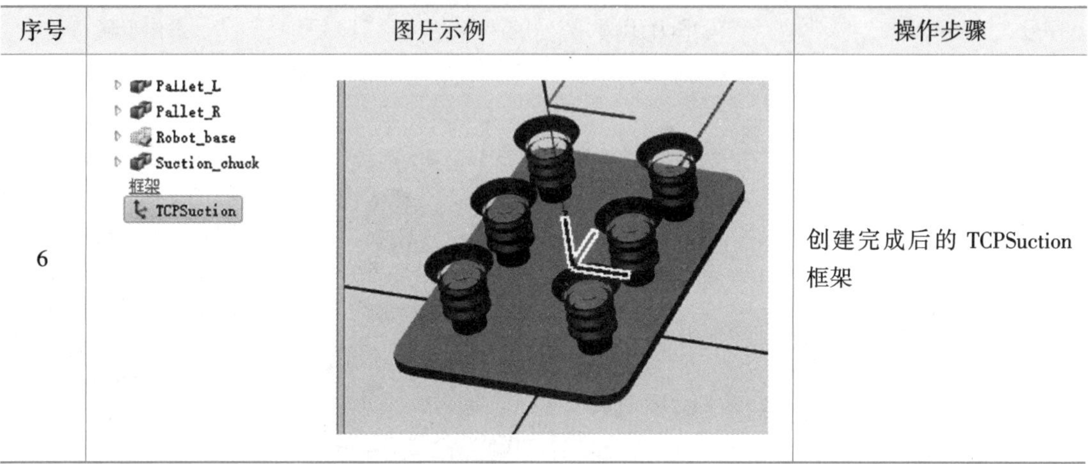	创建完成后的 TCPSuction 框架

(2)创建工具(表 4-11)

表 4-11　创建工具具体步骤

序号	图片示例	操作步骤
1	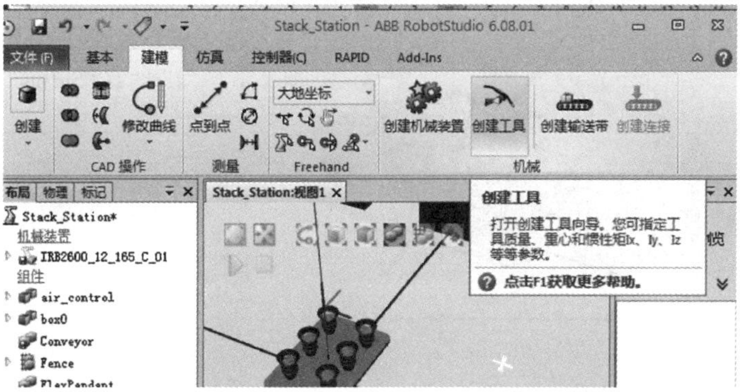	通过“建模→创建工具”进入工具创建窗口
2	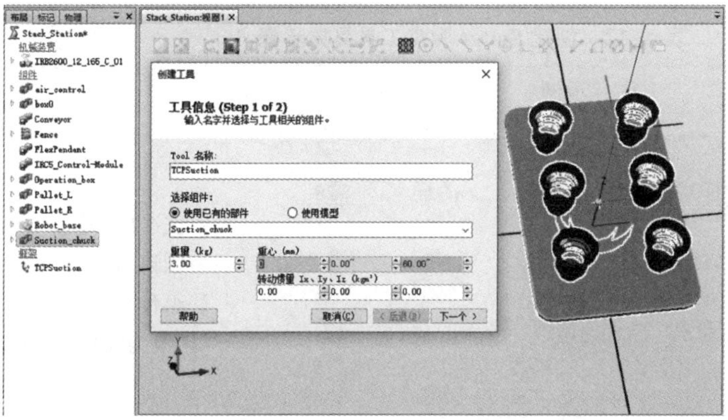	设置工具“Tool”的名称为“TCPSuction”，选择使用已有的部件，选择“Suction_chuck”部件，设置重量为 3 kg，捕捉或设置吸盘工具的重心位置(0，0，60)，点击“下一步”

续表4-11

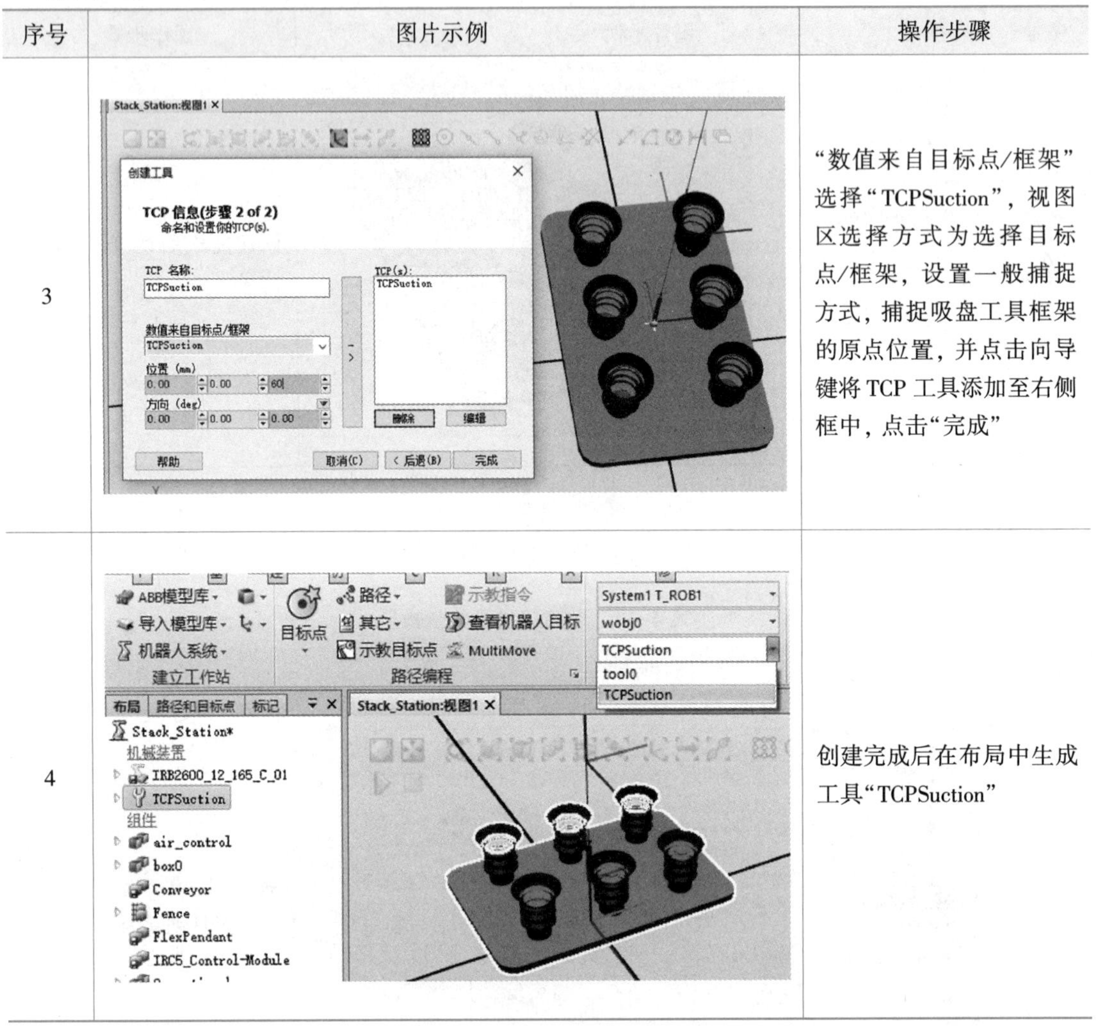

序号	图片示例	操作步骤
3		“数值来自目标点/框架”选择“TCPSuction”，视图区选择方式为选择目标点/框架，设置一般捕捉方式，捕捉吸盘工具框架的原点位置，并点击向导键将TCP工具添加至右侧框中，点击“完成”
4		创建完成后在布局中生成工具“TCPSuction”

(3)创建Smart吸盘工具(表4-12)

表4-12　创建Smart吸盘工具具体步骤

序号	图片示例	操作步骤
1		依次选择“建模→Smart组件→创建Smart组件”，并把默认组件名称“SmartComponent_1”改为“SC_Suction”

续表4-12

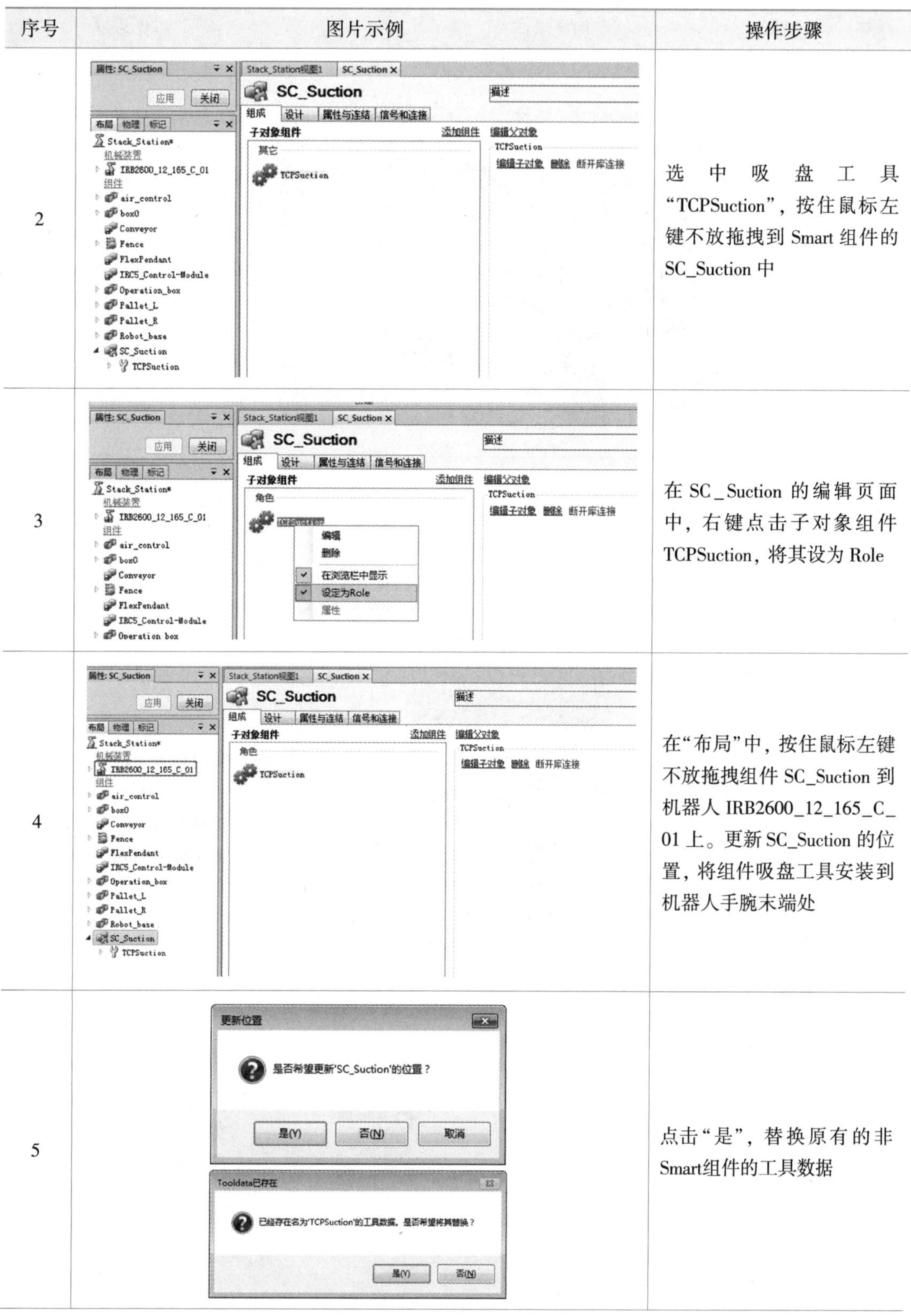

序号	图片示例	操作步骤
2		选中吸盘工具“TCPSuction”，按住鼠标左键不放拖拽到 Smart 组件的 SC_Suction 中
3		在 SC_Suction 的编辑页面中，右键点击子对象组件 TCPSuction，将其设为 Role
4		在“布局”中，按住鼠标左键不放拖拽组件 SC_Suction 到机器人 IRB2600_12_165_C_01 上。更新 SC_Suction 的位置，将组件吸盘工具安装到机器人手腕末端处
5		点击“是”，替换原有的非Smart组件的工具数据

续表4-12

序号	图片示例	操作步骤
6	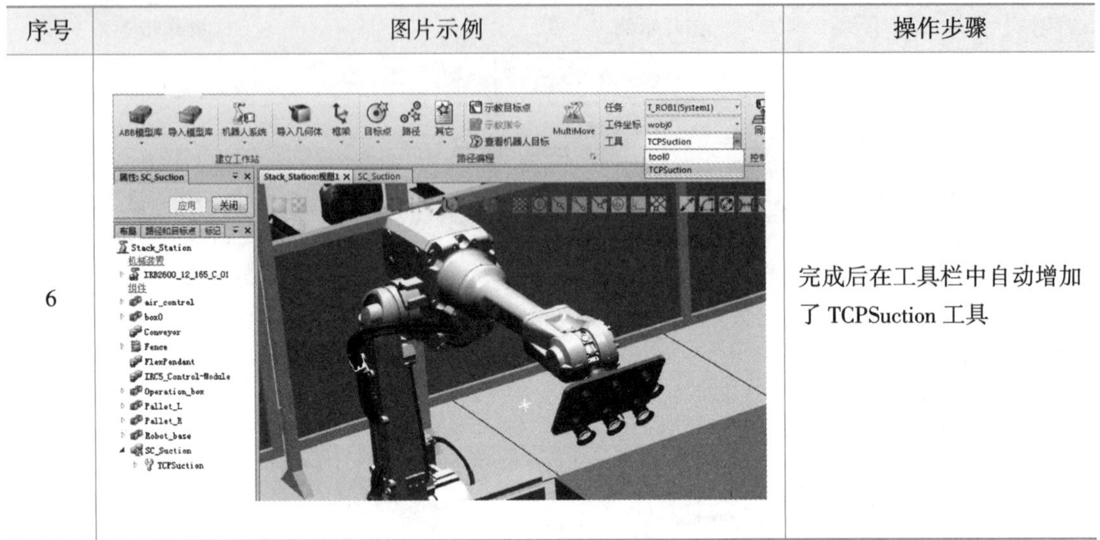	完成后在工具栏中自动增加了 TCPSuction 工具

(4)创建线传感器(表 4-13)

表 4-13 创建线传感器具体步骤

序号	图片示例	操作步骤
1	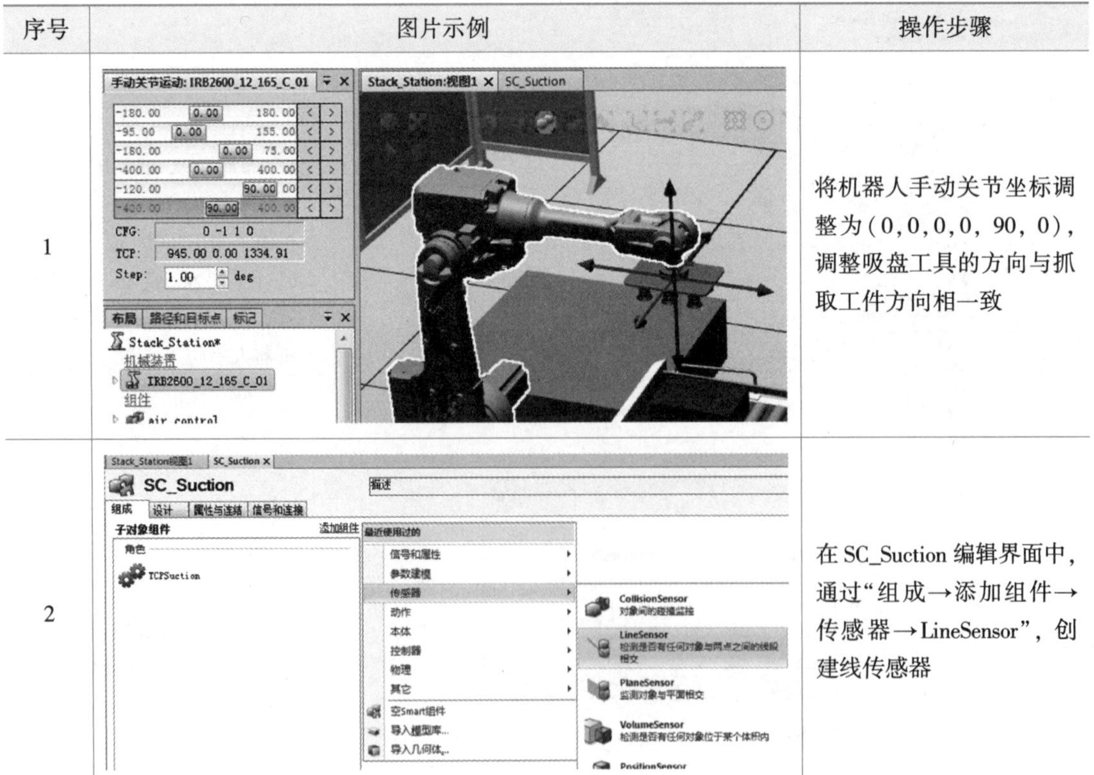	将机器人手动关节坐标调整为(0,0,0,0, 90, 0),调整吸盘工具的方向与抓取工件方向相一致
2		在 SC_Suction 编辑界面中,通过“组成→添加组件→传感器→LineSensor”,创建线传感器

续表4-13

序号	图片示例	操作步骤
3		视图选择目标点/框架选择方式，开启捕捉方式，设置线传感器的 Start（开始点）的位置为吸盘工具框架原点，End（终点）的位置在起点的 Z 方向增加到 180，设置线传感器的半径 Radius 为 20。 注意：线传感器需要一部分在需检测的物体内，一部分在物体外，如果完全浸没或者过长穿透到其他物体，则会产生无法检测和检测错误的情况

（5）创建安装和释放动作（表 4-14）

表 4-14　创建安装和释放动作具体步骤

序号	图片示例	操作步骤
1	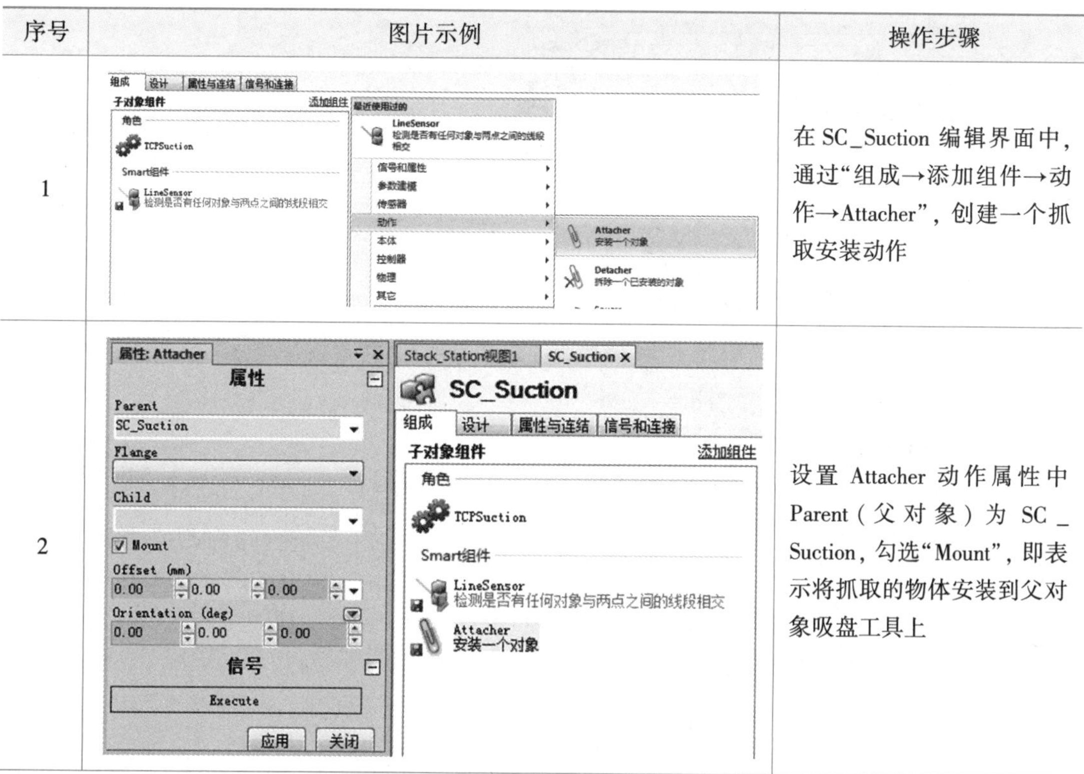	在 SC_Suction 编辑界面中，通过“组成→添加组件→动作→Attacher”，创建一个抓取安装动作
2		设置 Attacher 动作属性中 Parent（父对象）为 SC_Suction，勾选“Mount”，即表示将抓取的物体安装到父对象吸盘工具上

续表4-14

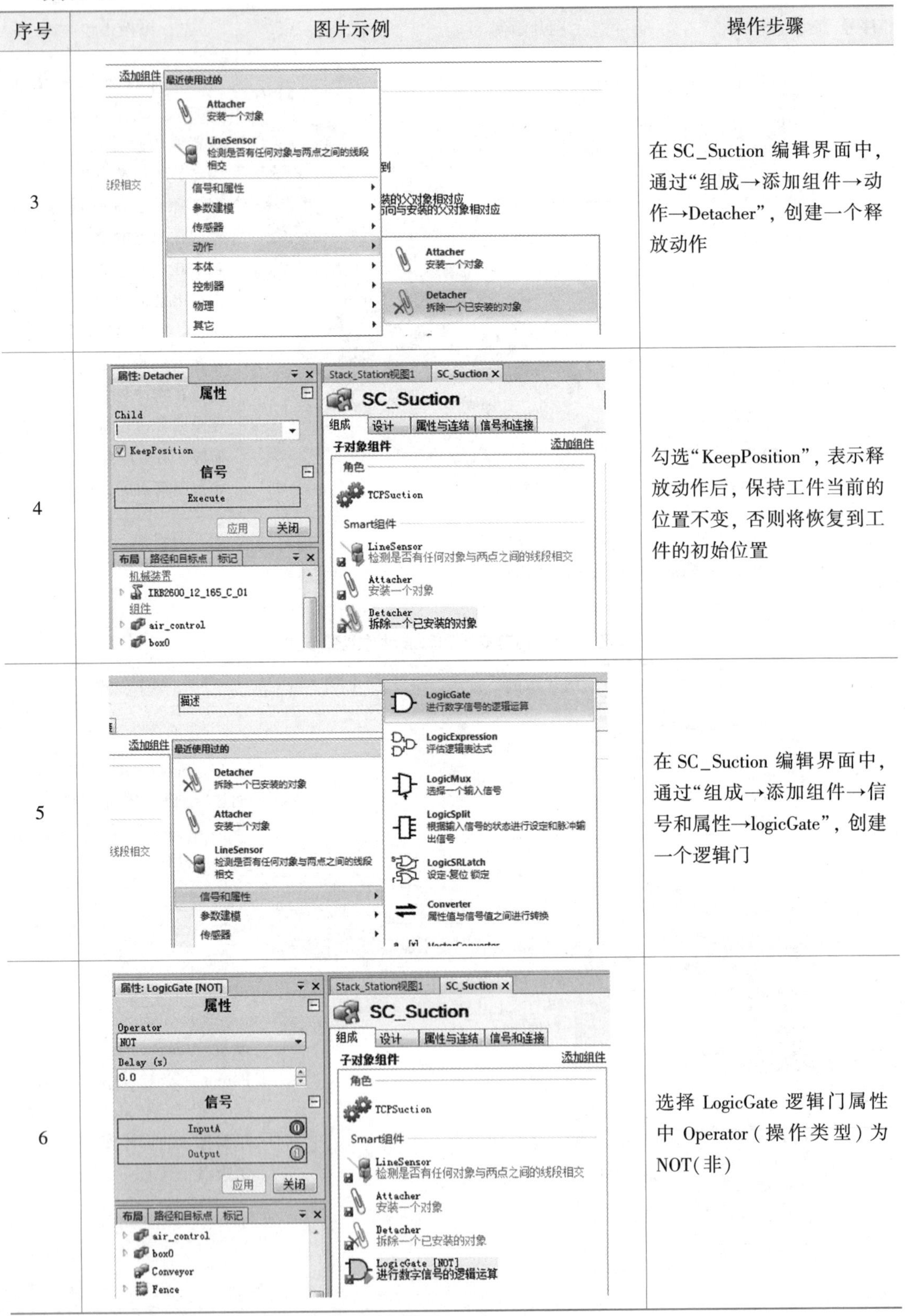

序号	图片示例	操作步骤
3		在SC_Suction编辑界面中，通过“组成→添加组件→动作→Detacher”，创建一个释放动作
4		勾选“KeepPosition”，表示释放动作后，保持工件当前的位置不变，否则将恢复到工件的初始位置
5		在SC_Suction编辑界面中，通过“组成→添加组件→信号和属性→logicGate”，创建一个逻辑门
6		选择LogicGate逻辑门属性中Operator(操作类型)为NOT(非)

(6)设定属性与连结关系(表 4-15)

表 4-15　设定属性与连结关系具体步骤

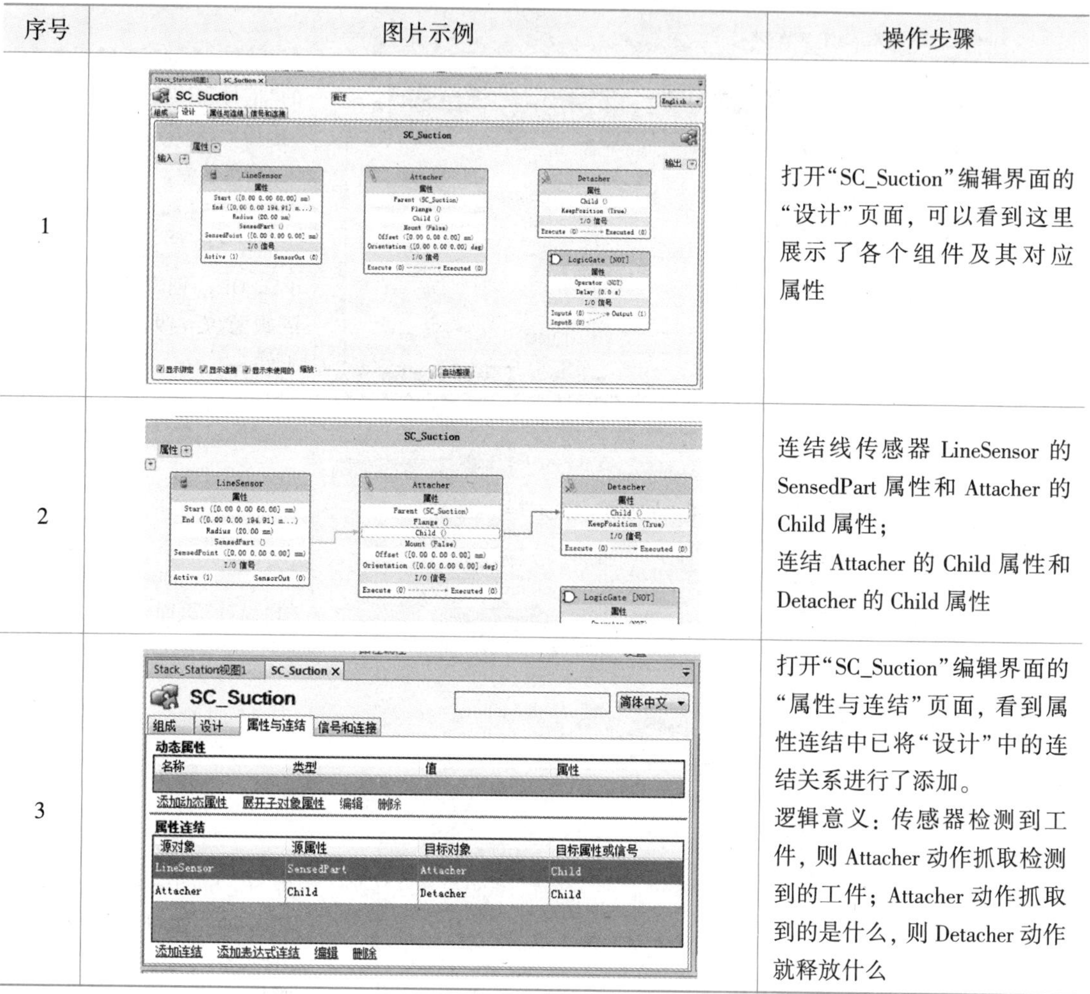

序号	图片示例	操作步骤
1		打开“SC_Suction”编辑界面的“设计”页面，可以看到这里展示了各个组件及其对应属性
2		连结线传感器 LineSensor 的 SensedPart 属性和 Attacher 的 Child 属性； 连结 Attacher 的 Child 属性和 Detacher 的 Child 属性
3		打开“SC_Suction”编辑界面的“属性与连结”页面，看到属性连结中已将“设计”中的连结关系进行了添加。 逻辑意义：传感器检测到工件，则 Attacher 动作抓取检测到的工件；Attacher 动作抓取到的是什么，则 Detacher 动作就释放什么

(7)设定信号与连接(表 4-16)

表 4-16　设定信号与连接具体步骤

序号	图片示例	操作步骤
1		打开“SC_Suction”编辑界面的“信号和连接”页面，点击“添加 I/O Signals”，添加输入/输出信号。选择“信号类型”为 DigitalInput 数字输入，在“信号名称”中输入 diSuction，创建输入信号。 逻辑意义：吸盘工具工作的输入信号

续表4-16

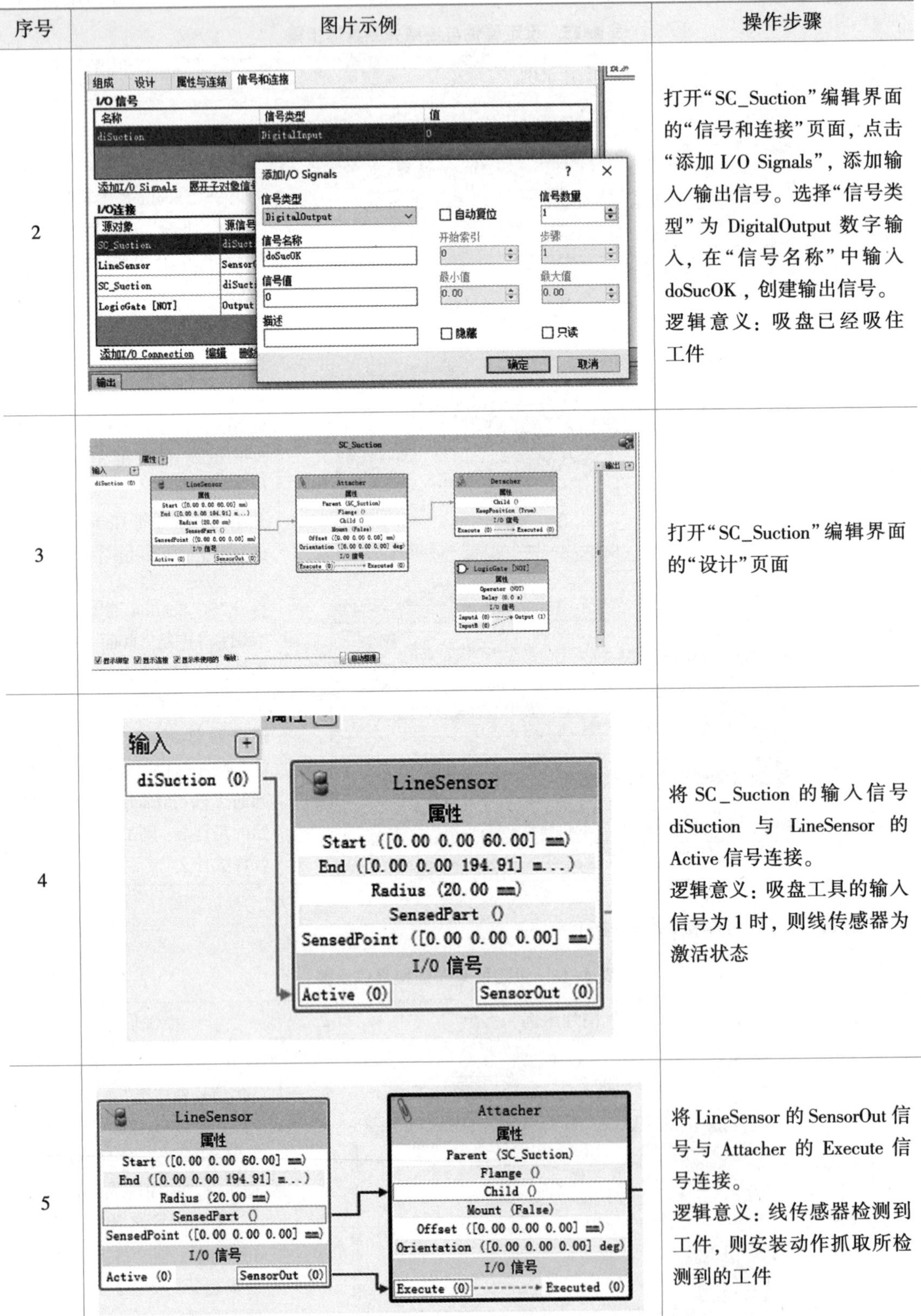

序号	图片示例	操作步骤
2		打开“SC_Suction”编辑界面的“信号和连接”页面，点击“添加 I/O Signals”，添加输入/输出信号。选择“信号类型”为 DigitalOutput 数字输入，在“信号名称”中输入 doSucOK，创建输出信号。 逻辑意义：吸盘已经吸住工件
3		打开“SC_Suction”编辑界面的“设计”页面
4		将 SC_Suction 的输入信号 diSuction 与 LineSensor 的 Active 信号连接。 逻辑意义：吸盘工具的输入信号为 1 时，则线传感器为激活状态
5		将 LineSensor 的 SensorOut 信号与 Attacher 的 Execute 信号连接。 逻辑意义：线传感器检测到工件，则安装动作抓取所检测到的工件

续表4-16

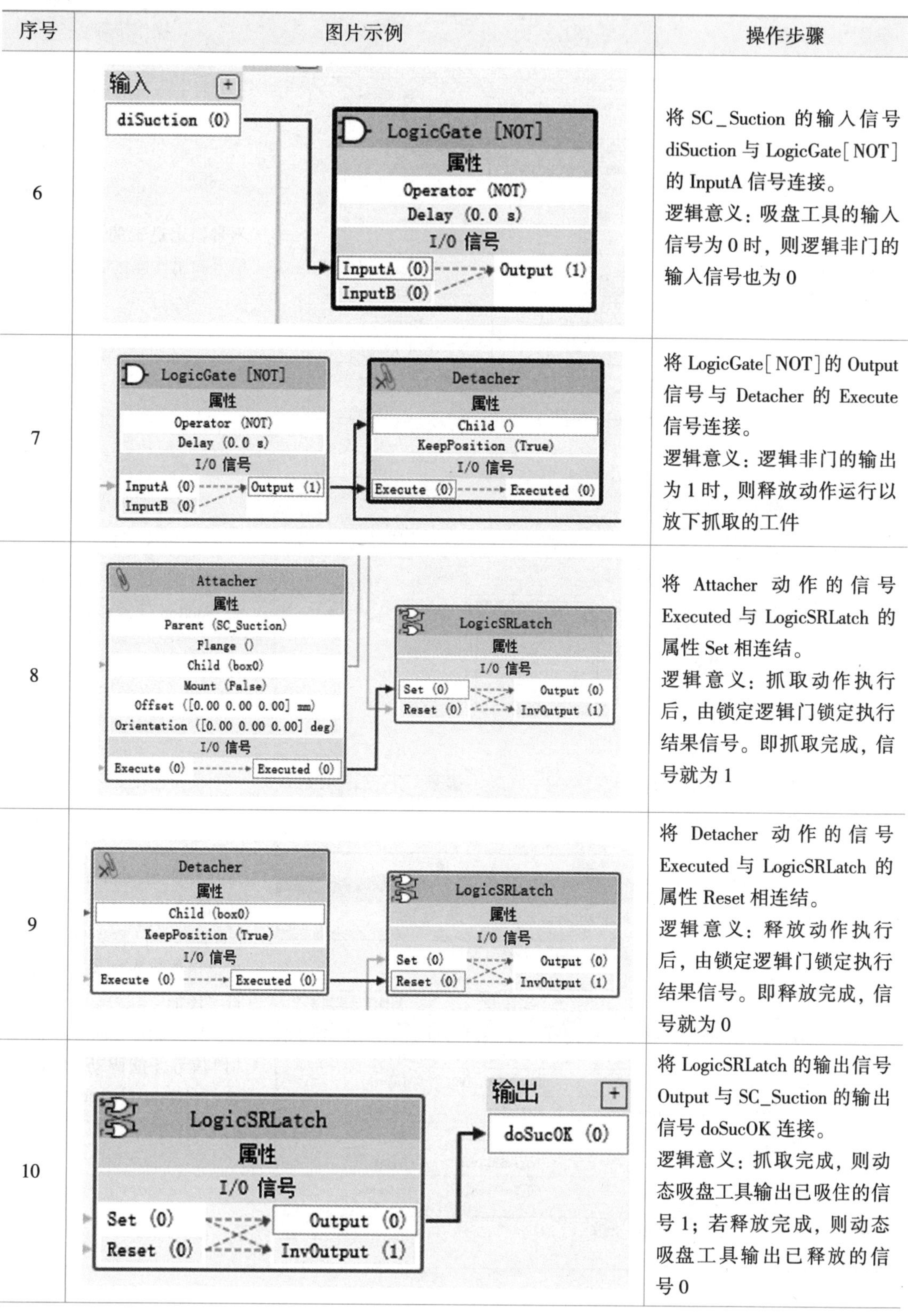

序号	图片示例	操作步骤
6		将 SC_Suction 的输入信号 diSuction 与 LogicGate[NOT] 的 InputA 信号连接。 逻辑意义：吸盘工具的输入信号为 0 时，则逻辑非门的输入信号也为 0
7		将 LogicGate[NOT]的 Output 信号与 Detacher 的 Execute 信号连接。 逻辑意义：逻辑非门的输出为 1 时，则释放动作运行以放下抓取的工件
8		将 Attacher 动作的信号 Executed 与 LogicSRLatch 的属性 Set 相连结。 逻辑意义：抓取动作执行后，由锁定逻辑门锁定执行结果信号。即抓取完成，信号就为 1
9		将 Detacher 动作的信号 Executed 与 LogicSRLatch 的属性 Reset 相连结。 逻辑意义：释放动作执行后，由锁定逻辑门锁定执行结果信号。即释放完成，信号就为 0
10		将 LogicSRLatch 的输出信号 Output 与 SC_Suction 的输出信号 doSucOK 连接。 逻辑意义：抓取完成，则动态吸盘工具输出已吸住的信号 1；若释放完成，则动态吸盘工具输出已释放的信号 0

续表4-16

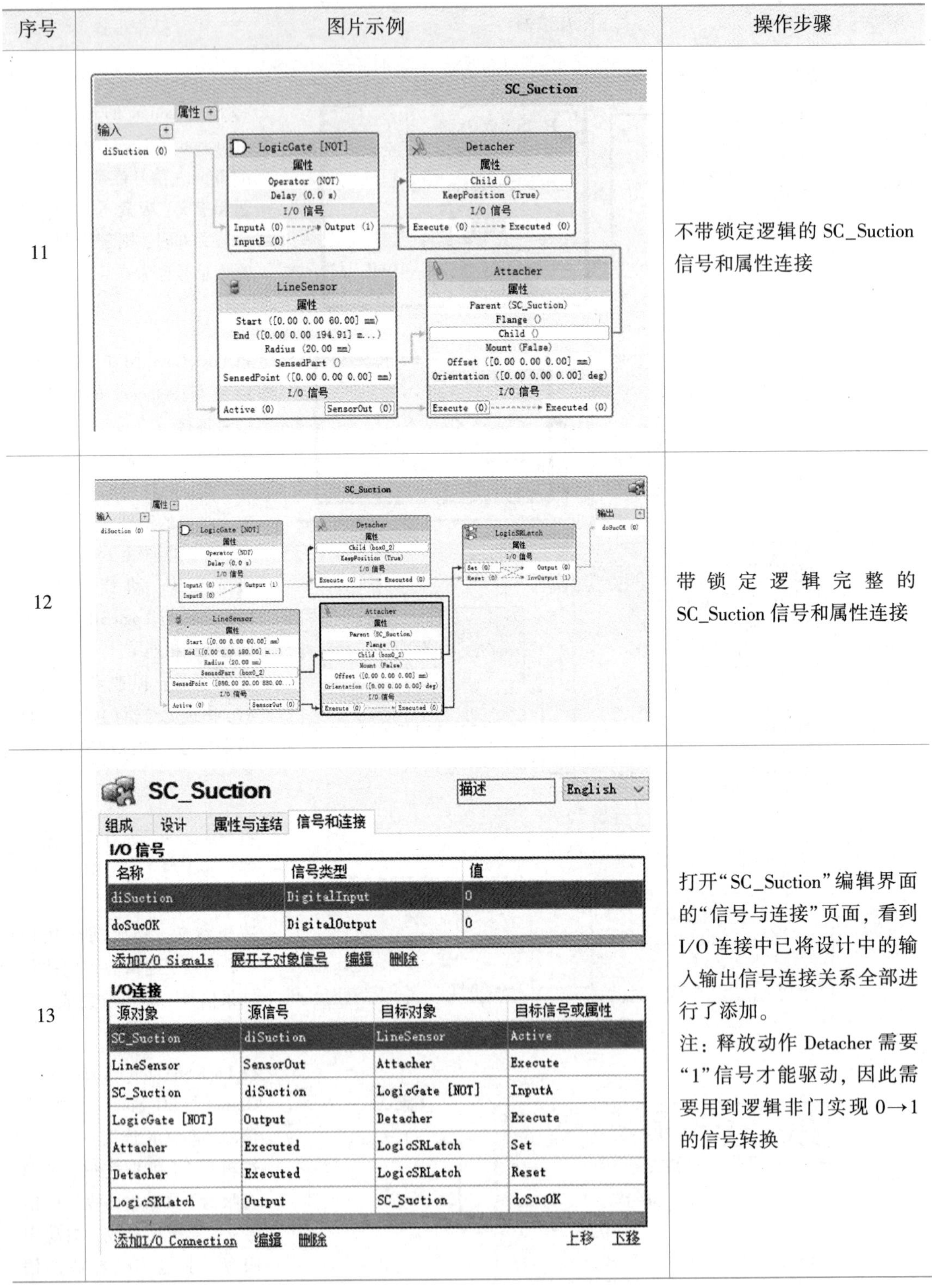

序号	图片示例	操作步骤
11		不带锁定逻辑的 SC_Suction 信号和属性连接
12		带锁定逻辑完整的 SC_Suction 信号和属性连接
13		打开“SC_Suction”编辑界面的“信号与连接”页面，看到 I/O 连接中已将设计中的输入输出信号连接关系全部进行了添加。 注：释放动作 Detacher 需要“1”信号才能驱动，因此需要用到逻辑非门实现 0→1 的信号转换

(8)动态吸盘工具信号与动作的测试(表 4-17)

表 4-17　动态吸盘工具信号与动作的测试具体步骤

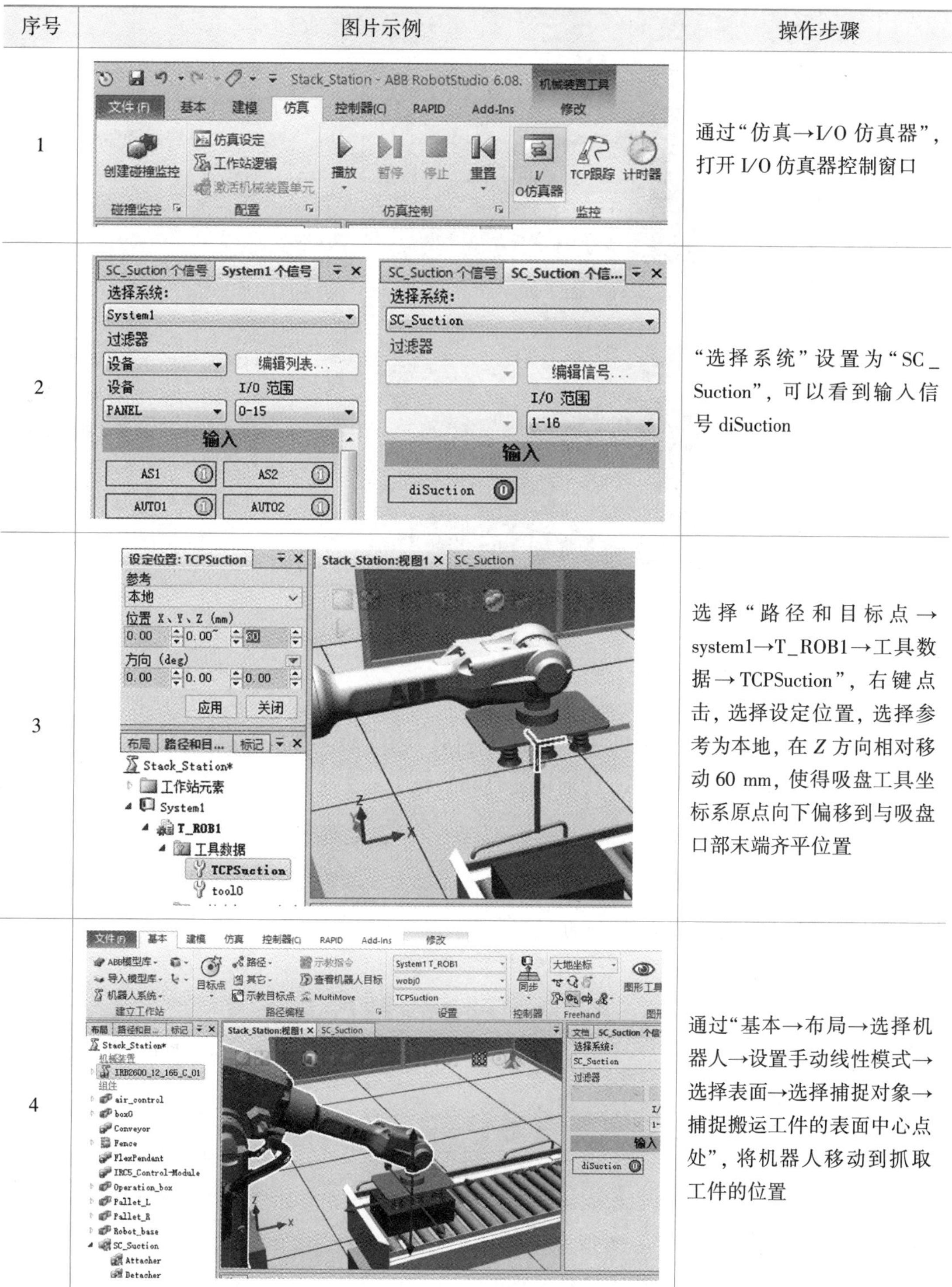

序号	图片示例	操作步骤
1		通过“仿真→I/O 仿真器”，打开 I/O 仿真器控制窗口
2		“选择系统”设置为“SC_Suction”，可以看到输入信号 diSuction
3		选择“路径和目标点→system1→T_ROB1→工具数据→TCPSuction”，右键点击，选择设定位置，选择参考为本地，在 *Z* 方向相对移动 60 mm，使得吸盘工具坐标系原点向下偏移到与吸盘口部末端齐平位置
4		通过“基本→布局→选择机器人→设置手动线性模式→选择表面→选择捕捉对象→捕捉搬运工件的表面中心点处”，将机器人移动到抓取工件的位置

续表4-17

序号	图片示例	操作步骤
5	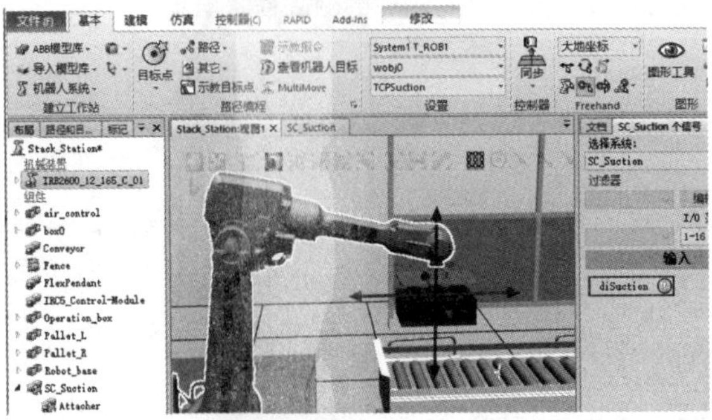	将输入信号 diSuction 设置为1，则手动线性拖动机器人时，工件将跟随吸盘工具一起运动
6	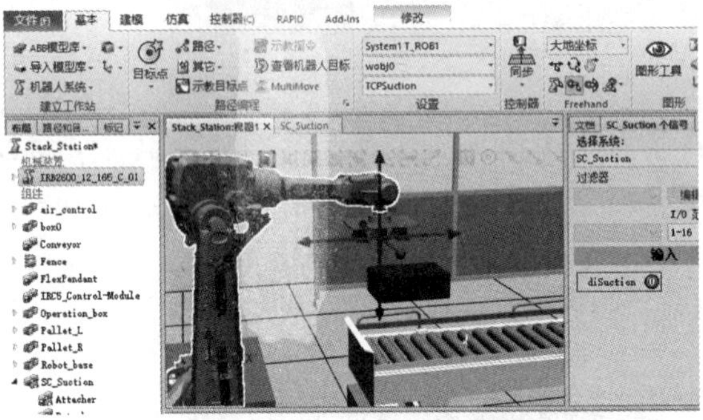	将输入信号 diSuction 设置为0，则手动线性拖动机器人时，工件与吸盘工具脱开，并停留在原位置。 动态吸盘工具全部设置完毕

任务3　动态流水线创建

由于码垛工件是通过传输链，从一端运输到另一端，当工件运送到达抓取工位时，传输链线要能自动停止，工件抓取后，传输链能自动运输下一个工件到达抓取位置，形成动态流水线。

4.3.1　动态传输链创建

动态传输链创建步骤如表4-18所示。

表4-18　动态传输链创建步骤

序号	图片示例	操作步骤
1	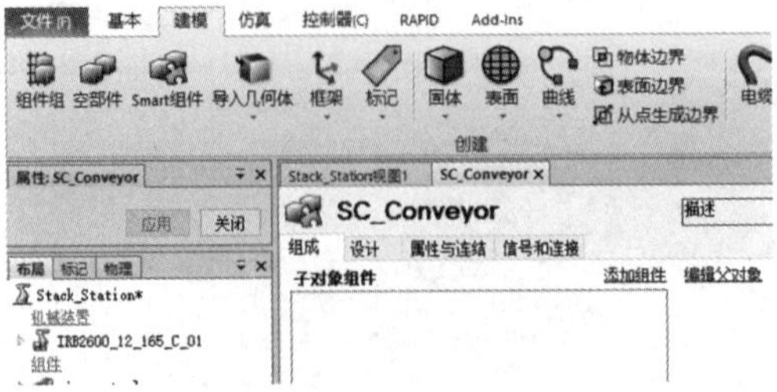	点击“建模→Smart 组件”创建新的 SmartComponent，并将其重命名为“SC_Conveyor”

续表4-18

序号	图片示例	操作步骤
2	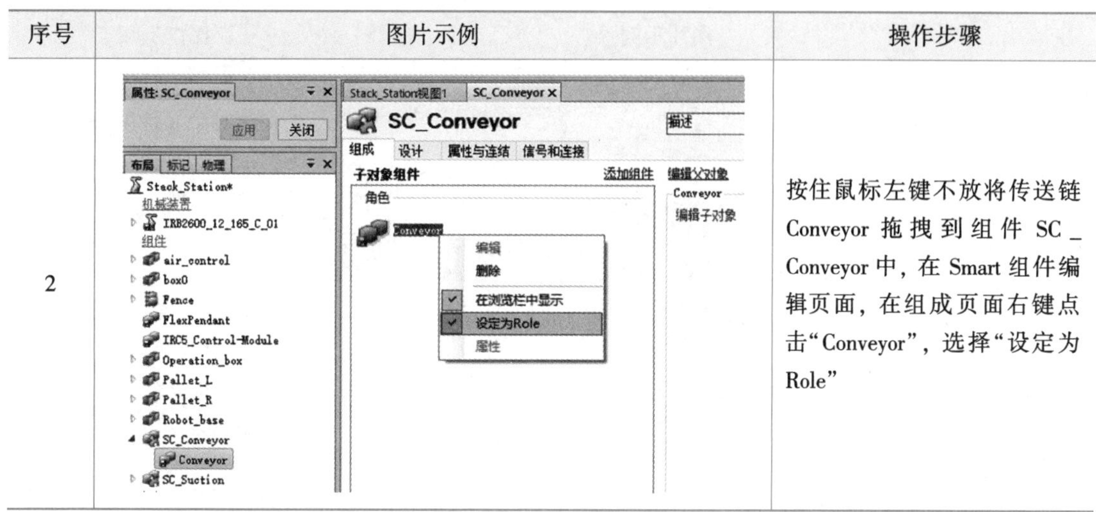	按住鼠标左键不放将传送链Conveyor拖拽到组件SC_Conveyor中，在Smart组件编辑页面，在组成页面右键点击“Conveyor”，选择“设定为Role”

4.3.2　源对象创建

源对象创建步骤如表4-19所示。

表4-19　源对象创建步骤

序号	图片示例	操作步骤
1	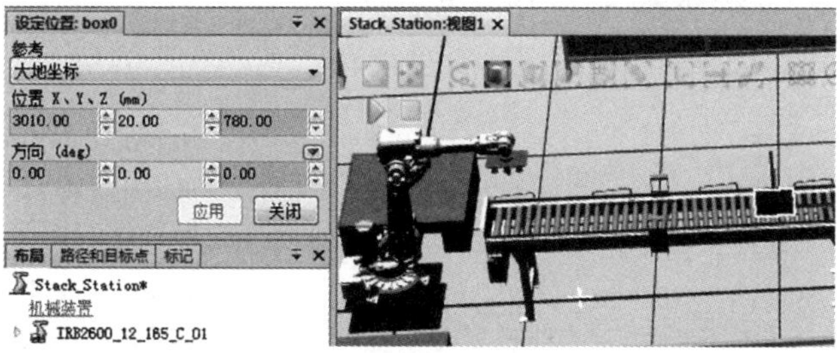	将搬运工件位置移动到输送链的右端
2	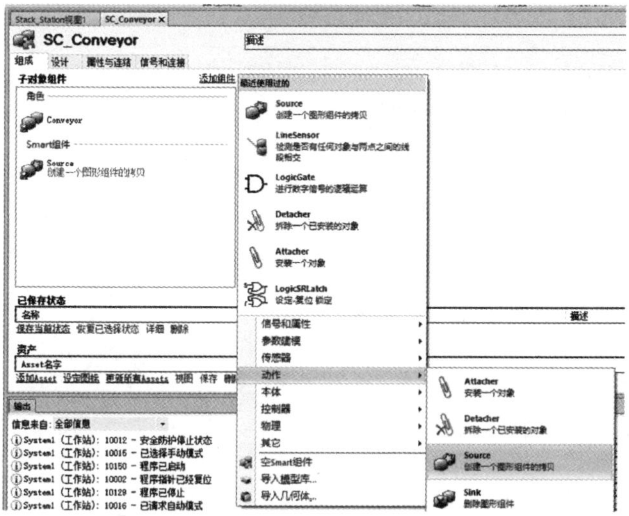	在SC_Conveyor组件编辑页面中，通过“组成→添加组件→动作→Source”，创建一个源对象

续表4-19

序号	图片示例	操作步骤
3	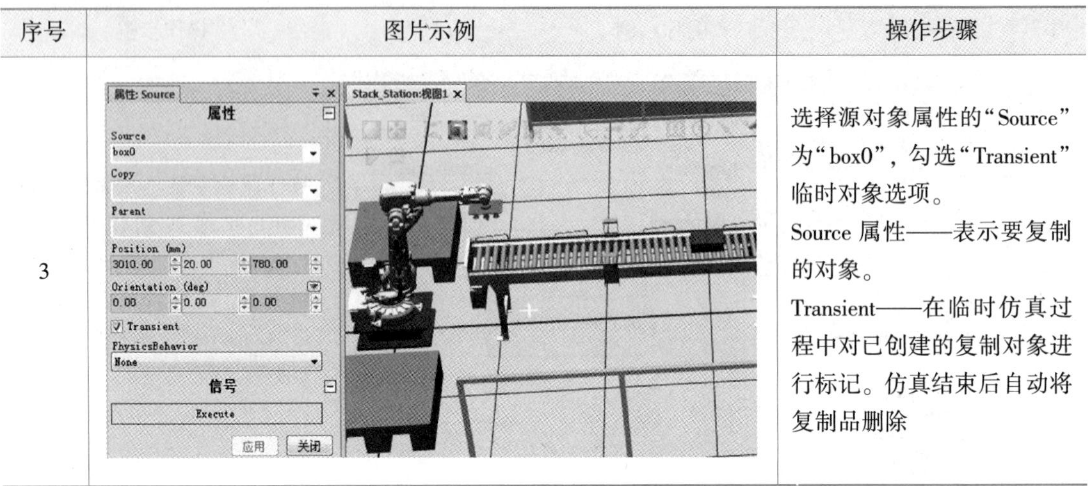	选择源对象属性的"Source"为"box0"，勾选"Transient"临时对象选项。 Source 属性——表示要复制的对象。 Transient——在临时仿真过程中对已创建的复制对象进行标记。仿真结束后自动将复制品删除

4.3.3 队列对象创建

队列对象创建步骤如表 4-20 所示。

表 4-20 队列对象创建步骤

序号	图片示例	操作步骤
1	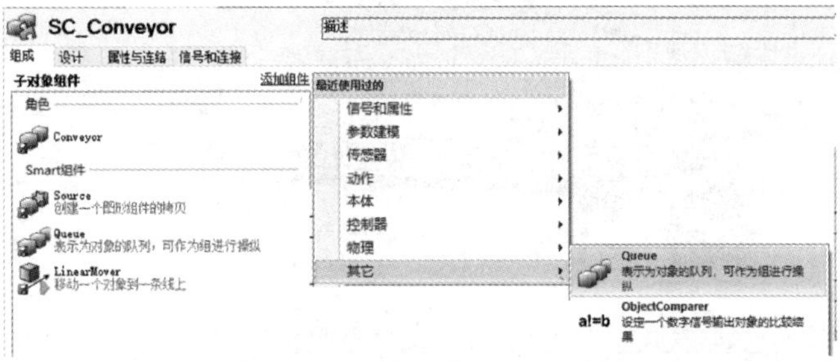	在 SC_Conveyor 组件编辑页面中，通过"组成→添加组件→其它→Queue"，创建一个队列 Queue 对象
2		设置 Queue 对象的 Back 属性为"Source"，点击"应用"。 Back 属性——表示对象进入队列

4.3.4　线性运动对象创建

线性运动对象创建步骤如表 4-21 所示。

表 4-21　线性运动对象创建步骤

序号	图片示例	操作步骤
1		在 SC_Conveyor 组件编辑页面中，通过“组成→添加组件→本体→LinearMover”，创建一个直线运动 LinearMover 对象
2		设置 LinearMover 直线运动对象的对象属性 Object 为 Queue，方向属性 Direction 为（-1，0，0），速度 Speed 为 200 mm/s，Execute 为 1，使得队列一直运动。 Object 属性——移动对象。 Direction 属性——对象移动方向。 Reference 属性——已指定坐标系统的值

4.3.5　平面限位传感器对象创建

平面限位传感器对象创建步骤如表 4-22 所示。

表 4-22　平面限位传感器对象创建步骤

序号	图片示例	操作步骤
1	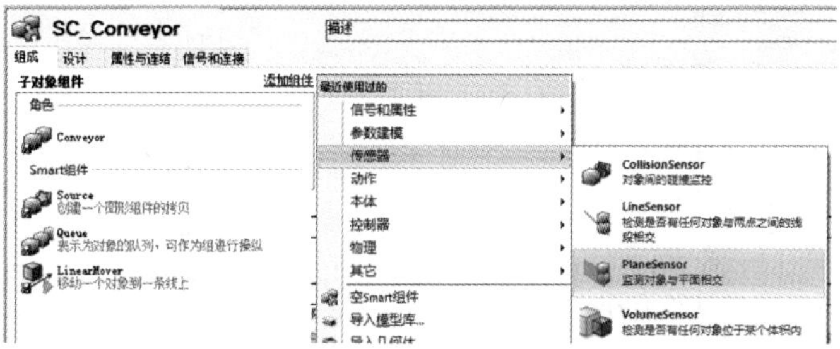	在 SC_Conveyor 组件编辑页面中，通过“组成→添加组件→传感器→PlaneSensor”，创建一个 PlaneSensor 平面传感器对象

续表4-22

序号	图片示例	操作步骤
2	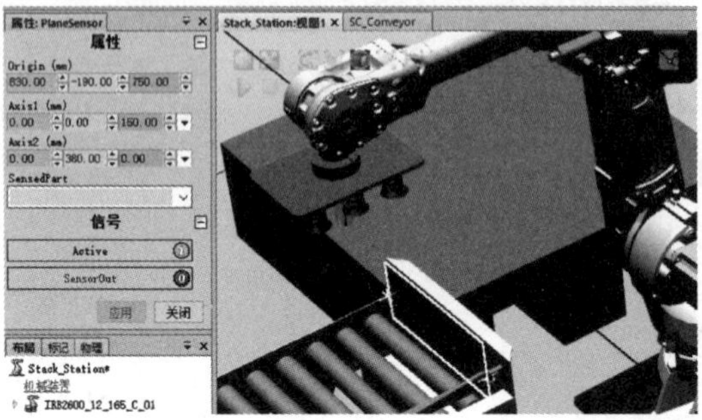	设置 PlaneSensor 平面传感器对象属性的 Origin 原点为平面传感器左下角的点位置(830, -190, 750), Axis1(轴1)为平面传感器的纵轴方向(0, 0, 100), Axis2(轴2)为平面传感器的横轴方向(0, 380, 0), Active 设置为1, 点击"应用"生成
3	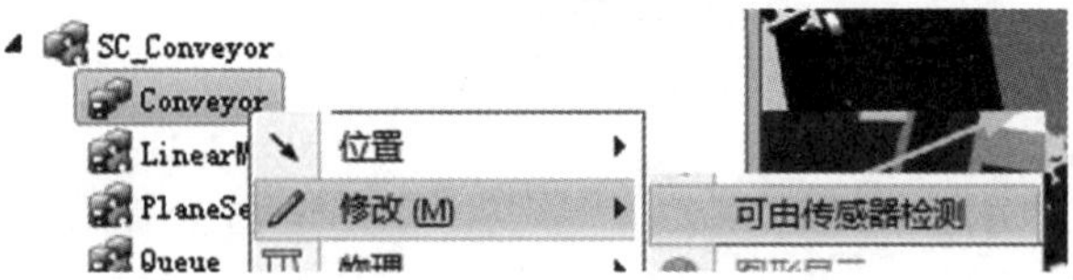	为避免传感器误检测, 右键点击"SC_Conveyor"下的 Conveyor 组件, 选择"修改", 将"可由传感器检测"取消

4.3.6 逻辑门对象创建

逻辑门对象创建步骤如表4-23所示。

表4-23 逻辑门对象创建步骤

序号	图片示例	操作步骤
1	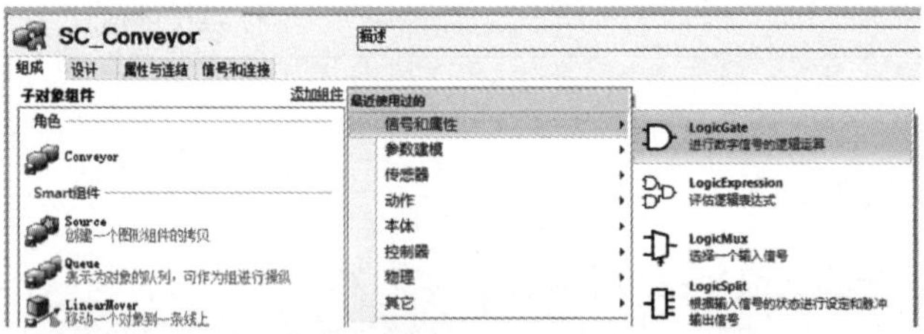	在 SC_Conveyor 组件编辑页面中, 通过"组成→添加组件→信号和属性→LogicGate", 创建一个 LogicGate_2 逻辑门对象
2		将 LogicGate_2 对象的 Operator(操作符)设置为 NOT(非)操作。 属性含义: Operator——逻辑操作符; InputA——第一个输入; Output——逻辑操作结果

续表4-23

序号	图片示例	操作步骤
3	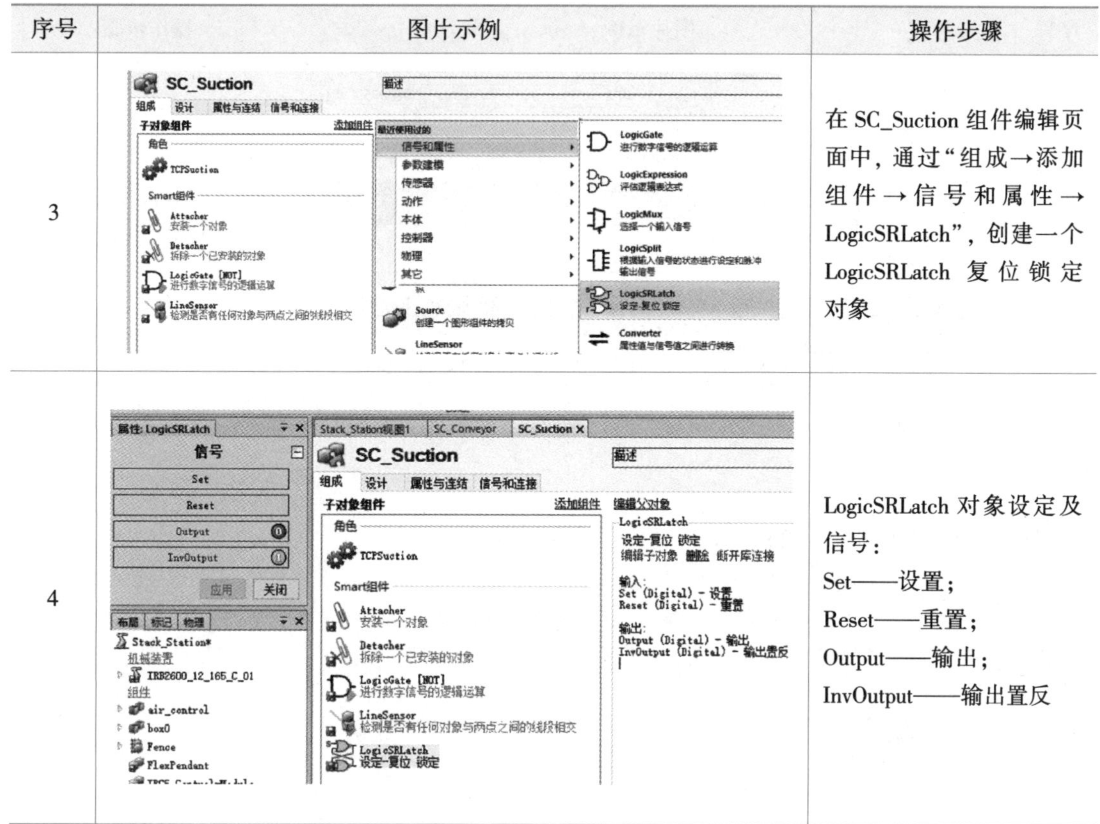	在 SC_Suction 组件编辑页面中，通过"组成→添加组件→信号和属性→LogicSRLatch"，创建一个LogicSRLatch 复位锁定对象
4		LogicSRLatch 对象设定及信号： Set——设置； Reset——重置； Output——输出； InvOutput——输出置反

4.3.7　属性与连结关系创建

属性与连结关系创建步骤如表 4-24 所示。

表 4-24　属性与连结关系创建步骤

序号	图片示例	操作步骤
1		将 Source 源对象的 Copy（复制）属性与 Queue（队列）对象的 Back（队后）属性相连。 逻辑意义：源对象每复制一个工件对象就将其添加到队列的后面

续表4-24

序号	图片示例	操作步骤
2		SC_Conveyor 属性与连结的全部完成情况

4.3.8 信号创建

信号创建步骤如表 4-25 所示。

表 4-25 信号创建步骤

序号	图片示例	操作步骤
1	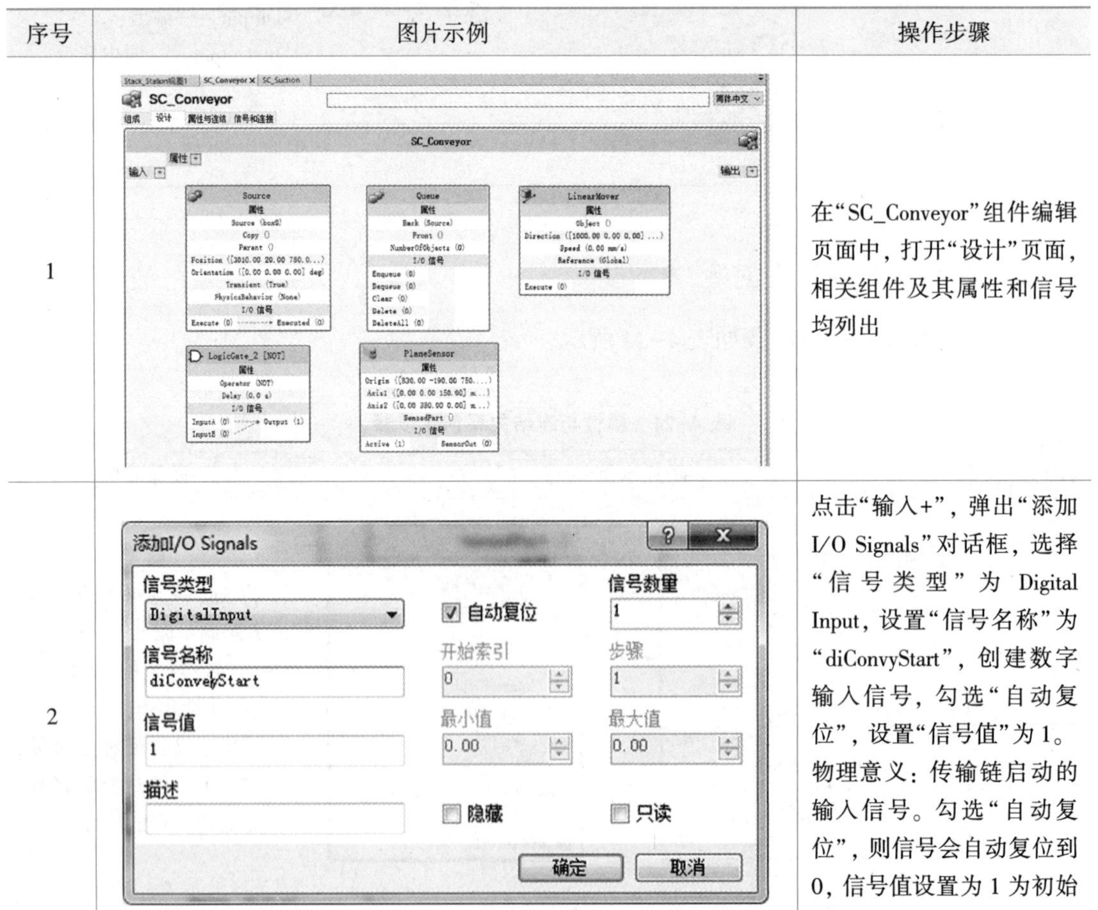	在“SC_Conveyor”组件编辑页面中，打开“设计”页面，相关组件及其属性和信号均列出
2		点击“输入+”，弹出“添加 I/O Signals”对话框，选择“信号类型”为 Digital Input，设置“信号名称”为“diConvyStart”，创建数字输入信号，勾选“自动复位”，设置“信号值”为 1。物理意义：传输链启动的输入信号。勾选“自动复位”，则信号会自动复位到 0，信号值设置为 1 为初始触发值

续表4-25

序号	图片示例	操作步骤
3	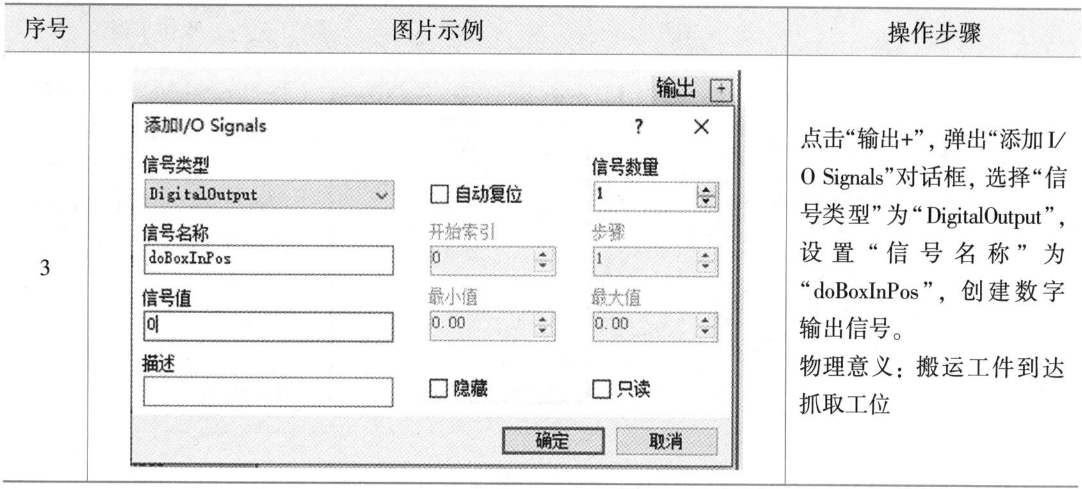	点击“输出+”，弹出“添加I/O Signals”对话框，选择“信号类型”为“DigitalOutput”，设置“信号名称”为“doBoxInPos”，创建数字输出信号。 物理意义：搬运工件到达抓取工位

4.3.9　信号连接

信号连接步骤如表4-26所示。

表4-26　信号连接步骤

序号	图片示例	操作步骤
1	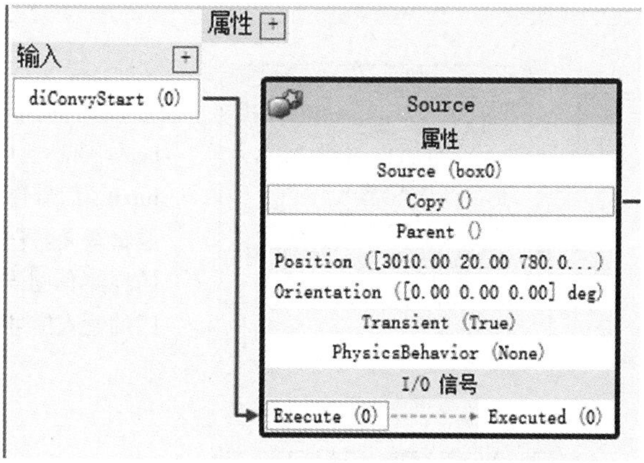	将SC_Conveyor组件的输入信号diConvyStart与Source对象的Execute信号连接。 逻辑意义：通过输入启动信号，触发一次源对象执行动作，使其产生一个复制品
2	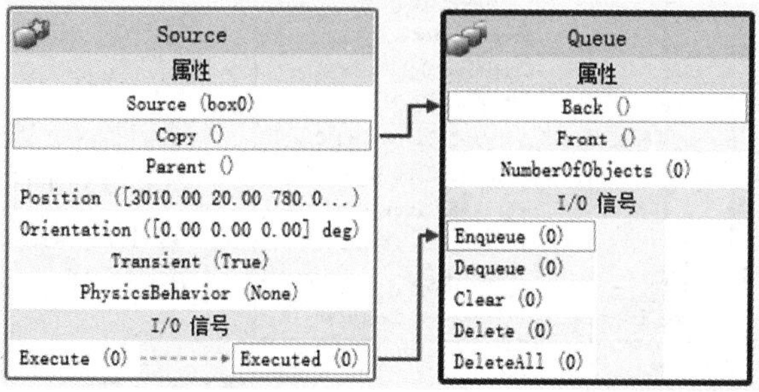	将Source对象的Executed信号与Queue对象的Enqueue信号连接。 逻辑意义：源对象的复制品产生后自动加入设定好的队列中，并随队列一起沿着输送带运动。 Enqueue——添加后面的对象到队列中

续表4-26

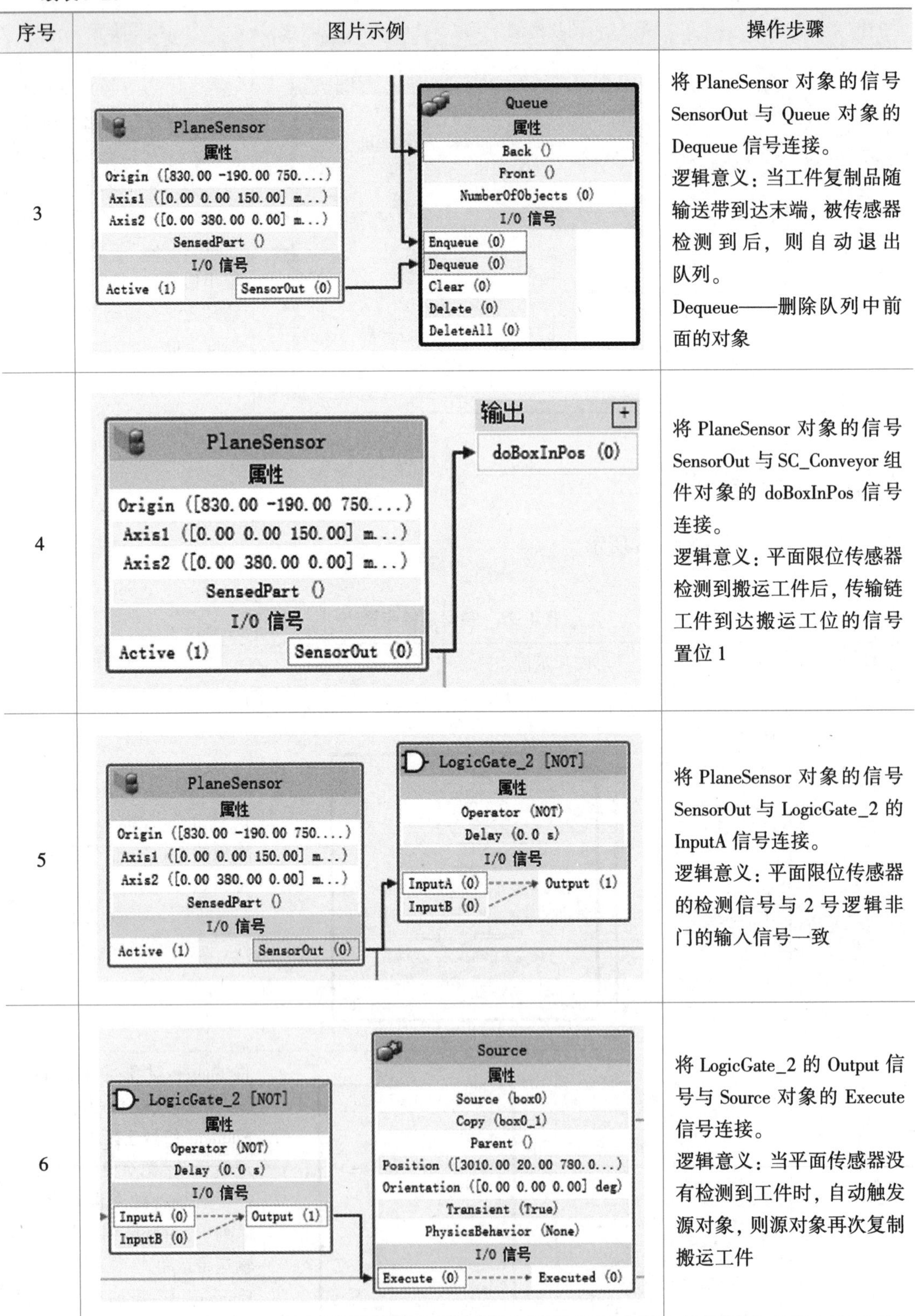

序号	图片示例	操作步骤
3		将 PlaneSensor 对象的信号 SensorOut 与 Queue 对象的 Dequeue 信号连接。 逻辑意义：当工件复制品随输送带到达末端，被传感器检测到后，则自动退出队列。 Dequeue——删除队列中前面的对象
4		将 PlaneSensor 对象的信号 SensorOut 与 SC_Conveyor 组件对象的 doBoxInPos 信号连接。 逻辑意义：平面限位传感器检测到搬运工件后，传输链工件到达搬运工位的信号置位 1
5		将 PlaneSensor 对象的信号 SensorOut 与 LogicGate_2 的 InputA 信号连接。 逻辑意义：平面限位传感器的检测信号与 2 号逻辑非门的输入信号一致
6		将 LogicGate_2 的 Output 信号与 Source 对象的 Execute 信号连接。 逻辑意义：当平面传感器没有检测到工件时，自动触发源对象，则源对象再次复制搬运工件

续表4-26

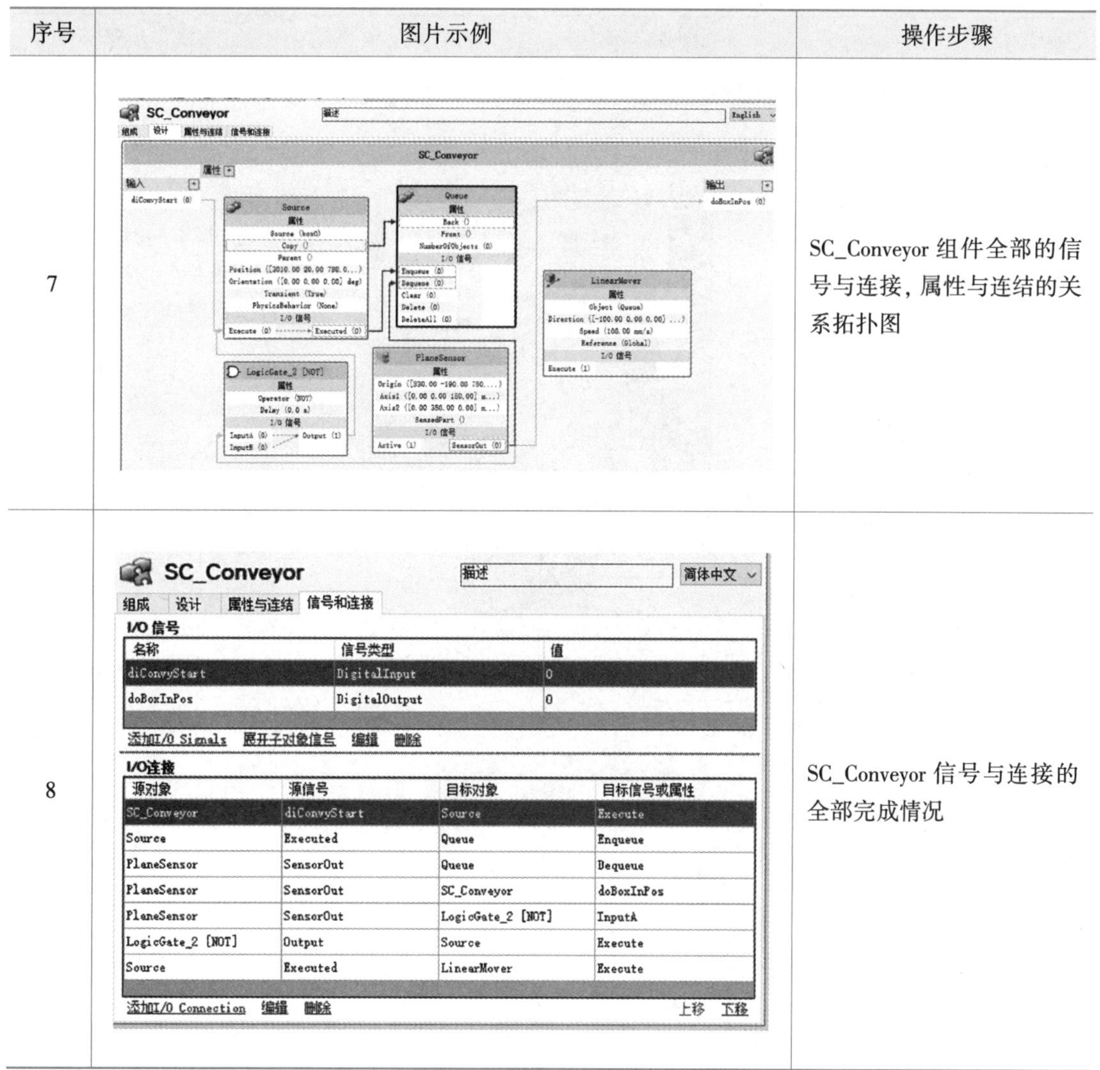

序号	图片示例	操作步骤
7		SC_Conveyor 组件全部的信号与连接，属性与连结的关系拓扑图
8		SC_Conveyor 信号与连接的全部完成情况

任务 4　工件坐标与手动路径创建

根据工作任务，需要将工件搬运到托盘上进行码垛，为了按照码垛的要求准确地将工件码放到托盘上，需要建立相应的工件坐标系。

4.4.1　工件坐标创建

工件坐标创建步骤如表 4-27 所示。

表 4-27　工件坐标创建步骤

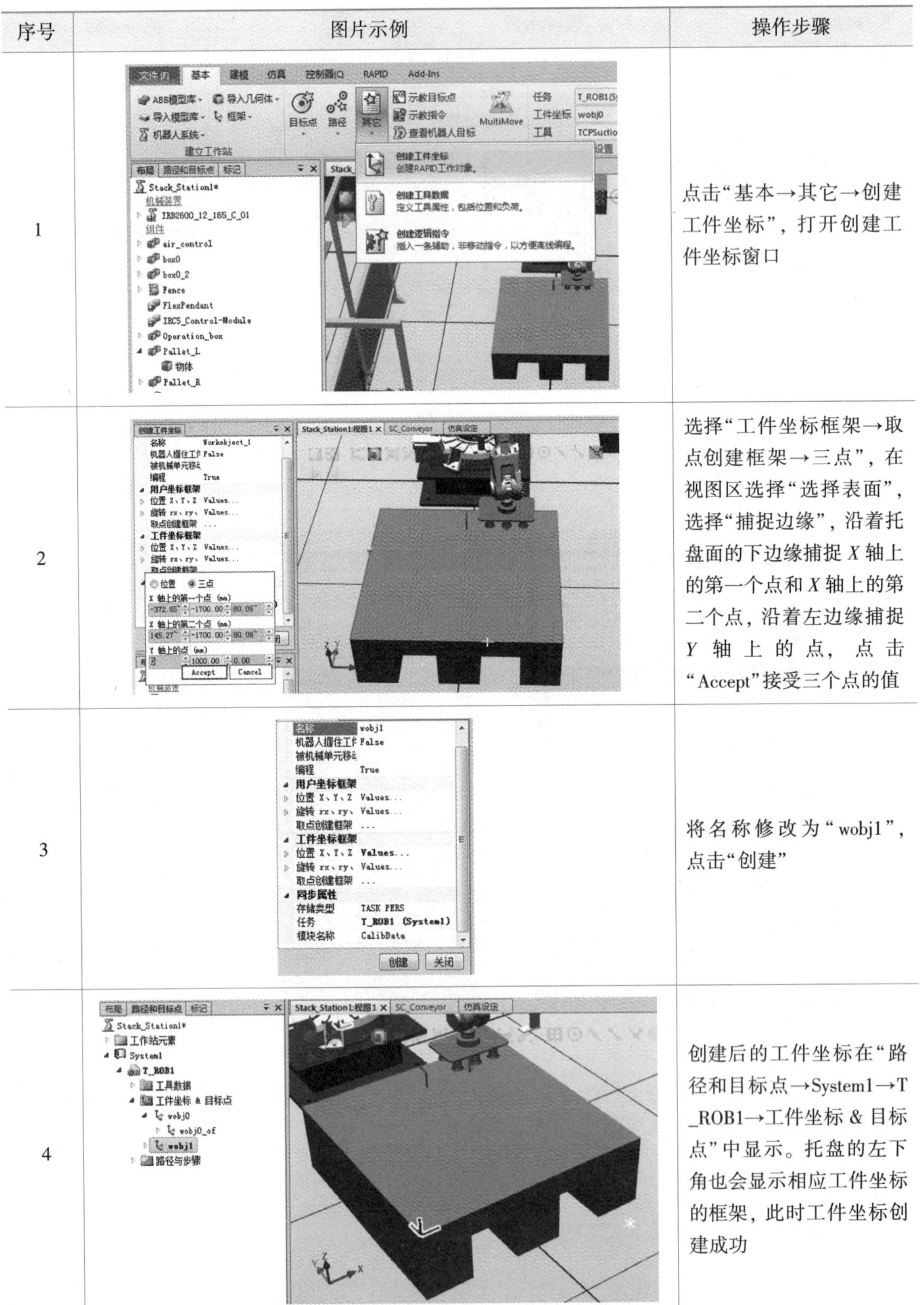

序号	图片示例	操作步骤
1		点击“基本→其它→创建工件坐标”，打开创建工件坐标窗口
2		选择“工件坐标框架→取点创建框架→三点”，在视图区选择“选择表面”，选择“捕捉边缘”，沿着托盘面的下边缘捕捉 X 轴上的第一个点和 X 轴上的第二个点，沿着左边缘捕捉 Y 轴上的点，点击“Accept”接受三个点的值
3		将名称修改为“wobj1”，点击“创建”
4		创建后的工件坐标在“路径和目标点→System1→T_ROB1→工件坐标 & 目标点”中显示。托盘的左下角也会显示相应工件坐标的框架，此时工件坐标创建成功

续表4-27

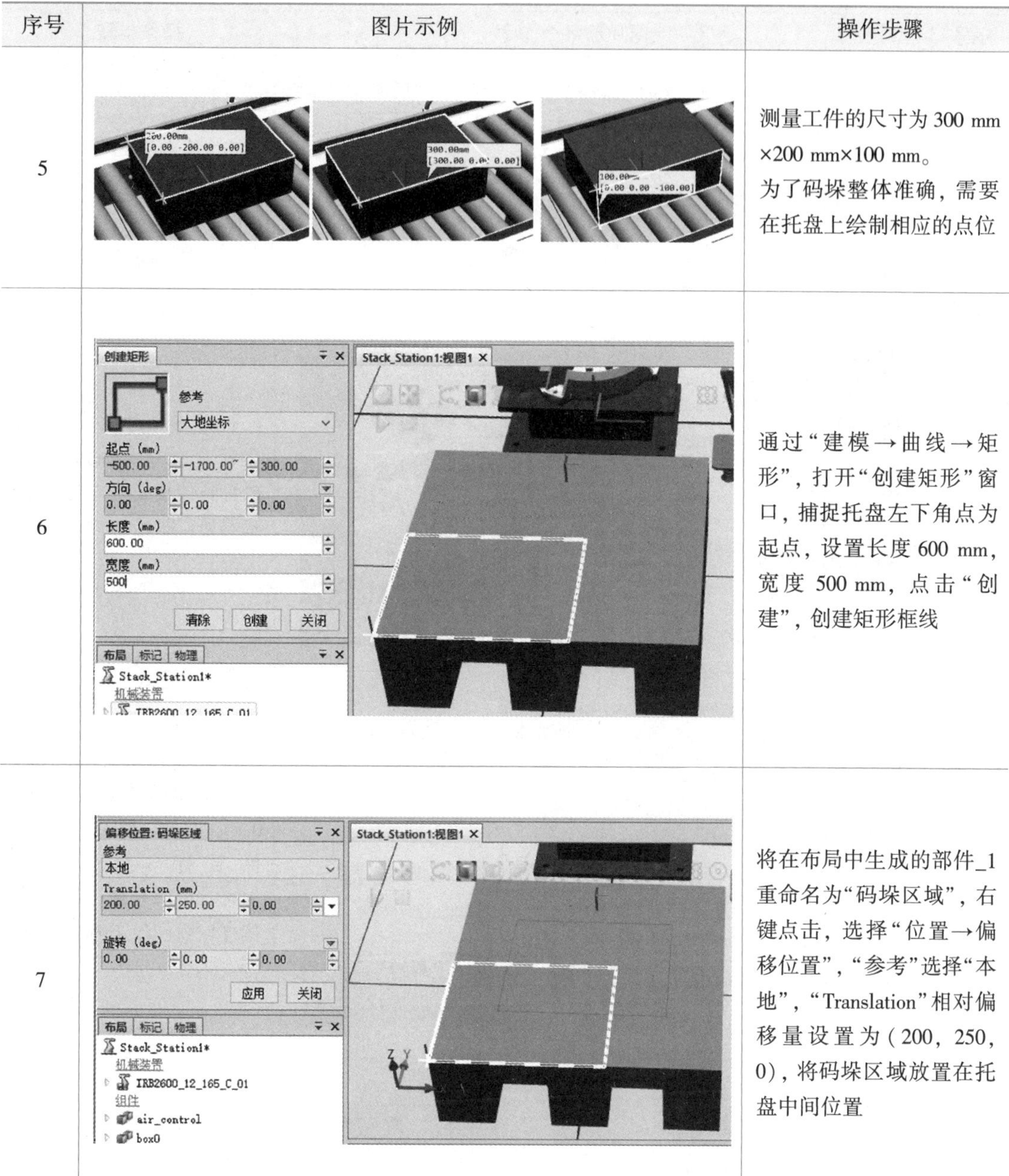

序号	图片示例	操作步骤
5		测量工件的尺寸为 300 mm ×200 mm×100 mm。为了码垛整体准确，需要在托盘上绘制相应的点位
6		通过“建模→曲线→矩形”，打开“创建矩形”窗口，捕捉托盘左下角点为起点，设置长度 600 mm，宽度 500 mm，点击“创建”，创建矩形框线
7		将在布局中生成的部件_1重命名为“码垛区域”，右键点击，选择“位置→偏移位置”，“参考”选择“本地”，“Translation”相对偏移量设置为（200，250，0），将码垛区域放置在托盘中间位置

4.4.2　创建简单抓取路径

分析工件的搬运过程，每次抓取工件的位置和动作都是不变的，我们可以单独创建一个抓取工件并搬运到准备进行放置的过渡位置，具体操作如表 4-28 所示。

表 4-28　创建简单抓取路径步骤

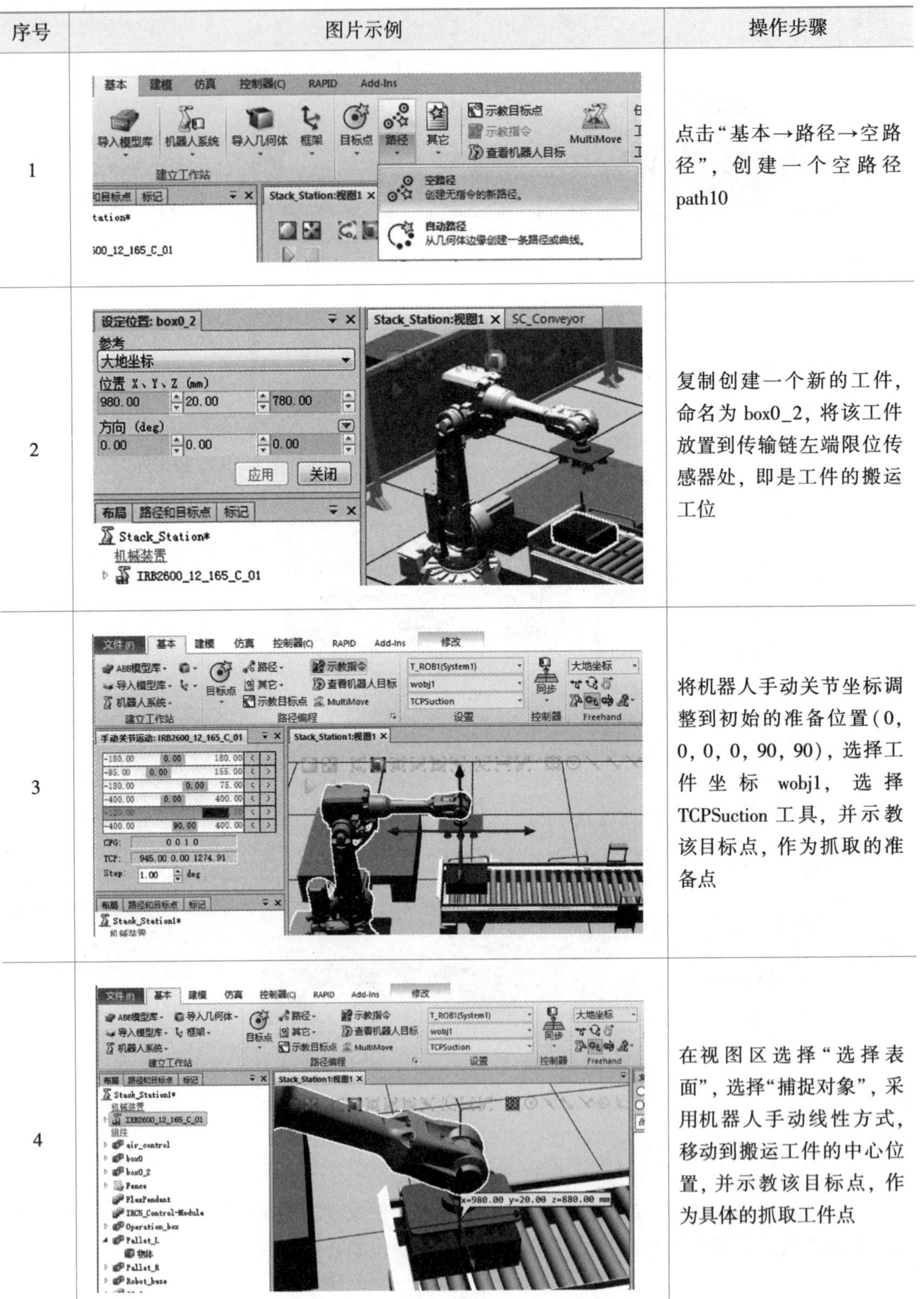

序号	图片示例	操作步骤
1		点击“基本→路径→空路径”，创建一个空路径 path10
2		复制创建一个新的工件，命名为 box0_2，将该工件放置到传输链左端限位传感器处，即是工件的搬运工位
3		将机器人手动关节坐标调整到初始的准备位置(0，0，0，0，90，90)，选择工件坐标 wobj1，选择 TCPSuction 工具，并示教该目标点，作为抓取的准备点
4		在视图区选择“选择表面”，选择“捕捉对象”，采用机器人手动线性方式，移动到搬运工件的中心位置，并示教该目标点，作为具体的抓取工件点

续表4-28

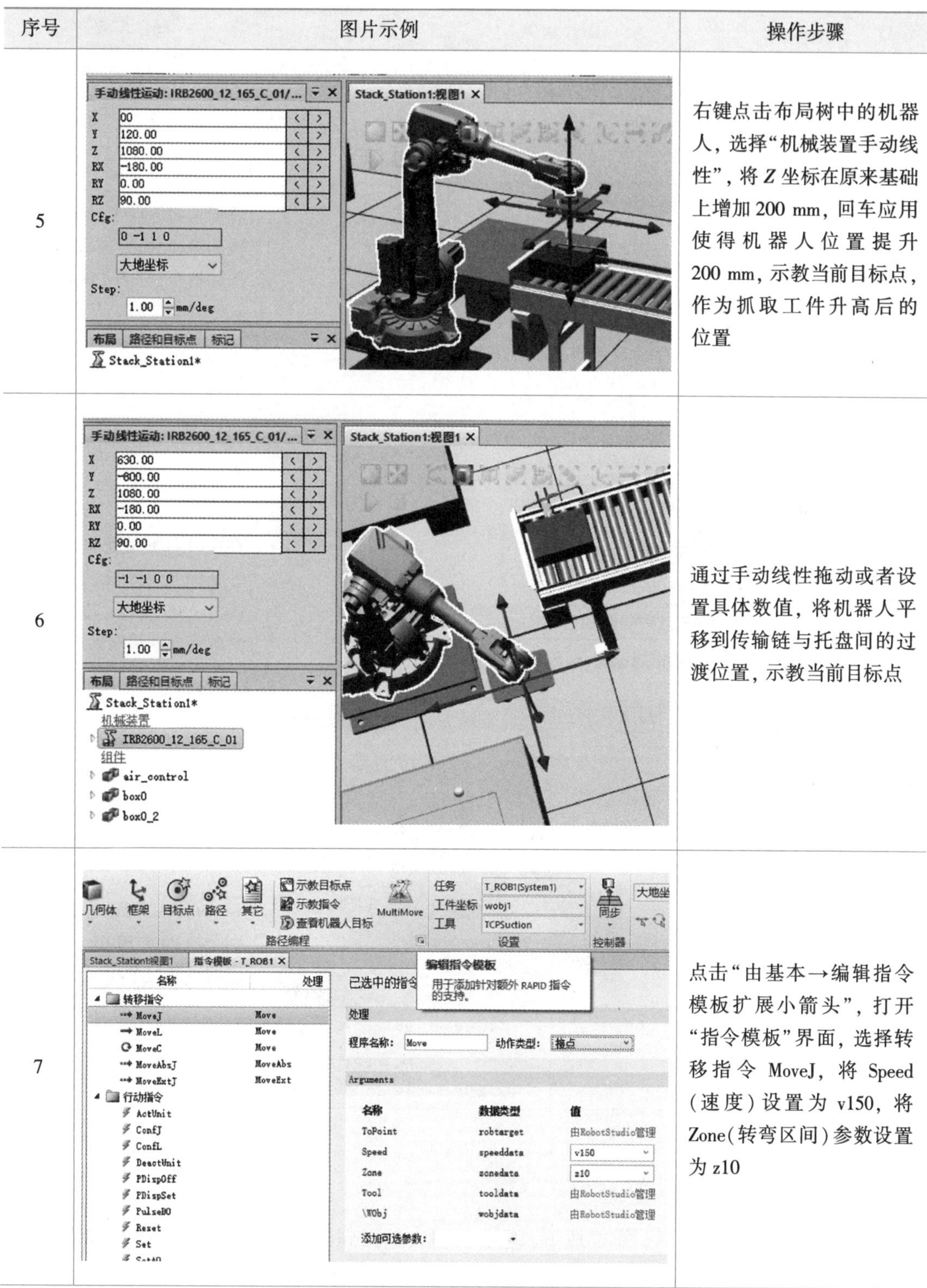

序号	图片示例	操作步骤
5		右键点击布局树中的机器人，选择“机械装置手动线性”，将 *Z* 坐标在原来基础上增加 200 mm，回车应用使得机器人位置提升 200 mm，示教当前目标点，作为抓取工件升高后的位置
6		通过手动线性拖动或者设置具体数值，将机器人平移到传输链与托盘间的过渡位置，示教当前目标点
7		点击“由基本→编辑指令模板扩展小箭头”，打开“指令模板”界面，选择转移指令 MoveJ，将 Speed（速度）设置为 v150，将 Zone（转弯区间）参数设置为 z10

续表4-28

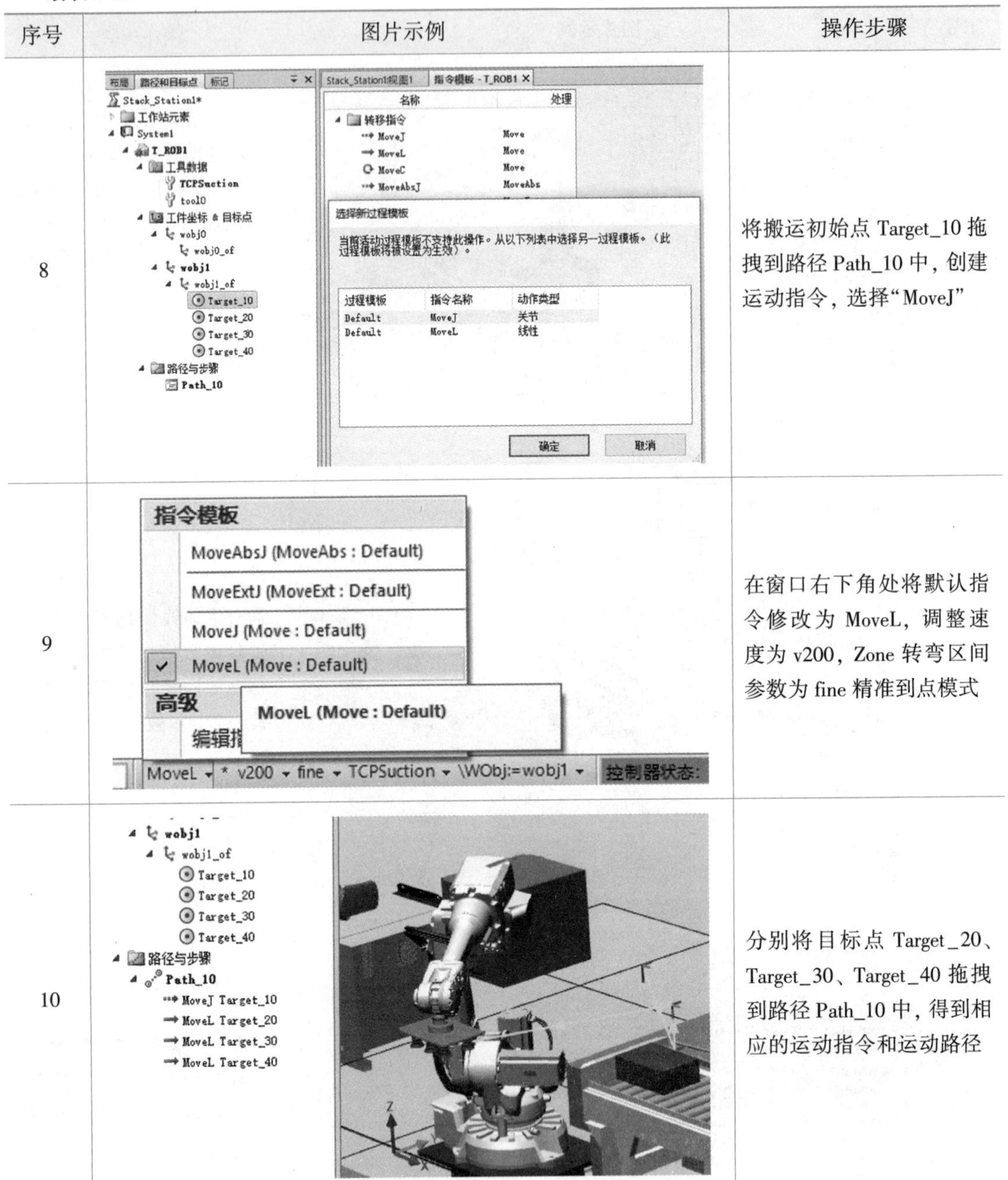

序号	图片示例	操作步骤
8		将搬运初始点 Target_10 拖拽到路径 Path_10 中，创建运动指令，选择“MoveJ”
9		在窗口右下角处将默认指令修改为 MoveL，调整速度为 v200，Zone 转弯区间参数为 fine 精准到点模式
10		分别将目标点 Target_20、Target_30、Target_40 拖拽到路径 Path_10 中，得到相应的运动指令和运动路径

4.4.3 创建简单放置工件路径

工件搬运到合适位置后，需要放下，然后机器人返回到搬运过渡点，具体操作如表 4-29 所示。

表 4-29　创建简单放置工作路径步骤

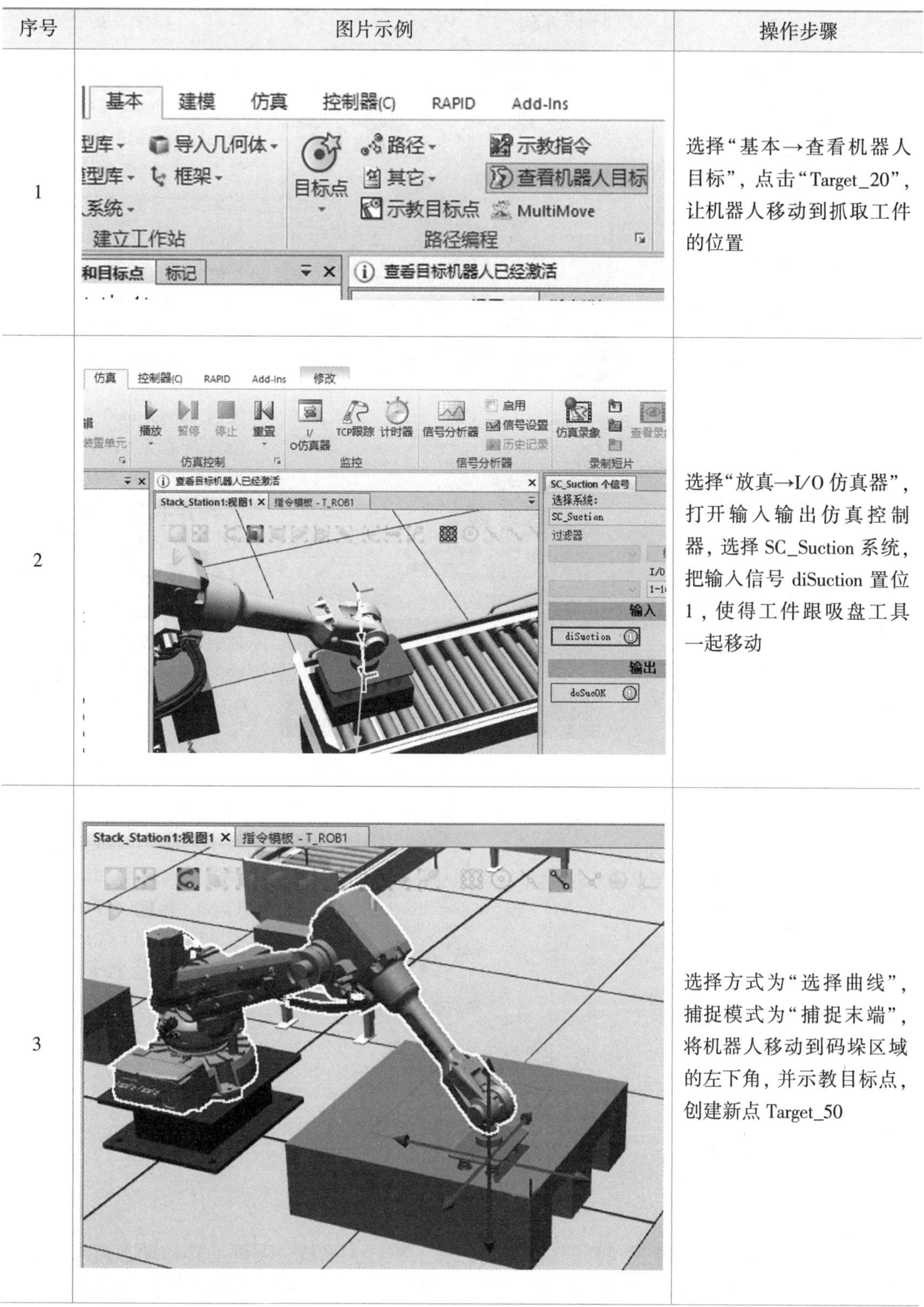

序号	图片示例	操作步骤
1		选择“基本→查看机器人目标”，点击“Target_20”，让机器人移动到抓取工件的位置
2		选择“放真→I/O 仿真器”，打开输入输出仿真控制器，选择 SC_Suction 系统，把输入信号 diSuction 置位 1，使得工件跟吸盘工具一起移动
3		选择方式为“选择曲线”，捕捉模式为“捕捉末端”，将机器人移动到码垛区域的左下角，并示教目标点，创建新点 Target_50

续表4-29

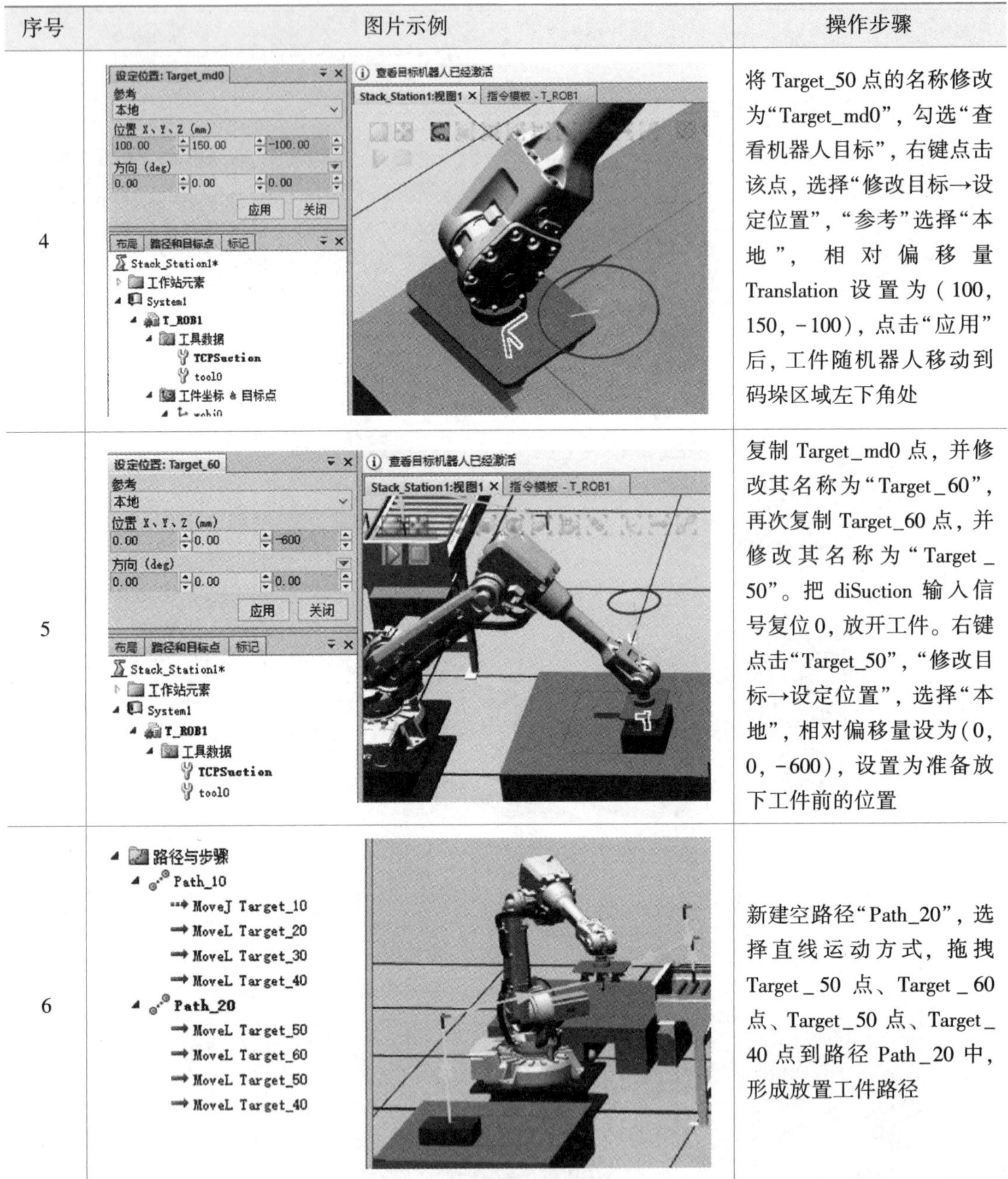

序号	图片示例	操作步骤
4		将Target_50点的名称修改为“Target_md0”，勾选“查看机器人目标”，右键点击该点，选择“修改目标→设定位置”，“参考”选择“本地”，相对偏移量Translation设置为（100，150，-100），点击“应用”后，工件随机器人移动到码垛区域左下角处
5		复制Target_md0点，并修改其名称为“Target_60”，再次复制Target_60点，并修改其名称为“Target_50”。把diSuction输入信号复位0，放开工件。右键点击“Target_50”，“修改目标→设定位置”，选择“本地”，相对偏移量设为（0，0，-600），设置为准备放下工件前的位置
6		新建空路径“Path_20”，选择直线运动方式，拖拽Target_50点、Target_60点、Target_50点、Target_40点到路径Path_20中，形成放置工件路径

任务5 工作站逻辑设定

在前面的任务2与任务3，我们已经分别创建了机器人系统、吸盘工具和动态流水线，在吸盘工具和动态流水线中我们单独设置了相应的信号与连接、属性与连结关系。但是在编程中，我们只能对系统信号进行直接的设置和调用，不能对吸盘工具和动态流水线中的信号进行直接控制，因此我们需要设置相应的系统信号，并将系统信号与吸盘工具和动态流水线的信号进行关联，设置工作站的逻辑关系，才能实现整体的运行。

4.5.1　数据总线下板卡的创建

数据总线下板卡的创建步骤如表 4-30 所示。

表 4-30　数据总线下板卡的创建

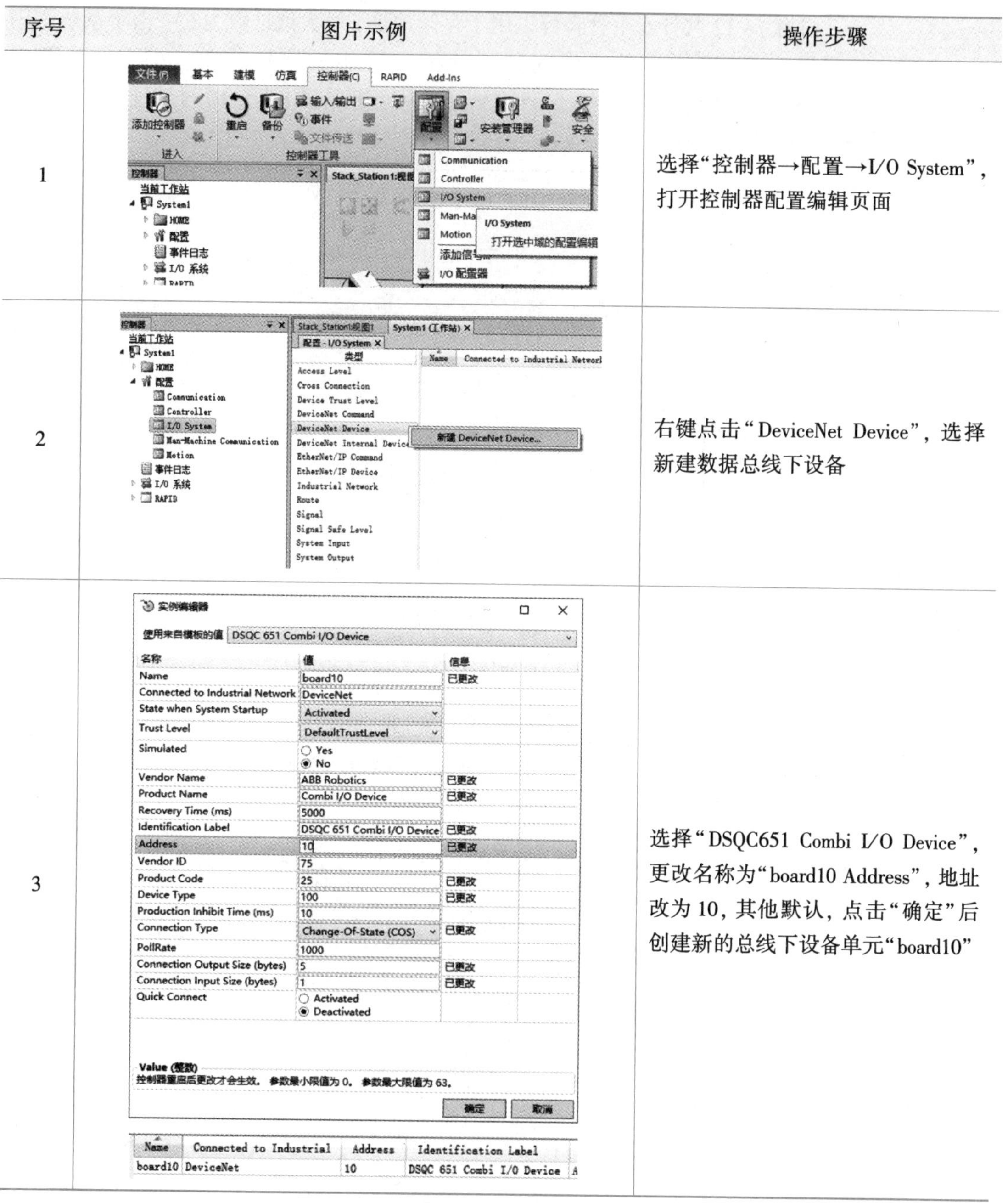

序号	图片示例	操作步骤
1		选择“控制器→配置→I/O System”，打开控制器配置编辑页面
2		右键点击“DeviceNet Device”，选择新建数据总线下设备
3		选择“DSQC651 Combi I/O Device”，更改名称为“board10 Address”，地址改为 10，其他默认，点击“确定”后创建新的总线下设备单元“board10”

4.5.2 系统信号创建

对于 DSQC651 输入输出板卡(图 4-1),有 8 个数字输入,8 个数字输出,同时还有 2 个模拟量输出。由于模拟量输出每个模拟量需要占用 16 个字节,因此共占用了 0~31 的地址,其数字输出地址为 32~39。其数字输入地址则是 0~7。X5 为数据总线 DeviceNet 的接口,其所对应的端子情况如图 4-2 示,通过总线接口 X5 与其进行通信,地址由总线接头上的地址针脚编码生成。这里只有 7~12 共计 6 个管脚可以用于存储地址,最大地址数为 63,由于系统占用了 0~9,则通过总线访问其下挂板卡可用的地址为 10~63。当前图中 DSQC651 板卡上的 DeviceNet 总线接头中,剪断了 8 号、10 号地址针脚,则其对应的总线地址为 2+8=10。系统信号创建步骤如表 4-31 所示。

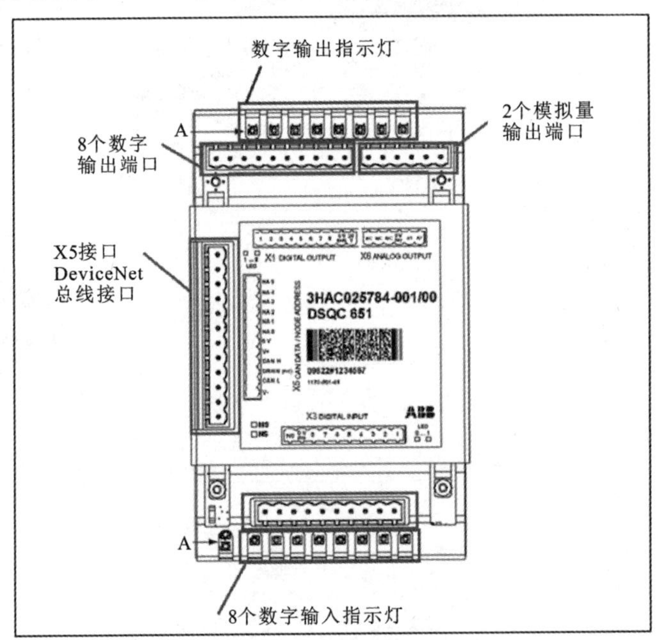

图 4-1 DSQC651 板块的接口功能图

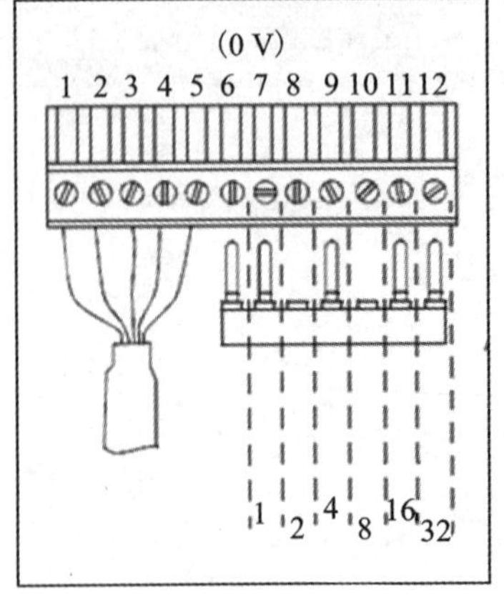

图 4-2 X5 接口具体端子情况

表 4-31　系统信号创建

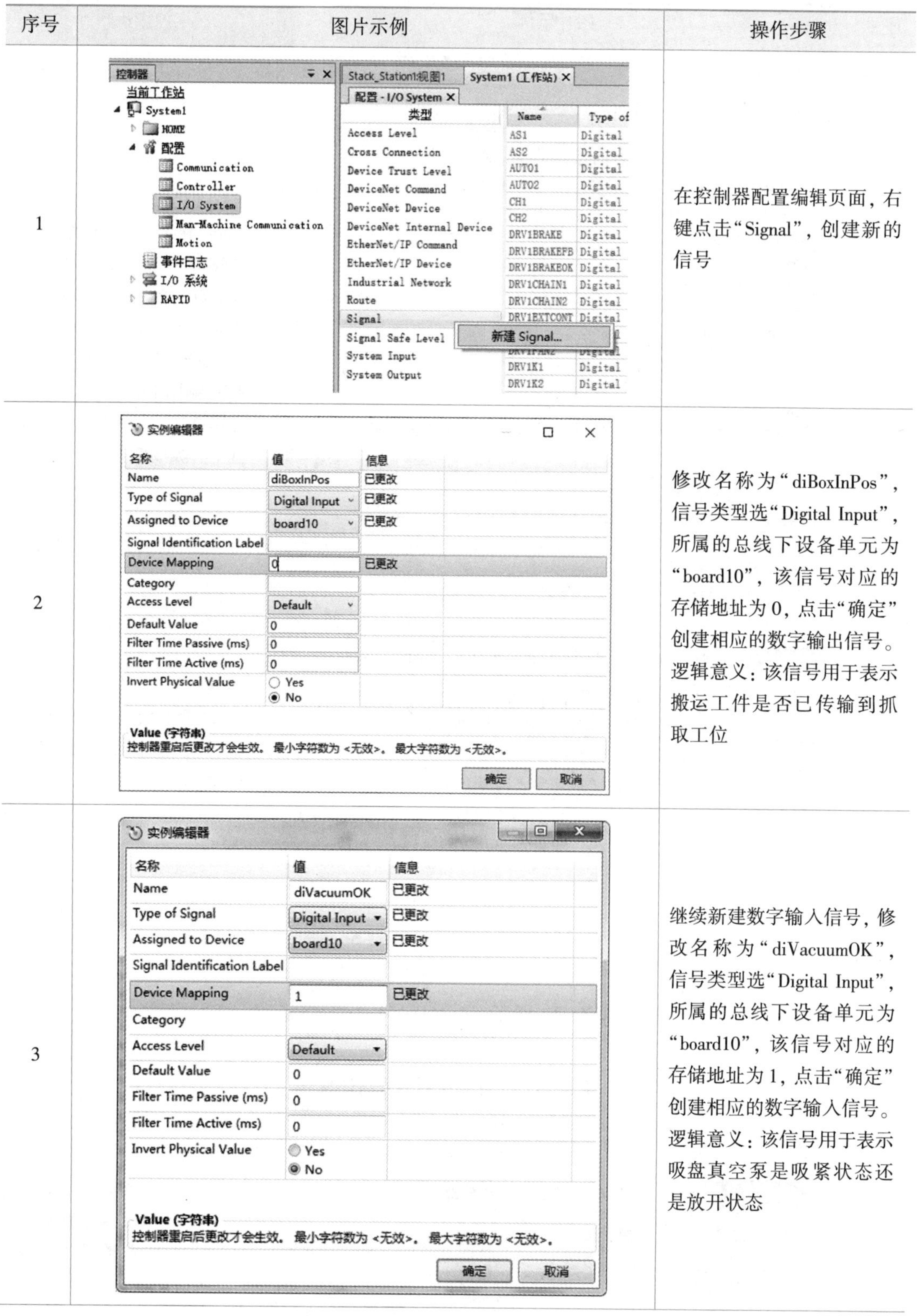

序号	图片示例	操作步骤
1		在控制器配置编辑页面，右键点击“Signal”，创建新的信号
2		修改名称为“diBoxInPos”，信号类型选“Digital Input”，所属的总线下设备单元为“board10”，该信号对应的存储地址为 0，点击“确定”创建相应的数字输出信号。逻辑意义：该信号用于表示搬运工件是否已传输到抓取工位
3		继续新建数字输入信号，修改名称为“diVacuumOK”，信号类型选“Digital Input”，所属的总线下设备单元为“board10”，该信号对应的存储地址为 1，点击“确定”创建相应的数字输入信号。逻辑意义：该信号用于表示吸盘真空泵是吸紧状态还是放开状态

续表4-31

序号	图片示例	操作步骤
4		再次新建信号，修改名称为“doSuction”，信号类型选“Digital Output”，所属的总线下设备单元为“board10”，该信号对应的存储地址为33，点击“确定”创建相应的数字输出信号。 逻辑意义：为系统发出的吸盘工具吸放信号
5		选择“控制器→重启→热启动”，让前面设置的信号及单元设备生效

4.5.3 工作站逻辑信号与连接

工作站逻辑信号与连接如表 4-32 所示。

表 4-32 工作站逻辑信号与连接

序号	图片示例	操作步骤
1	文件(F) 基本 建模 仿真 控制器(C) RAPID Add-Ins 创建碰撞监控 仿真设定 工作站逻辑 激活机械装置单元 播放 暂停 停止 重置	热启动让各信号生效。 选择“仿真→工作站逻辑”，建立整个工作站各信号间的联系

续表4-32

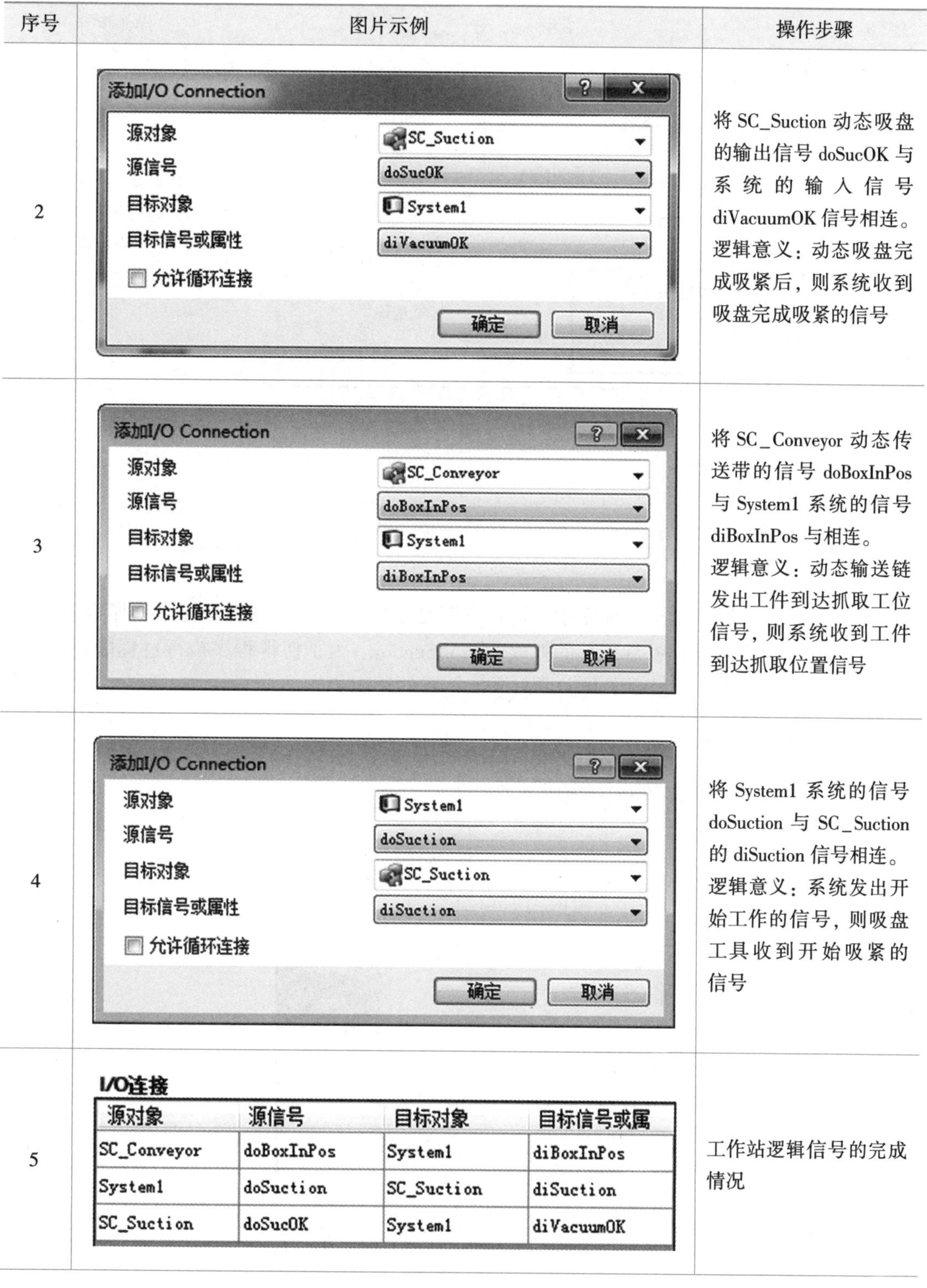

序号	图片示例	操作步骤
2	添加I/O Connection 源对象：SC_Suction 源信号：doSucOK 目标对象：System1 目标信号或属性：diVacuumOK 允许循环连接 确定　取消	将 SC_Suction 动态吸盘的输出信号 doSucOK 与系统的输入信号 diVacuumOK 信号相连。 逻辑意义：动态吸盘完成吸紧后，则系统收到吸盘完成吸紧的信号
3	添加I/O Connection 源对象：SC_Conveyor 源信号：doBoxInPos 目标对象：System1 目标信号或属性：diBoxInPos 允许循环连接 确定　取消	将 SC_Conveyor 动态传送带的信号 doBoxInPos 与 System1 系统的信号 diBoxInPos 与相连。 逻辑意义：动态输送链发出工件到达抓取工位信号，则系统收到工件到达抓取位置信号
4	添加I/O Connection 源对象：System1 源信号：doSuction 目标对象：SC_Suction 目标信号或属性：diSuction 允许循环连接 确定　取消	将 System1 系统的信号 doSuction 与 SC_Suction 的 diSuction 信号相连。 逻辑意义：系统发出开始工作的信号，则吸盘工具收到开始吸紧的信号
5	I/O连接 源对象 | 源信号 | 目标对象 | 目标信号或属 SC_Conveyor | doBoxInPos | System1 | diBoxInPos System1 | doSuction | SC_Suction | diSuction SC_Suction | doSucOK | System1 | diVacuumOK	工作站逻辑信号的完成情况

续表4-32

序号	图片示例	操作步骤
6	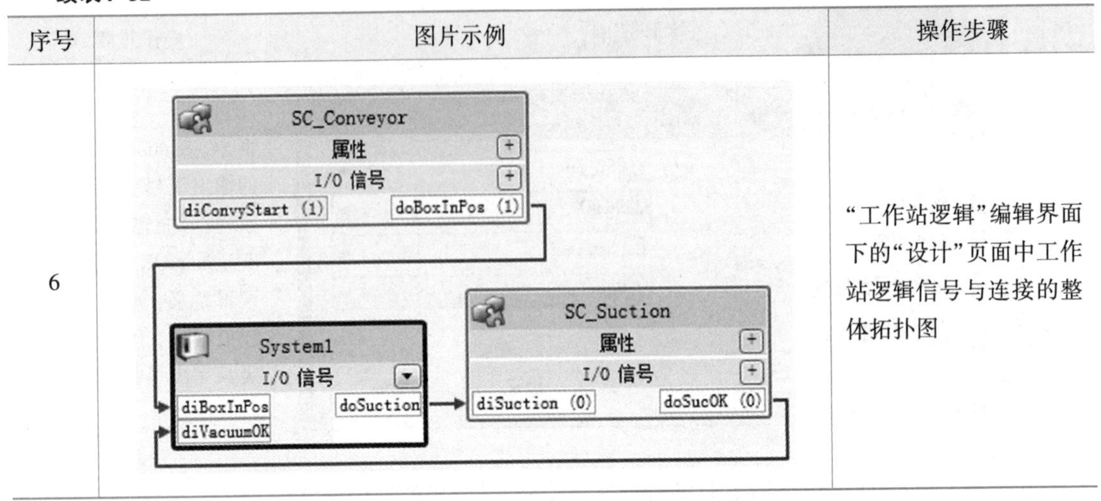	“工作站逻辑”编辑界面下的“设计”页面中工作站逻辑信号与连接的整体拓扑图

任务6　编程与调试

在前面所完成的搬运路径程序中，我们没有在程序中设定吸盘工具的自动抓取和释放，而是通过I/O仿真器设置吸盘工具的抓放信号diSuction，为了使得程序执行过程能够自动实现抓放指令，因此在路径程序中我们可以添加相应的逻辑指令。

4.6.1　添加逻辑指令

添加逻辑指令步骤如表4-33所示。

表4-33　添加逻辑指令步骤

序号	图片示例	操作步骤
1		在Path_10抓取程序中需要插入逻辑指令的语句上右键点击，选择“插入逻辑指令”

续表4-33

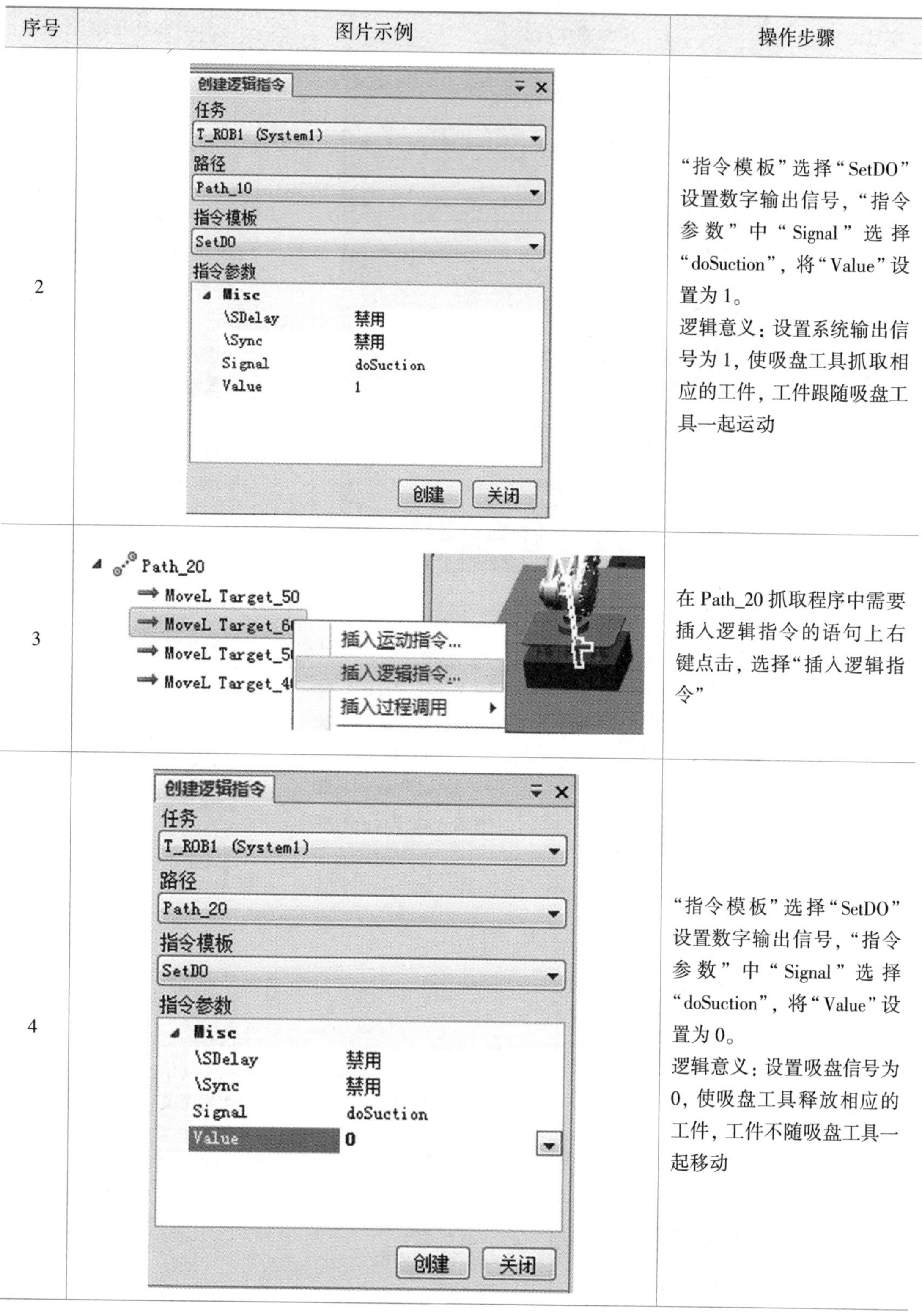

序号	图片示例	操作步骤
2		“指令模板”选择“SetDO”设置数字输出信号，“指令参数”中“Signal”选择“doSuction”，将“Value”设置为1。 逻辑意义：设置系统输出信号为1，使吸盘工具抓取相应的工件，工件跟随吸盘工具一起运动
3		在Path_20抓取程序中需要插入逻辑指令的语句上右键点击，选择“插入逻辑指令”
4		“指令模板”选择“SetDO”设置数字输出信号，“指令参数”中“Signal”选择“doSuction”，将“Value”设置为0。 逻辑意义：设置吸盘信号为0，使吸盘工具释放相应的工件，工件不随吸盘工具一起移动

续表4-33

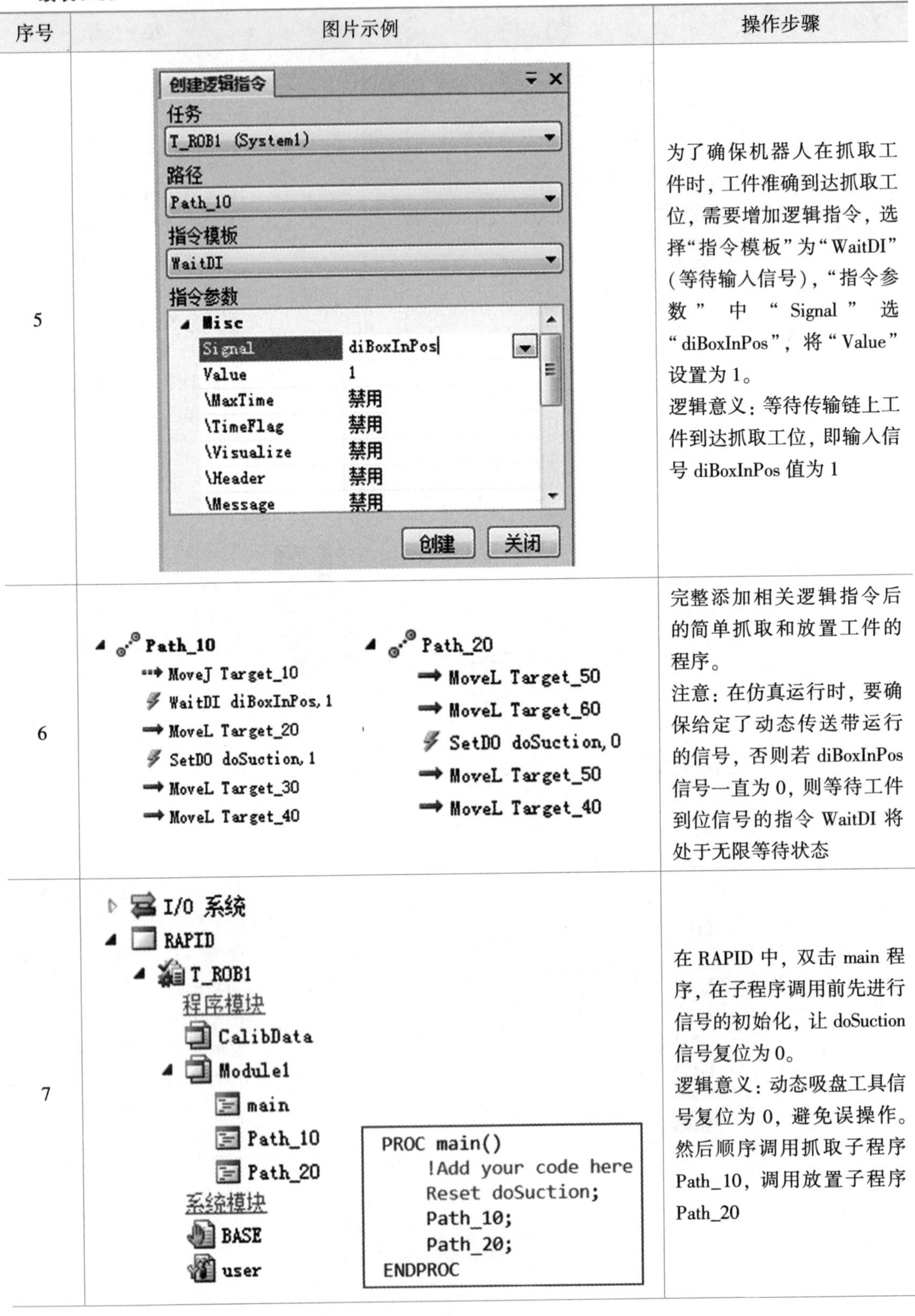

序号	图片示例	操作步骤
5		为了确保机器人在抓取工件时，工件准确到达抓取工位，需要增加逻辑指令，选择“指令模板”为“WaitDI”(等待输入信号)，“指令参数”中“Signal”选“diBoxInPos”，将“Value”设置为1。 逻辑意义：等待传输链上工件到达抓取工位，即输入信号diBoxInPos值为1
6		完整添加相关逻辑指令后的简单抓取和放置工件的程序。 注意：在仿真运行时，要确保给定了动态传送带运行的信号，否则若diBoxInPos信号一直为0，则等待工件到位信号的指令WaitDI将处于无限等待状态
7		在RAPID中，双击main程序，在子程序调用前先进行信号的初始化，让doSuction信号复位为0。 逻辑意义：动态吸盘工具信号复位为0，避免误操作。然后顺序调用抓取子程序Path_10，调用放置子程序Path_20

续表4-33

序号	图片示例	操作步骤
8	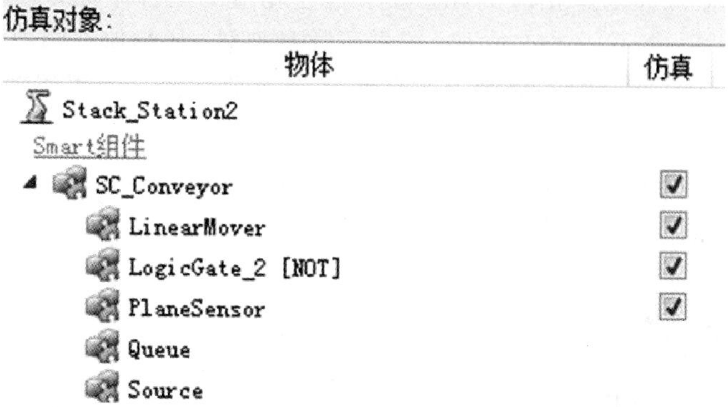 仿真对象: 物体 仿真 Stack_Station2 Smart组件 SC_Conveyor ☑ LinearMover ☑ LogicGate_2 [NOT] ☑ PlaneSensor ☑ Queue Source	仿真设定 SC_Conveyor 中的各个仿真对象都勾选上，以保证各个对象，特别是线性运动 LinearMover 加入到仿真过程中
9	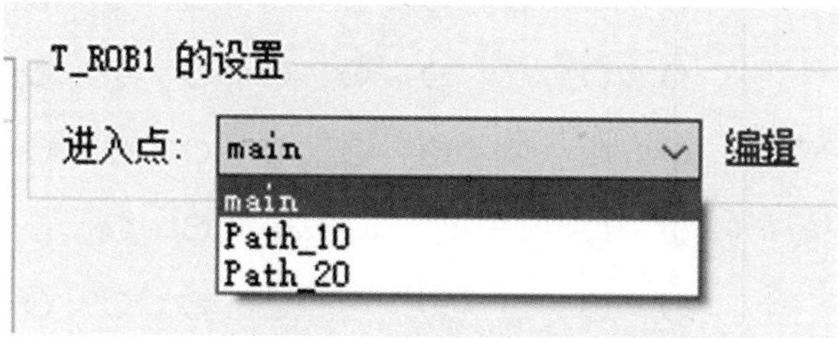 T_ROB1 的设置 进入点: main 编辑 main Path_10 Path_20	将仿真进入点设置为“main”。然后进行仿真
10	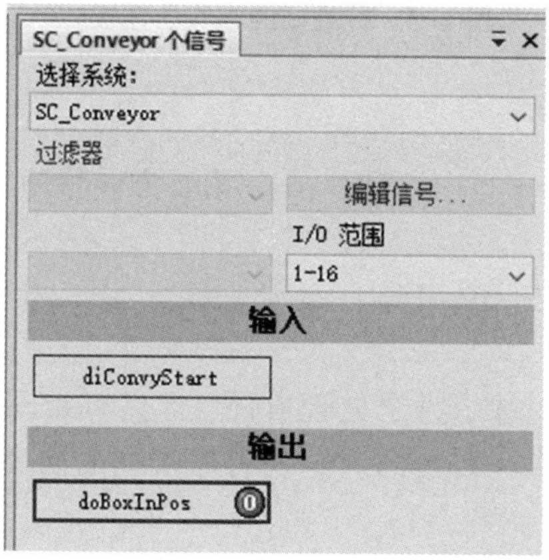 SC_Conveyor 个信号 选择系统: SC_Conveyor 过滤器 编辑信号... I/O 范围 1-16 输入 diConvyStart 输出 doBoxInPos 0	通过“仿真→I/O 仿真器”，打开仿真信号控制窗口，选择 SC_Conveyor 系统。当仿真时，点击“diConvyStart”，触发动态输送带运行，将复制的工件输送到工件抓取位置，使得 doBoxInPos 输出信号为 1

4.6.2　偏移、偏转函数及数组的应用

(1) 偏移函数 Offs

Offs 用于在一个机械臂位置的工件坐标系中添加一个偏移量。其指令格式为：Offs (Point XOffset YOffset ZOffset)

其中：

Point 有待移动的位置数据。数据类型：robtarget。

XOffset 工件坐标系中 x 方向的位移。数据类型：num。

YOffset 工件坐标系中 y 方向的位移。数据类型：num。

ZOffset 工件坐标系中 z 方向的位移。数据类型：num。

例子 1：如下图 4-3 所示，一个行、列间距一定的孔板，需要根据行数和列数将机器人移动到相应的孔位上，建立相应的工件坐标系，获得工件坐标系原点处 palletpos 的点位置，根据行数和列数，通过偏移函数可以方便地找到相应的孔位，而不需要另行示教每个点的位置。如要移动到第 row 行、第 column 列的孔上，则相应的点值用 Offs 函数表达如下：

Offs (palettpos, (row-1) * distance, (column-1) * distance, 0)；其中 distance 为孔的行间距和列间距。

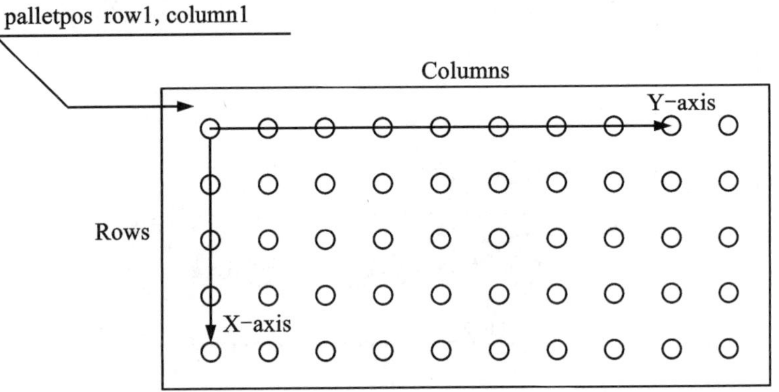

图 4-3 行列间距相等的孔板

例子 2：

机械臂位置 p1 沿 x 方向移动 5 mm，沿 y 方向移动 10 mm，且沿 z 方向移动 15 mm。

p1：= Offs (p1, 5, 10, 15)；

(2)数组(array)

数组是在程序设计中，为了处理方便，把具有相同类型的若干元素按有序的形式组织起来的一种形式。这些有序排列的同类数据元素的集合称为数组。

数组是有序的元素序列。若将有限个类型相同的变量的集合命名，那么这个名称为数组名。组成数组的各个变量称为数组的分量，也称为数组的元素，有时也称为下标变量。用于区分数组的各个元素的数字编号称为下标。数组是用于储存多个相同类型数据的集合。

例如图 4-3 中，如果需要命名各个孔点，并且存入相应各点的偏移量位置，我们可以采用数组方式来表示。这里有 5 行 10 列，且每个点的偏移位置包含了 X、Y、Z 三个方向的值，若采用点 nPos 来表示这 50 个点的偏移位置，我们可以采用三维数组方式来表达。

PERS num nPos{5, 10, 3}；

nPos{5, 10, 3}：=[[0, 0, 0], ……[(row-1) * distance, (column-1) * distance, z], …… [4 * distance, 9 * distance, z]]

这里 nPos 共有 50 个[x, y, z]的数据值。

(3)码垛

根据前面码垛区域尺寸为 500 mm×600 mm，工件的平面尺寸为 200 mm×300 mm，为了有效利用好码垛的区域，则工件的码垛排列如图 4-4 所示。

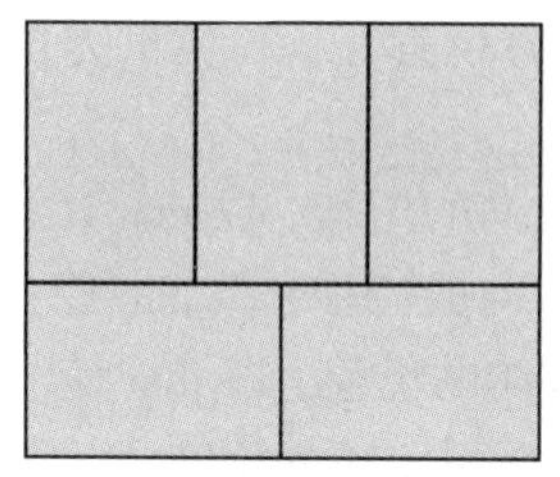
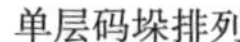
单层码垛排列

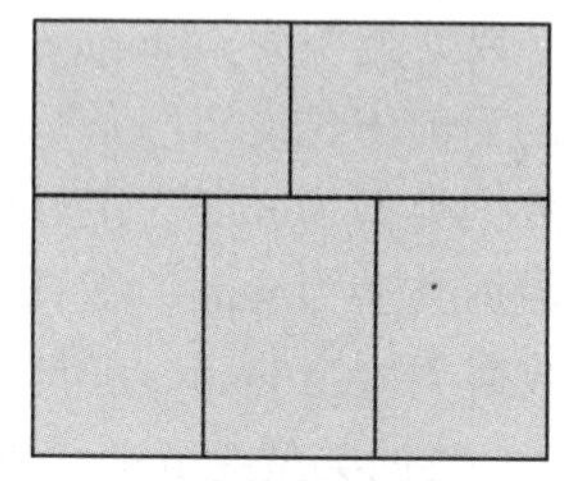
双层码垛排列

图 4-4　码垛排列示意图

若以单层排列情况下左下角工件放置位置的中心点为基础位置点，其余位置则参照该位置进行相应的偏移 *X*、*Y*、*Z* 和绕 *Z* 旋转 90°来实现，如图 4-5 所示。

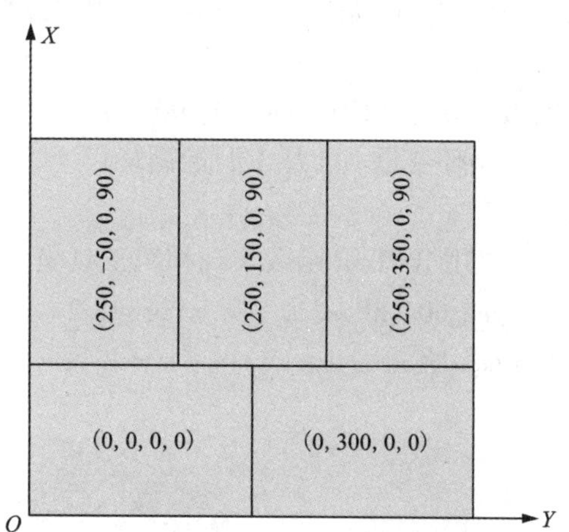

图 4-5　码垛位置偏移量及旋转角度

为了记录下该层 5 个工件码垛位置的偏移值，则可以用一个 5×4 的二维数组来存储，以工件中心为计算点，每个工位记录相应的 *X*、*Y*、*Z* 偏移量和绕 *Z* 的旋转角度，则各数据如下：

PERS num nPos{5, 4}；

nPos{5, 4}：=[[0,0,0,0]，[0, 300, 0, 0]，[250, -50, 0, 90]，[250, 150, 0, 90]，[250, 350, 0, 90]]；

由于这里涉及旋转角度，而偏移函数 Offs 不能实现角度旋转，因此这里需要使用另外的函数 RelTool。

(4)偏转函数(RelTool)

RelTool(relative tool)用于将通过有效工具坐标系表达的位移和/或旋转增加至机械臂位置。

RelTool (Point Dx Dy Dz [\Rx] [\Ry] [\Rz])

如果同时指定两个或三个旋转，则旋转将以如下顺序执行：先围绕 x 轴旋转；再围绕新 y 轴旋转；最后围绕新 z 轴旋转。

Point：数据类型为 robtarget。输入机械臂位置。该位置的方位规定了工具坐标系的当前方位。

Dx：数据类型为 num。工具坐标系 x 方向的位移，以 mm 计。

Dy：数据类型为 num。工具坐标系 y 方向的位移，以 mm 计。

Dz：数据类型为 num。工具坐标系 z 方向的位移，以 mm 计。

[\Rx]：数据类型为 num。围绕工具坐标系 x 轴的旋转，以度计。

[\Ry]：数据类型为 num。围绕工具坐标系 y 轴的旋转，以度计。

[\Rz]：数据类型为 num。围绕工具坐标系 z 轴的旋转，以度计。

例子 3：将工具围绕其 z 轴旋转 25°。

MoveL RelTool (p1, 0, 0, 0 \Rz: = 25), v100, fine, tool1;

(5)多工位码垛程序

在本项目的多工位码垛中，可以通过如下语句实现。

/首先定义各码垛位置的偏移量和旋转量，用二维数组 nPos{}表示；

PERS num nPos{5, 4}: =[[0,0,0,0], [0, 300, 0, 0], [250, -50, 0, 90], [250, 150, 0, 90], [250, 350, 0, 90]];

/设置码垛位置循环变量 i，i 从 1 开始循环；

PERS num i;

/第 i 个码垛位置用 RelTool 函数实现相对工具坐标的偏移；

MoveL reltool(Target_60, nPos{i, 1}, nPos{i, 2}, nPos{i, 3}\Rz: = npos{i, 4}), v300, fine, TCPSuction\WObj: =wobj1;

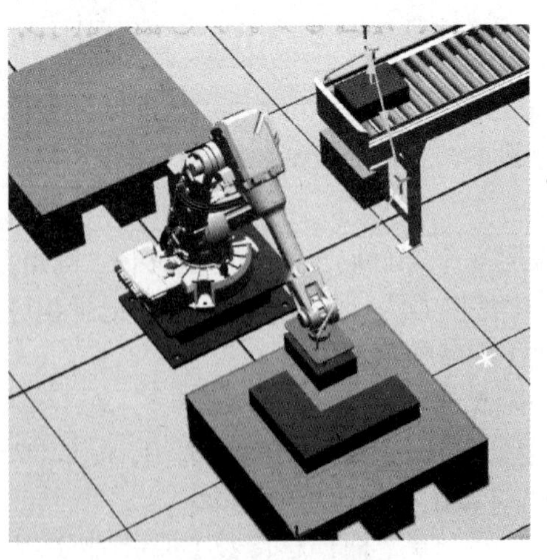

图 4-6 码垛实现情况

这里需要注意的是，由于 RelTool 函数使用的是工具坐标系，与工件坐标系的 X、Y、Z 方向是不同的，如图 4-6 所示，工具坐标下 X 方向为工件坐标下的 Y 方向；工具坐标下 Y 方向为工件坐标下的 X 方向；工具坐标下 Z 方向向下为正方向，工件坐标系 Z 方向向上为正方向，如图 4-7 所示。

(左)工具坐标系

(右)工件坐标系

图 4-7　工具坐标与工件坐标对比图

设置抓取工件的子程序 Path_10( ) 如表 4-35 所示。

表 4-35　子程序 Path_10( )

程序代码	备注
PROC Path_10( )	
MoveJ Target_10, v300, fine, TCPSuction\WObj: =wobj1;	移动到目标点 1
WaitDI diBoxInPos, 1;	等待工件到达搬运位置
MoveL Target_20, v200, fine, TCPSuction\WObj: =wobj1;	直线移动到目标点 2
SetDO doSuction, 1;	设置抓取输出信号为 1
MoveL Target_30, v300, fine, TCPSuction\WObj: =wobj1;	搬运工件到目标点 3
MoveL Target_40, v300, fine, TCPSuction\WObj: =wobj1;	搬运工件到目标点 4
ENDPROC	

编辑主程序 main( ) 如表 4-36 所示，通过 5 次 For 循环实现第一层的码垛。

表 4-36　main( ) 程序

程序代码	备注
PROC main( )	
ResetdoSuction;	复位抓取信号为 0
FOR i FROM 1 TO 5 DO	for 循环从 1 到 5

续表 4-36

程序代码	备注
Path_10;	调用子程序抓取工件
MoveL Target_50, v300, fine, TCPSuction\WObj: =wobj1;	移动到目标点 5
MoveL reltool(Target_60, nPos{i, 1}, nPos{i, 2}, -300+nPos{i, 3}\Rz: =npos{i, 4}), v300, fine, TCPSuction\WObj: =wobj1;	搬运工件到第 i 个放置位置上方 300 mm 处
MoveL reltool(Target_60, nPos{i, 1}, nPos{i, 2}, nPos{i, 3}\Rz: =npos{i, 4}), v300, fine, TCPSuction\WObj: =wobj1;	搬运工件到第 i 个放置位置
SetDO doSuction, 0;	设置抓取信号为 0(即释放工件)
MoveL reltool(Target_60, nPos{i, 1}, nPos{i, 2}, -300+nPos{i, 3} \Rz: =npos{i, 4}), v300, fine, TCPSuction\WObj: =wobj1;	移动到第 i 个放置位置的上方 300 处
MoveL Target_50, v300, fine, TCPSuction\WObj: =wobj1;	移动回目标点 5
MoveL Target_40, v300, fine, TCPSuction\WObj: =wobj1;	移动回目标点 4
ENDFOR	for 循环结束
ENDPROC	

4.6.3 调试与仿真

在 RAPID 编辑页面编写好上述程序后，我们将进行相应的程序运行调试和仿真，具体操作如表 4-37 所示。

表 4-37 调试与仿真

序号	图片示例	操作步骤
1	控制器(C) RAPID Add-Ins 修改 转到行 查找 应用 调节机器人目标 修改位置 测试和调试 全部应用 Ctrl+Shift+S 应用 全部应用(Ctrl+Shift+S) 应用所有经修改模块中的更改。 Station1:视图1 System1(工作站) 31/Module1* × 7 CONST robtarget Target_6 8 PERS num nPos{5,4}:=[[0,0,0,0],[0,300,0,0],[250,-50,0, 9 PERS num i;	编辑好 RAPID 程序后，点击“全部应用”

续表4-37

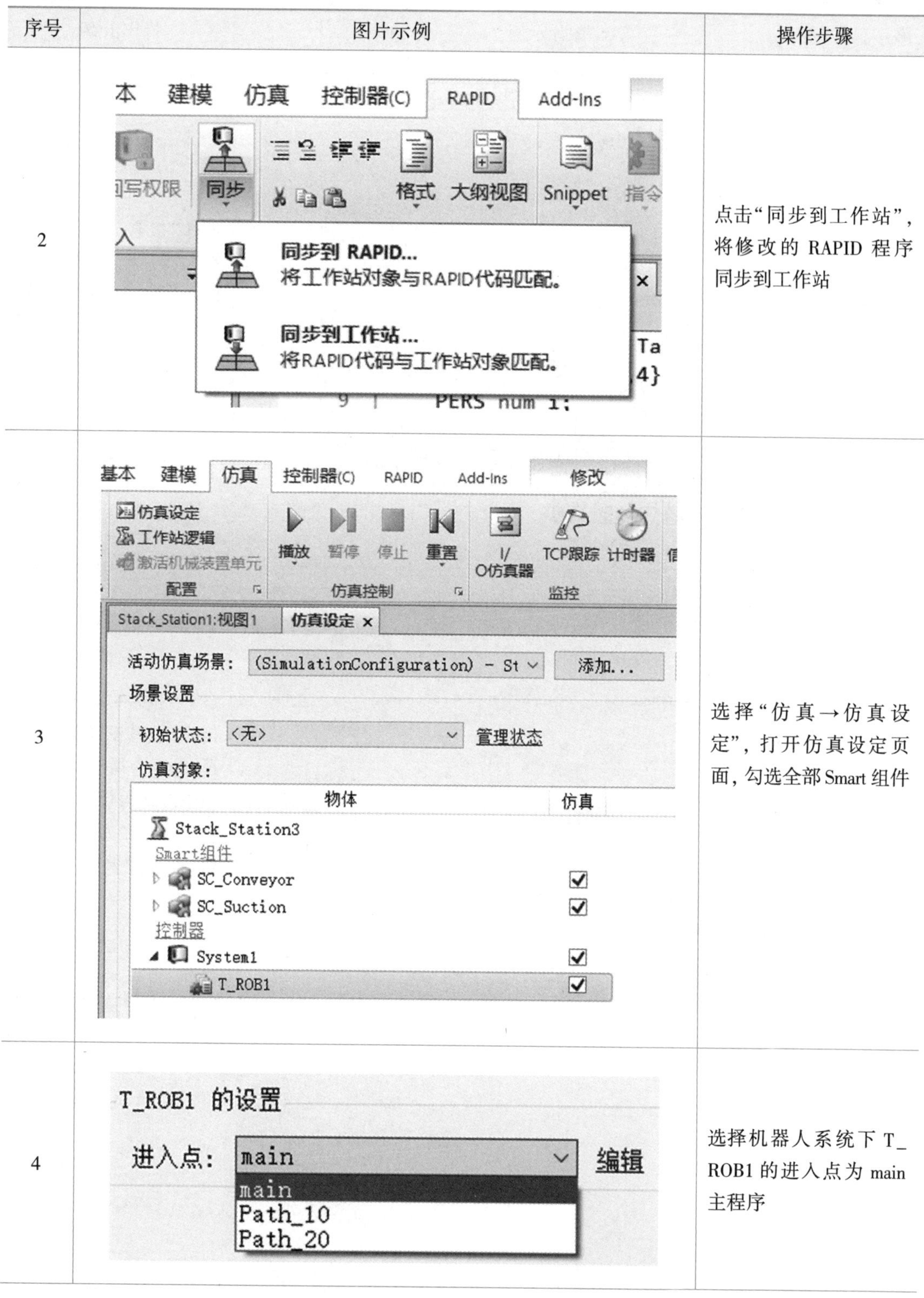

序号	图片示例	操作步骤
2		点击“同步到工作站”，将修改的 RAPID 程序同步到工作站
3		选择“仿真→仿真设定”，打开仿真设定页面，勾选全部 Smart 组件
4		选择机器人系统下 T_ROB1 的进入点为 main 主程序

续表4-37

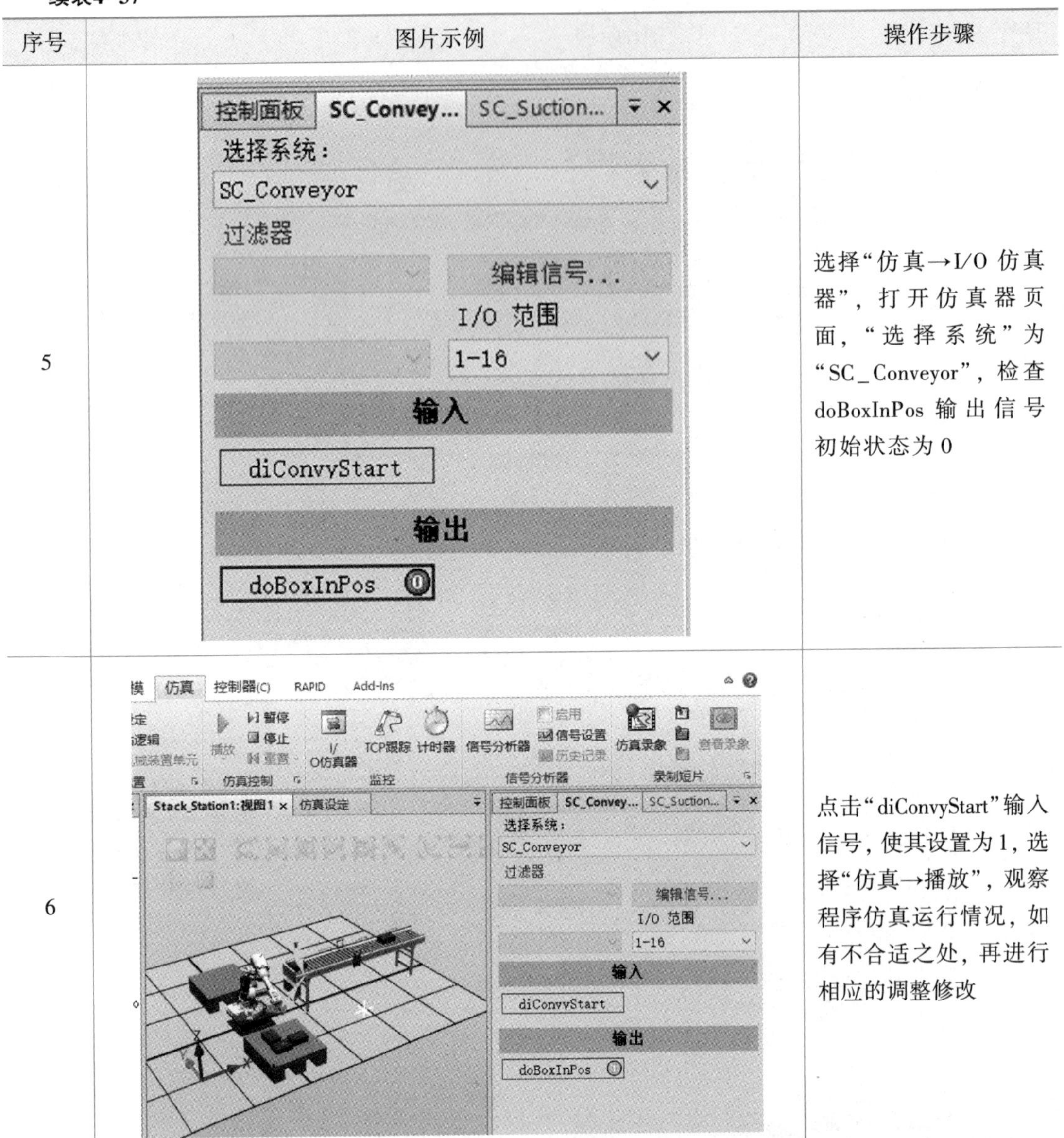

序号	图片示例	操作步骤
5		选择“仿真→I/O 仿真器”，打开仿真器页面，“选择系统”为“SC_Conveyor”，检查 doBoxInPos 输出信号初始状态为 0
6		点击“diConvyStart”输入信号，使其设置为 1，选择“仿真→播放”，观察程序仿真运行情况，如有不合适之处，再进行相应的调整修改

项目五　工业机器人喷涂工作站离线编程

项目描述

工业机器人喷涂工作站是指利用工业机器人完成涂装油漆在工件表面的喷涂工作，主要运用于汽车产业、电子产品、家具等的喷涂作业。

本项目通过 ABB 机器人离线编程软件 RobotStudio 完成对工业机器人喷涂工作站的布局搭建、喷涂工具的选取、喷涂参数的设置以及喷涂效果的实现等基本操作介绍，详细了解工业机器人喷涂工作站离线编程的技巧和特点。图 5-1 所示为汽车零件的喷涂作业示意。

此外，通过本项目的学习，让学生了解和掌握工业机器人在喷涂作业的应用，了解工业机器人喷涂技术发展现状，培养其爱国主义精神、敬岗爱业精神和大国工匠精神。

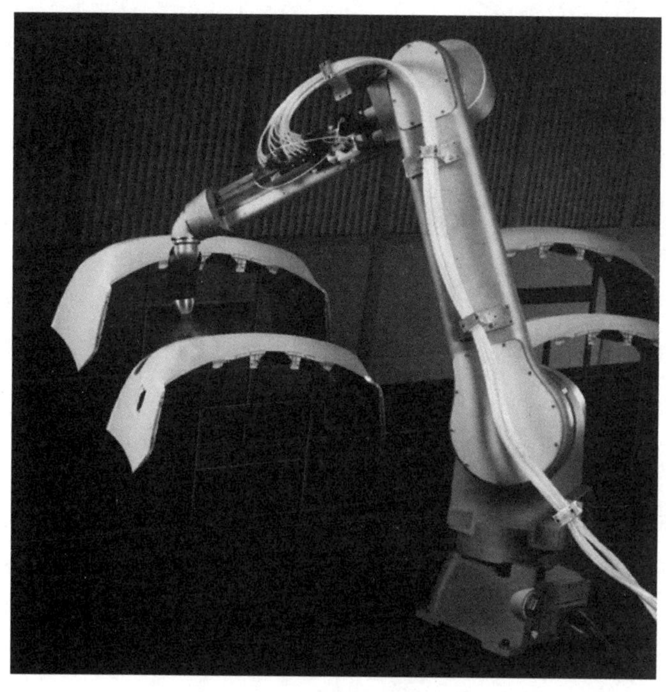

图 5-1　工业机器人喷涂作业

学习目标

◆ 知识目标

1. 了解工业机器人喷涂仿真工作站的组成与特点。
2. 了解工业机器人喷涂工具的选取和喷涂参数的设置。
3. 掌握工业机器人喷涂工作站的搭建步骤。

◆ 能力目标

1. 能熟练使用喷涂 Smart 组件。
2. 能设置喷涂参数、选取喷涂工具。
3. 能正确完成工业机器人喷涂工作站的搭建和仿真。

◆ 素质目标

1. 具有良好的学习习惯、软件使用习惯、生活习惯、行为习惯和自我管理能力。
2. 具有爱国主义精神和民族自豪感。
3. 勇于奋斗、乐观向上，有较强的集体意识和团队合作精神。

知识图谱

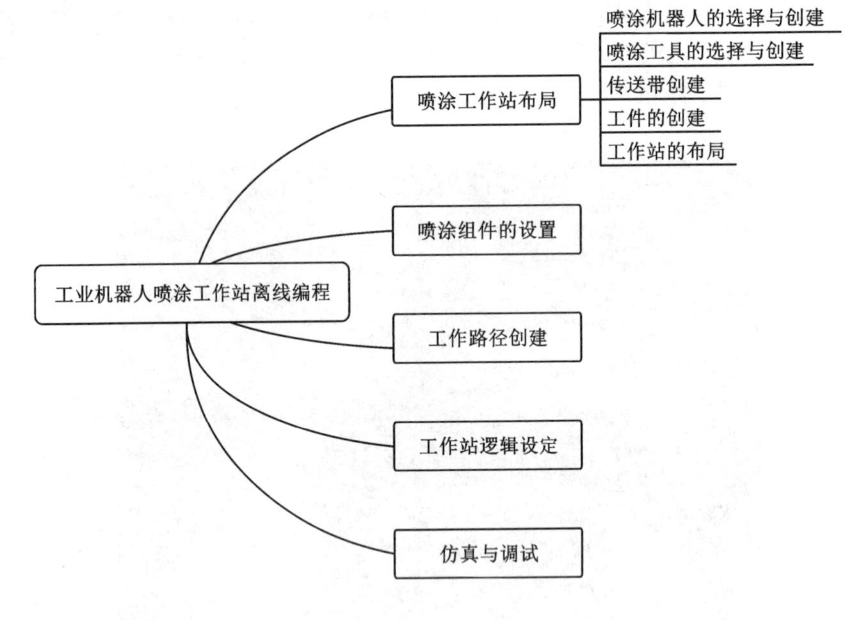

项目实施

任务1 喷涂工作站布局

本任务主要学习工业机器人喷涂工作站的组成与布局。

5.1.1 喷涂机器人的选择与创建

喷涂机器人选择 ABB“锋芒一代”机器人 IRB 2600 型号，该机型机身紧凑，负载能力强，设计优化，适合弧焊、物料搬运、涂胶喷涂等目标应用；同时提供三种子型号，可灵活选择落地、壁挂、支架、斜置、倒装等安装方式。

IRB 2600 的精度为同类产品之最，其操作速度更快，废品率更低，在扩大产能、提升效率方面，将起到举足轻重的作用。其高精度由专利的 TrueMoveTM 运动控制软件实现。IRB 2600 采用优化设计，机身紧凑轻巧，节拍时间与行业标准相比可缩减多达 25%。专利的 QuickMoveTM 运动控制软件使其加速度达到同类最高，并实现速度最大化，从而提高产能与效率。IRB 2600 工作范围超大，安装方式灵活，可轻松直达目标设备，不会干扰辅助设备，如图 5-2 所示。优化机器人安装，是提升生产效率的有效手段。模拟最佳工艺布局时，灵活的安装方式更能带来极大的便利。

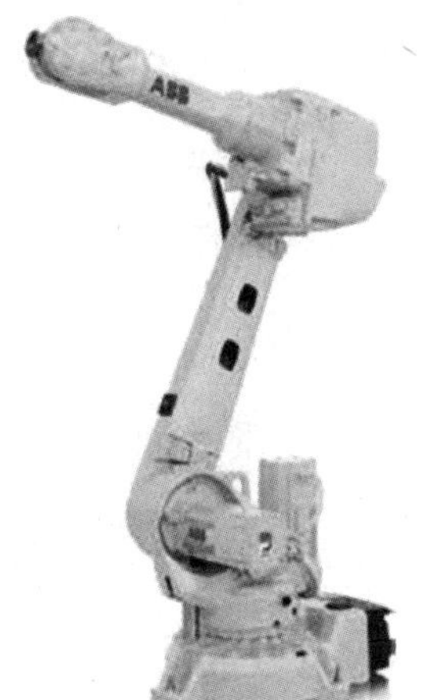

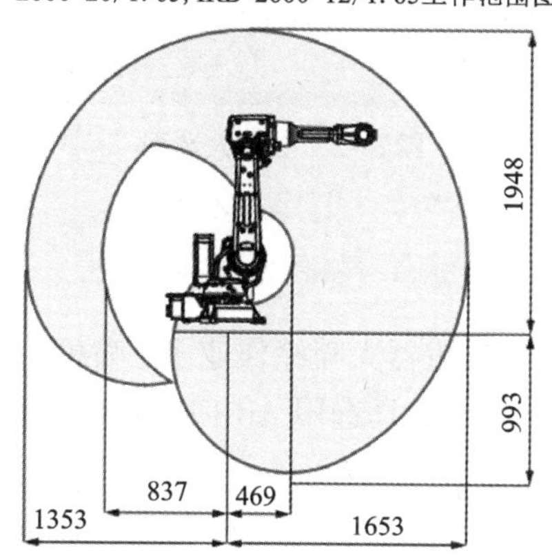

图 5-2　ABB 工业机器人 IRB 2600 实物与工作范围

IRB 2600 有三种机器人版本，本次仿真选用 IRB 2600-12/1.65，其各轴的运动范围和轴最大速度如表 5-1 所示。

表 5-1　各轴运动范围与最大速度

轴运动	工作范围	轴最大速度/(°·s^{-1})
轴 1 旋转	-180°～+180°	175
轴 2 手臂	-95°～+155°	175
轴 3 手臂	-180°～+75°	175
轴 4 旋转	-400°～+400° 最大转数：-251～+251	360

续表 5-1

轴运动	工作范围	轴最大速度/(°·s^{-1})
轴 5 弯曲	-120°~+120°	360
轴 6 翻转	-400°~+400° 最大转数：-251~+251	500

打开 ABB RobotStudio 软件，在“文件→新建”下选择“空工作站”，在“基本”选项卡的 ABB 模型库中选择 IRB 2600，如图 5-2 所示；再将机器人绕 *Z* 轴旋转-90°，方便接下来布局输送装置，如图 5-3 所示。

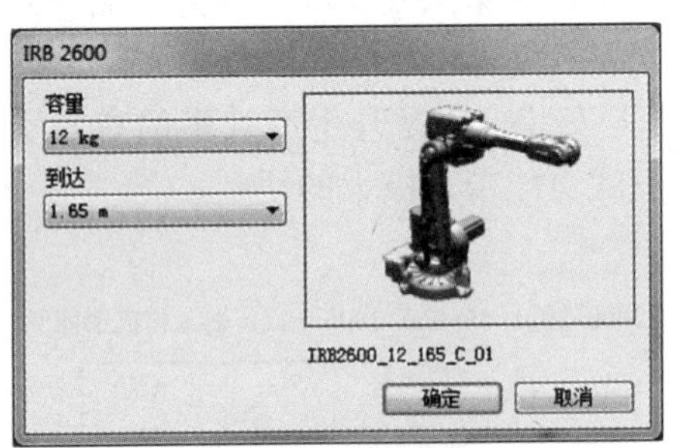

图 5-2　机器人选型

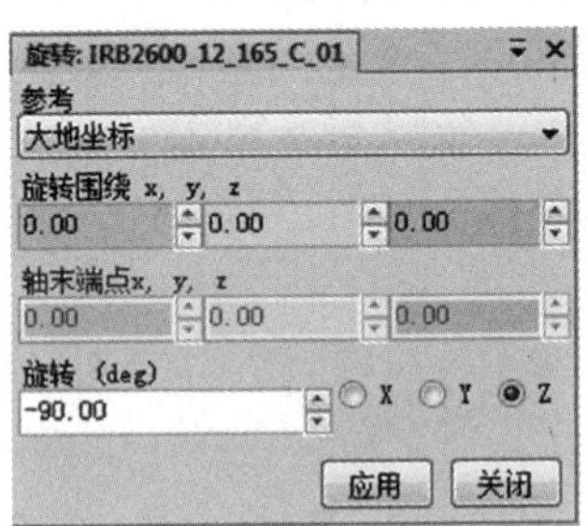

图 5-3　机器人绕 z 轴旋转-90°

5.1.2　喷涂工具的选择与创建

在 ABB 机器人喷涂作业中，喷枪工具的选用尤为重要，本次仿真选用 ABB RobotStudio 软件自带的喷涂工具 ECCO 70AS 自动喷枪，如图 5-4 所示。该喷枪设计精巧，加工品质精密，喷涂参数完全与机器人联动控制，是一款专为机器人涂装而设计、安装拆卸极其方便的喷枪。此外，其工作性能极其稳定，能有效避免停机。枪体采用全不锈钢，流体通道和枪身喷镀 PTFE 材料，空气帽、喷嘴、枪针有多种选择，满足各种喷涂需求。其技术优势能有效节省油漆，提高喷涂质量，提高产品合格率，大大减少维修维护，更长的使用寿命，目前被各大汽车制造商和各类生产企业广泛应用。

图 5-4　ECCO 70AS 自动喷枪

在“基本”选项卡中的导入模型库下，选择“设备→工具→ECCO 70AS 03”，导入后调整喷涂工具的位置，点击该工具→按鼠标右键→“位置→旋转”，绕 *Y* 轴旋转 120°是喷枪嘴部垂直向下，拖动到合适位置，喷枪在软件中的导入状态与位置调整参数如图 5-5 所示。

5.1.3　传送带创建

简易传送带模型可以利用建模中的“固体→矩形体”完成创建。将传送带放置在机器人工作的合适区域，具体的建模设置参数如图 5-6 所示。

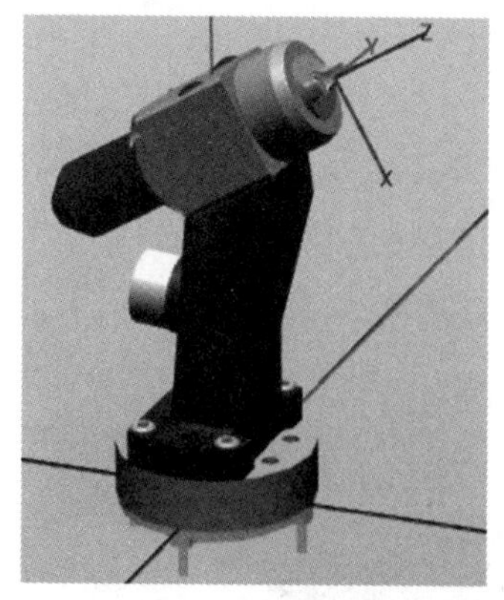

图 5-5　ECCO 70AS 03 喷枪工具及其绕 y 轴旋转 120°

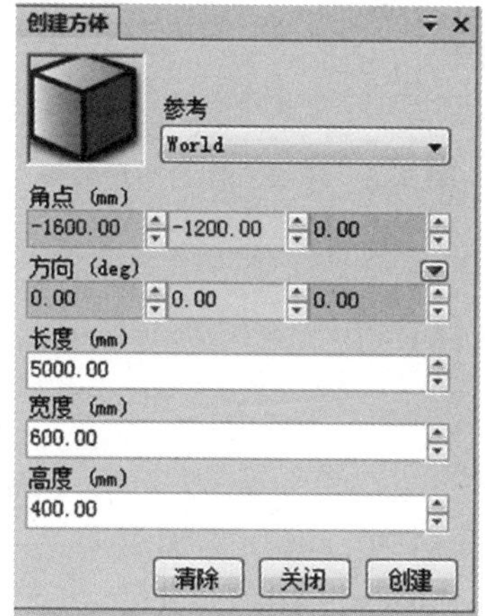

图 5-6　传送带建模参数

5.1.4　工件的创建

喷涂工件可以利用建模中的“固体→矩形体”完成创建。将工件放置在传送带的起点位置，并将名称改为“待喷涂工件”。本次仿真还要建立两个和本工件尺寸大小一致的工件，分别命名为“喷涂工件”和“喷涂完成工件”，“喷涂完成工件”上表面更改为红色，可以先放置在合适位置，具体的建模设置参数如图 5-7 所示。

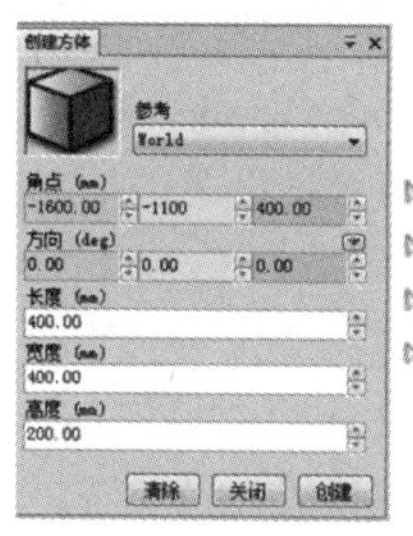

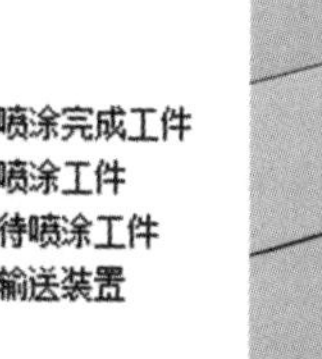

图 5-7　工件建模参数

5.1.5 工作站的布局

将喷枪工具安装到工业机器人上，完成机器人喷涂工作站的整体布局，布局效果如图 5-8 所示。

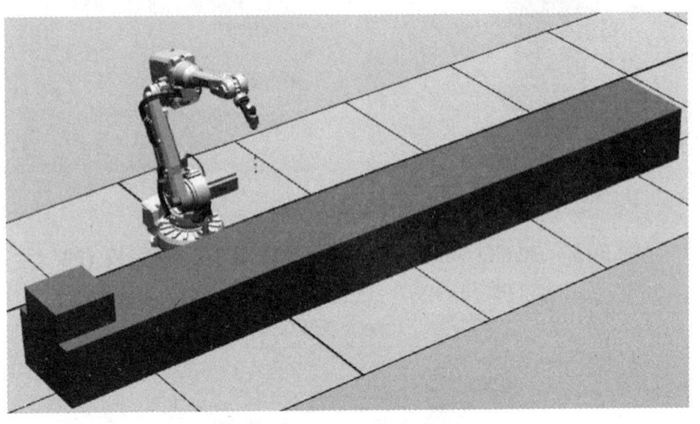

图 5-8 喷涂工作站布局效果

任务 2 喷涂组件的设置

(1)喷涂组件的调用

点击 Smart 组件并命名为 paint→添加组件→其它→选择 PaintApplicator 子组件，进行参数的设置(图 5-9)：

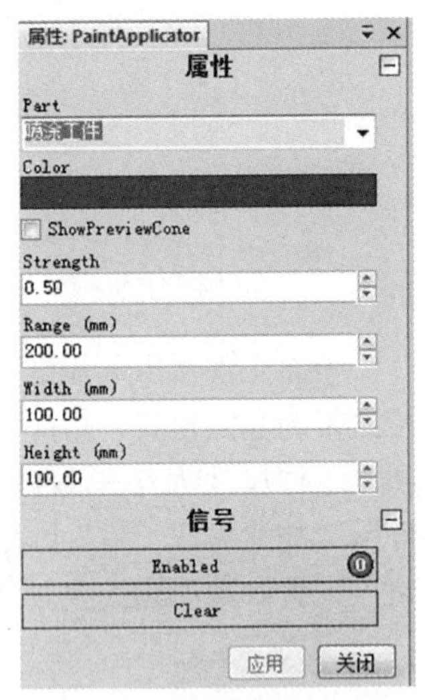

图 5-9 PaintApplicator 子组件参数设置

Part 选择待喷涂的部件；

Color 选择喷涂的颜色；

ShowPreviewCone (Boolean)——应显示预览油漆锥时为真；

Strength (Double)——每一时间步添加的油漆量；

Range (Double)——油漆锥的范围(最大距离)；

Width (Double)——油漆锥的最大宽度；

Height (Double)——油漆锥的最大高度；

Enabled (Digital)——设置为“1”，以在模拟期间启用涂漆功能；

Clear (Digital)——清除喷涂效果。

(2)设置好参数，选择要喷涂的部件，将在喷涂部件处形成一个锥体，把锥体重新设定位置，把工具拖至 paint 组件中，拖动喷涂子组件放置在喷涂工具喷嘴处，如图 5-10 所示。

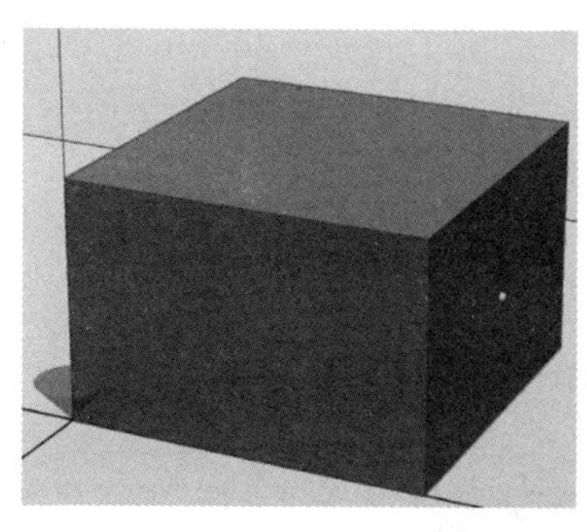
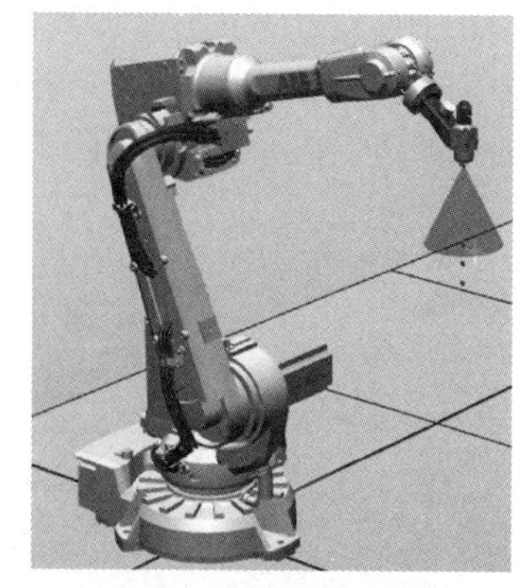

图 5-10　喷涂组件设置完成效果

任务 3　工作路径创建

由于喷涂组件的 Part 只能选择一个工件作为喷涂对象，不能对其复制体进行喷涂，因此要实现连续喷涂的仿真效果需要在输送装置上完成三段仿真。一是待喷涂工件不断复制在输送装置上开始直线运动，遇到面传感器停止，此时机器人即将开始喷涂工作，仿真完成第一阶段工作，所用组件名称为 Start，此时待喷涂工件遇到传感器应该立即消失，同时喷涂工件显示在该位置，机器人开始执行喷涂工作，仿真完成喷涂第二阶段工作，所用组件名称为 Paint。第三阶段是已喷涂工件的后续运动，此时要利用已喷涂工件的连续复制作用，显示出已完成喷涂的工件源源不断的从输送装置上运行，至此完成所有仿真步骤，所用组件名称为 Finish。

因此机器人的工作路径创建主要是在第二阶段，即机器人的喷涂阶段。首先在 Start 组件中建立一个面传感器用来检测待喷涂工件的到位信号，其位置设置参数如图 5-11 所示，此时激活面传感器可以检测到输送装置，因此需要点击输送装置，点击“修改→取消可由传感器检测”，从而使面传感器只能检测到待喷涂工件。

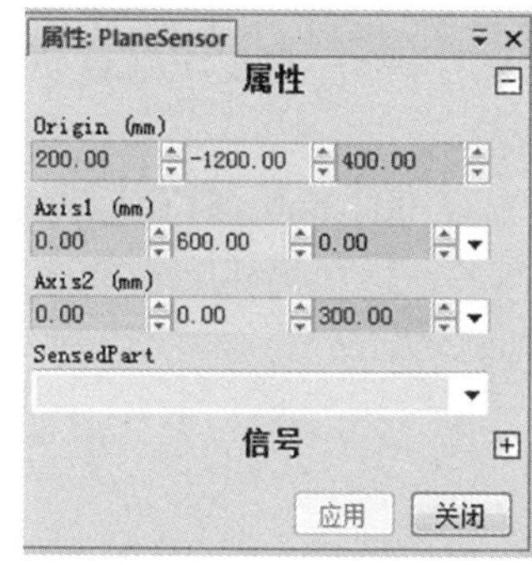

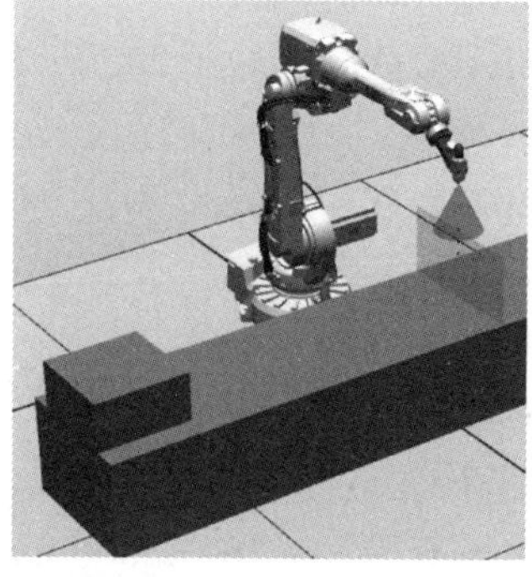

图 5-11　面传感器设置

将喷涂工件移动至传感器检测位置，接下来进行机器人工作路径规划。在系统中创建路径 Path_10，并示教两个点位 Target10 和 Target20，Target10 为工作的起始点，Target20 为喷涂工作的起始点位，如图 5-12 所示。

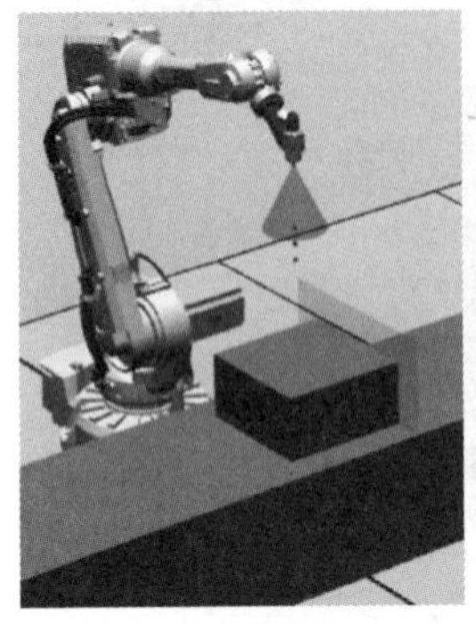
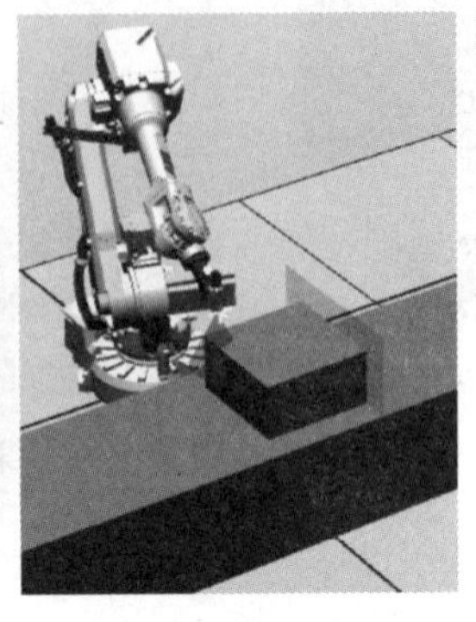
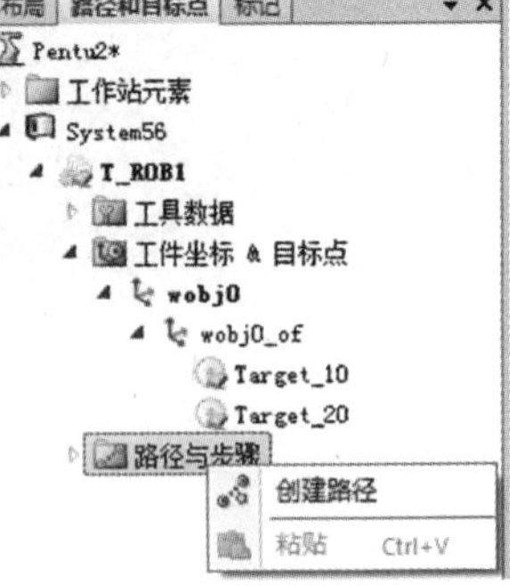

图 5-12　机器人目标点与工作路径设置

机器人的喷涂工具从 Target20 出发，沿着 *X* 轴的正方向进行喷涂，工件的表面尺寸是 400 mm×400 mm。由于喷涂有一定的喷涂范围，可以设置机器人沿着 *X* 轴行走 380 mm，到位后再沿 *Y* 轴行走 45 mm 后，沿着 *X* 轴的负方向行走 380 mm，完成一个周期的喷涂；接下来机器人沿 *Y* 轴行走 45 mm 后再沿 *X* 轴行走 380 mm，如此反复进行运动，完成喷涂工件表面的喷涂。工作路径的规划程序如下：

```
PROC Path_10( )
        MoveJ Target_10, v300, fine, ECCO_70AS__03_0\WObj: =wobj0;
        MoveL Target_20, v200, fine, ECCO_70AS__03_0\WObj: =wobj0;
        FOR I FROM 1 TO 4 DO
        MoveL Offs(Target_20, x, 0, 0), v100, fine, ECCO_70AS__03_0\
WObj: =wobj0;
        MoveL Offs(Target_20, x, 380, 0), v100, fine, ECCO_70AS__03_0
\WObj: =wobj0;
        X: =x+45;
        MoveL Offs(Target_20, x, 380, 0), v100, fine, ECCO_70AS__03_0
\WObj: =wobj0;
        MoveL Offs(Target_20, x, 0, 0), v100, fine, ECCO_70AS__03_0\
WObj: =wobj0;
        X: =x+45;
        ENDFOR
        x: =0;
        MoveL Target_10, v300, fine, ECCO_70AS__03_0\WObj: =wobj0;
ENDPROC
```

任务 4　工作站逻辑设定

第一阶段 Start 组件：

第一阶段主要是完成待喷涂组件到达机器人工作位置运动，因此需要建立一个以待喷涂工件为复制源，能沿直线移动的工件，并且遇到面传感器能顺利停下来，然后立即消失，为接下来第二阶段的喷涂做准备，所需要添加的组件如图 5-13 所示。

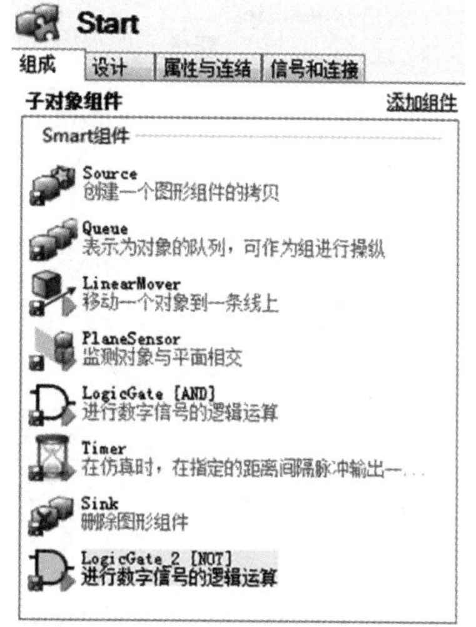

图 5-13　所需要添加的组件

其子组件中 Timer 的作用是在一定规律的脉冲下不断输出一个数字信号，其中 StartTime（Double）为第一个脉冲之前的时间、Interval（Double）为脉冲宽度、Repeat（Boolean）指定信号脉冲是重复还是单次、CurrentTime（Double）输出当前时间。要使输送装置上形成源源不断的工件输送效果，可以复制待喷涂工件，选择 Source 组件，在 Source 中添加待喷涂工件。为了确保所复制的工件和源对象是同一位置，可以点击“应用”，看生成的复制对象是否满足要求，如不满足可以将待喷涂工件的本地坐标设置为(0，0，0)，各参数设置如图 5-14 所示。

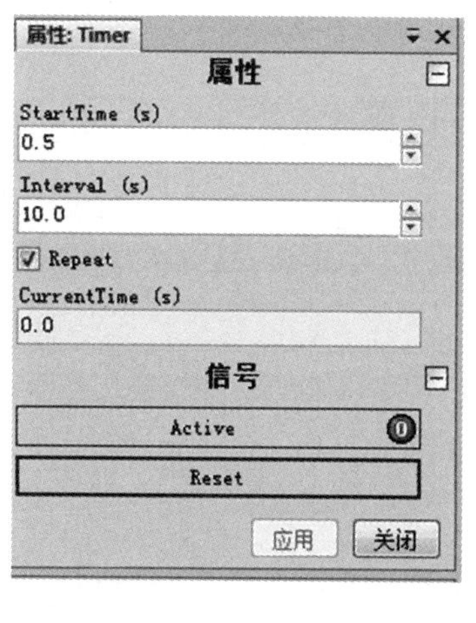

图 5-14　Timer 与 Source 子组件参数设置 Start 组件中

在工业机器人合适的工作区域建立平面传感器，点击“Active”进行激活，设置 LinearMover 直线运动的参数，在 Object 下选择 Queue(Start)，方向是 X 正方向，速度设置为 100 mm/s，其参数设置如图 5-15 所示。

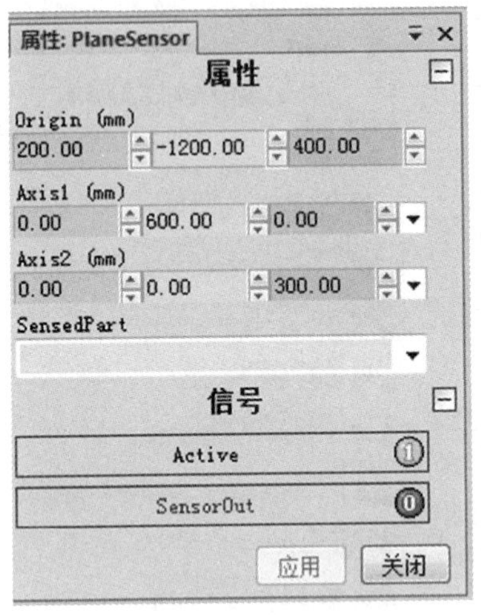

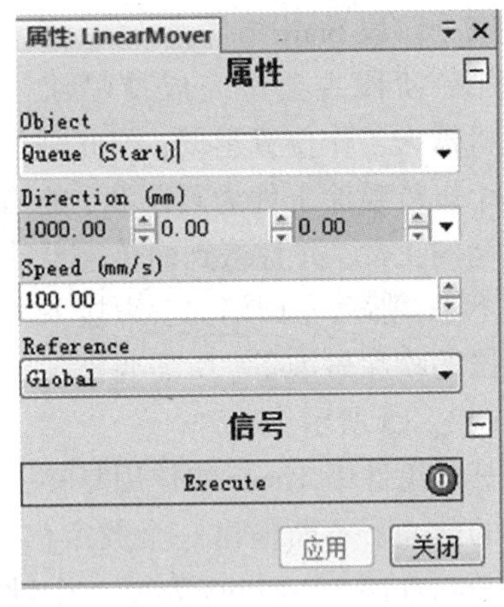

图 5-15　Start 组件中 PlaneSensor 与 LinearMover 子组件参数设置

在 Start 组件中建立一个输入信号 DiStart 及两个输出信号 DoWorkpieceOk 和 DoMotion。DiStart 是整个喷涂的启动信号，DoWorkpieceOk 是工件到位信号，DoMotion 是传送带运动信号，如图 5-16 所示。

I/O 信号

名称	信号类型	值
DiStart	DigitalInput	0
DoWorkpieceOk	DigitalOutput	0
DoMotion	DigitalOutput	0

图 5-16　Start 组件中添加的 I/O 信号

组件的属性连结和 I/O 连接如图 5-17 所示。

属性连结

源对象	源属性	目标对象	目标属性或信号
Source	Copy	Queue	Back
PlaneSensor	SensedPart	Sink	Object

I/O连接

源对象	源信号	目标对象	目标信号或属性
Source	Executed	Queue	Enqueue
PlaneSensor	SensorOut	Queue	Dequeue
PlaneSensor	SensorOut	LogicGate_2 [NOT]	InputA
Start	DiStart	LogicGate [AND]	InputA
LogicGate_2 [NOT]	Output	LogicGate [AND]	InputB
LogicGate [AND]	Output	Timer	Active
Timer	Output	Source	Execute
PlaneSensor	SensorOut	Start	DoWorkpieceOk
LogicGate [AND]	Output	Start	DoMotion
LogicGate [AND]	Output	LinearMover	Execute
PlaneSensor	SensorOut	Sink	Execute

图 5-17　Start 组件中的属性连结与 I/O 连接

第二阶段 paint 组件：

第二阶段主要是完成喷涂工件的喷涂工作，在第一阶段待喷涂工件遇到面传感器立即消失后，喷涂工件需要立即显示出来，机器人开始进行喷涂工作，待喷涂完成后，喷涂工件应该立即隐藏，第三阶段的喷涂完成工件应该立即显示出来，并沿着传送带运动。所需要添加的组件如图 5-18 所示。

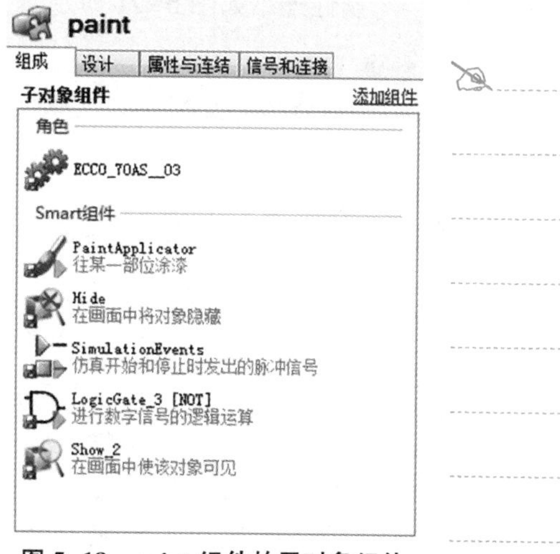

图 5-18　paint 组件的子对象组件

在 paint 组件中建立两个输入信号 Dipaint 和 DiShoworHide。Dipaint 是喷枪打开启动进行喷涂的信号，DiShoworHide 是喷涂工件隐藏和显示的信号，喷涂工件应该在待喷涂工件到位后显示，在喷涂完成后隐藏。特别要注意的是显示和隐藏得子组件 Object 应该选择喷涂工件，如图 5-19 所示。

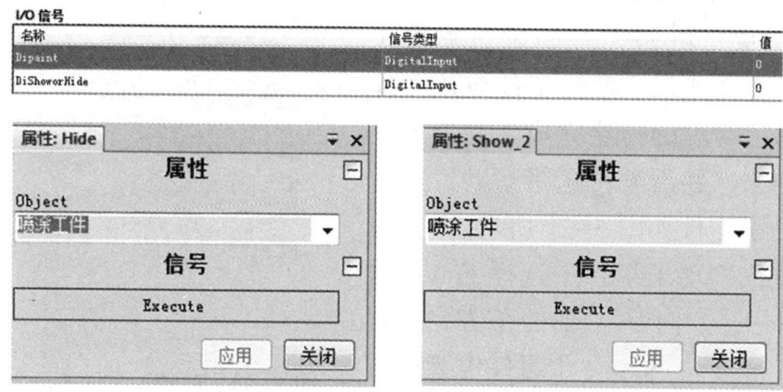

I/O 信号

名称	信号类型	值
Dipaint	DigitalInput	0
DiShoworHide	DigitalInput	0

图 5-19　paint 组件的 I/O 信号与 Hide、Show 子组件属性设置

该组件的整体设计如图 5-20 所示。

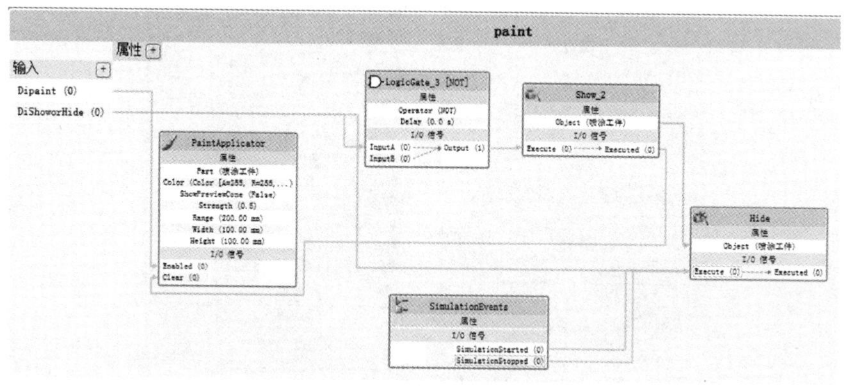

图 5-20　paint 组件的整体设计

属性连结如图 5-21 所示。

属性连结

源对象	源属性	目标对象	目标属性或信号
Show_2	Object	Hide	Object

图 5-21　paint 组件的属性连结

paint 组件的 I/O 连接如图 5-22 所示。

I/O连接

源对象	源信号	目标对象	目标信号或属性
paint	Dipaint	PaintApplicator	Enabled
paint	DiShoworHide	Hide	Execute
SimulationEvents	SimulationStarted	Hide	Execute
SimulationEvents	SimulationStopped	Hide	Execute
paint	DiShoworHide	LogicGate_3 [NOT]	InputA
LogicGate_3 [NOT]	Output	Show_2	Execute
Show_2	Executed	PaintApplicator	Clear

图 5-22　paint 组件的 I/O 连接

第三阶段 Finish 组件：

第三阶段主要是完成已喷涂工件的传送工作，在第一阶段待喷涂工件遇到面传感器立即消失后，喷涂工件需要立即显示出来，机器人开始进行喷涂工作，待喷涂完成后，喷涂工件应该立即隐藏，第三阶段的喷涂完成工件应该立即显示出来，并沿着传送带运动。所需要添加的子组件如图 5-23 所示。

Finish
组成 | 设计 | 属性与连结 | 信号和连接
子对象组件　添加组件
Smart组件
LinearMover_2　移动一个对象到一条线上
Queue_2　表示为对象的队列，可作为组进行操纵
Source_2　创建一个图形组件的拷贝
LogicGate [XOR]　进行数字信号的逻辑运算
LogicGate_2 [AND]　进行数字信号的逻辑运算
LogicSRLatch　设定-复位 锁定

图 5-23　Finish 组件的子对象组件

在直线移动子组件中选择 Finish 队列为 Object，方向是 *X* 轴的正方向，速度是 100 mm/s。Source 子组件中选择喷涂完成工件为拷贝源文件。参数设置如图 5-24 所示。

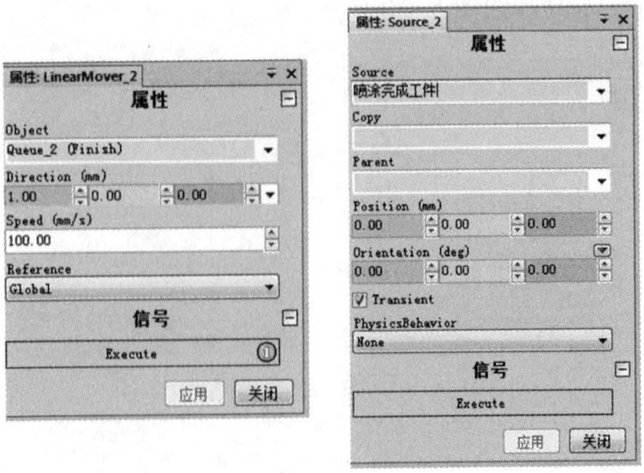

属性: LinearMover_2
属性
Object: Queue_2 (Finish)
Direction (mm): 1.00　0.00　0.00
Speed (mm/s): 100.00
Reference: Global
信号
Execute
应用　关闭

属性: Source_2
属性
Source: 喷涂完成工件
Copy
Parent
Position (mm): 0.00　0.00　0.00
Orientation (deg): 0.00　0.00　0.00
Transient
PhysicsBehavior: None
信号
Execute
应用　关闭

图 5-24　Finish 组件中 LinearMover 与 Source 子组件参数设置

Finish 组件的整体设计：

该组件的输入端设置一个 Distart 输入信号，如图 5-25 所示。

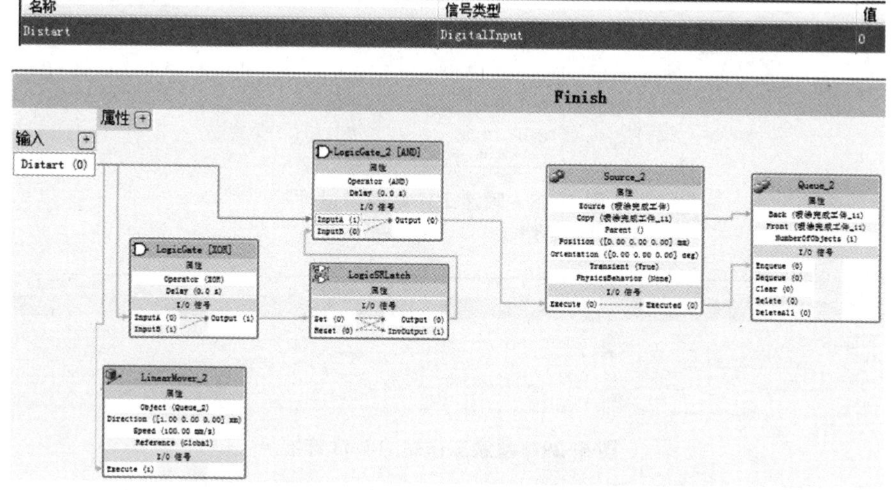

I/O 信号

名称	信号类型	值
Distart	DigitalInput	0

图 5-25　Finish 组件的 I/O 信号与整体设计

属性连结如图 5-26 所示。

属性连结

源对象	源属性	目标对象	目标属性或信号
Source_2	Copy	Queue_2	Back

图 5-26　Finish 组件的属性连结

Finish 组件的 I/O 连接如 5-27 所示。

I/O连接

源对象	源信号	目标对象	目标信号或属性
Source_2	Executed	Queue_2	Enqueue
Finish	Distart	LinearMover_2	Execute
Finish	Distart	LogicGate_2 [AND]	InputA
Finish	Distart	LogicGate [XOR]	InputA
LogicGate_2 [AND]	Output	Source_2	Execute
LogicSRLatch	Output	LogicGate_2 [AND]	InputB
LogicGate [XOR]	Output	LogicSRLatch	Set

图 5-27　Finish 组件的 I/O 连接

至此，完成 Start、paint、Finish 三大组件的设计工作，对各个子组件的参数进行了设定，完成了子组件之间的连接。

对三大组件进行工作站逻辑连接，各组件的连接情况和 I/O 连接如图 5-28、图 5-29 所示。

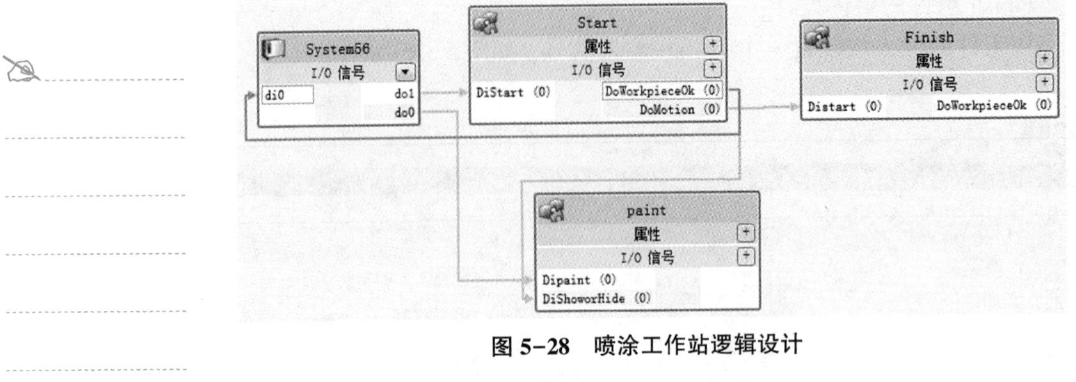

图 5-28 喷涂工作站逻辑设计

I/O连接

源对象	源信号	目标对象	目标信号或属性
Start	DoWorkpieceOk	System56	di0
System56	do1	Start	DiStart
Start	DoMotion	paint	DiShoworHide
System56	do0	paint	Dipaint
Start	DoMotion	Finish	Distart

图 5-29 喷涂工作站的 I/O 连接

设置工业机器人 main 程序如下：

```
PROC main()
    reset do0;
    reset do1;
    WHILE 2>1 DO
      set do1;
      waitdi di0, 1;
      reset do1;
      Path_10;
    ENDWHILE
ENDPROC
```

任务 5　仿真与调试

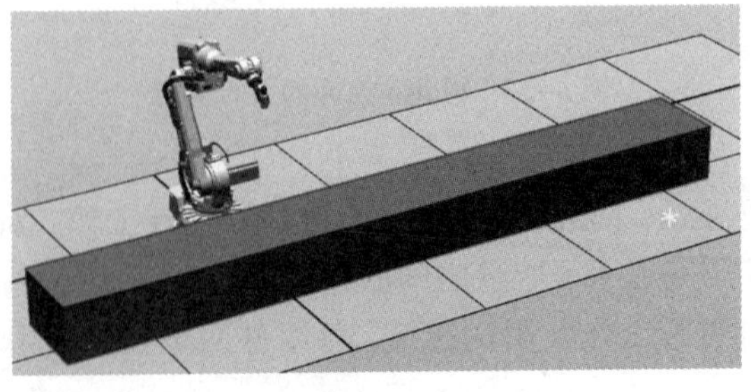

图 5-30

将待喷涂工件、喷涂工件和喷涂完成工件设定为不可见，将面传感器和喷涂显示圆锥设置为不可见，完成仿真前工作站的整体布局状态。

仿真前的各子组件的参数应该设置如下：PaintApplicator 中的 Enabled 设置为信号 0，Finish 组件中的异或门和与门的参数应该满足图 5-31 所示要求，开启面传感器中的 Active。点击“仿真→播放”，查看仿真是否出现错误，检查无误后，本次喷涂仿真设计完成。

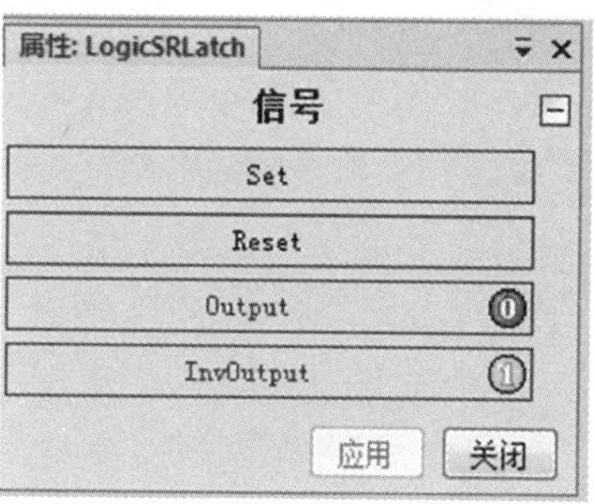

图 5-31　仿真前 paint 组件中 PaintApplicator 子组件与 Finish 组件中 LogicGate、LogicSRLatch 子组件属性设置

仿真后得到的喷涂效果图如图 5-32 所示。

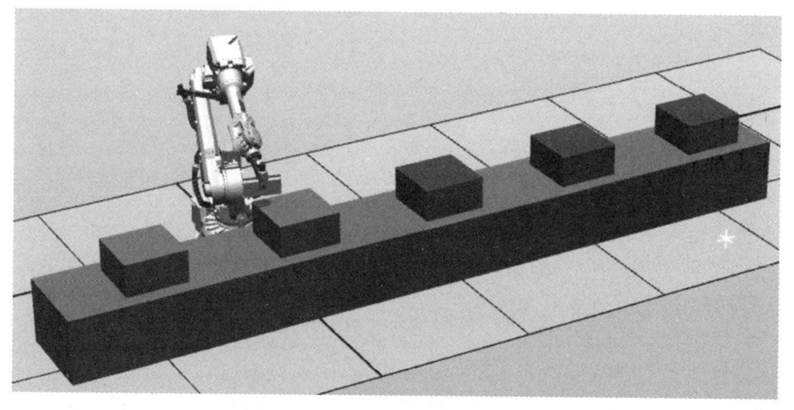

图 5-32　喷涂工作站仿真效果

项目总结

本项目详细介绍了工业机器人喷涂工作站仿真技术应用，介绍了工业机器人喷涂工具和相关组件的使用，并通过搭建喷涂仿真工作站进行了喷涂参数设置和工具选取以及 Smart 组件连接等操作练习。

思考与练习

1. 简述什么是工业机器人喷涂工作站。
2. 请举例介绍喷涂机器人的实例应用。